現数Select No.13

平面と空間の幾何ベクトル

石谷 茂 著

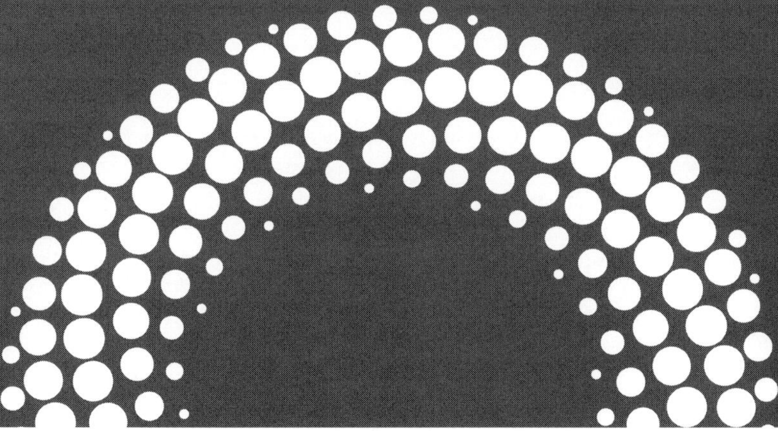

現代数学社

本書は 1981 年 4 月に小社から出版した
『新数学対話　矢線ベクトル』
を判型変更・リメイクし、再出版するものです。

まえがき

矢線ベクトルには幾何ベクトルの名もある．このベクトルは一般のベクトルに関する種々の抽象的概念のイメージ作りに向いている．このことからみても，矢線ベクトルのことは，できるだけ矢線ベクトルによって学ぶのが望ましいと思うので，本書は§5–5まで，行列と行列式の知識をほとんど用いなかった．

平面と空間とでは，ベクトルの演算でみると大差ないが，成分と量でみると空間のほうがかなりむずかしい． §1 ～§5 で平面上のベクトルを取扱い，それが済んでから§6 ～ §8 で空間内のベクトルを学ぶよう配慮してみた．

矢線ベクトルの中で重要な量は，平面上では平行四辺形の有向面積，空間では平行六面体の有向体積である．これらの性質の導き方によって学び方の体系は大きく左右される．ここは，著者なりにいろいろ検討の末，最も学び易いと考えられる，内積へ戻る方法を選んでみた．

二次曲線と二次曲面は線型代数の 3 つの柱（ベクトル，行列，行列式）の総合的活用にふさわしいところである．しかし，最初からそうすることは抵抗が大きいと思ったので，二次曲線の大部分は初歩的方法に頼り，最後にエレガントに学び直すようにしてみた．

著　者

このたびの刊行にあたって

本書は楽しく読んで分る，そんな数学の本があったら… という著者の思いで，普通の本の一章分を対話によって解説し，一冊にまとめたものです．

数学の学び方として帰納法と類推法を絶えず活用し，「証明」に代る「証明のリサーチ」を試行しています．学び方としては，これで一応の完成というのが著者の考えであって，その後の発展は読者次第です．ぜひ楽しんでお読みいただければ幸いです．

本書初版は 1981 年 4 月でした．この面白く生き生きとした数学を少しでも多くの方に読んでいただきたいと，今回新たに組み直しました．このたびの刊行にあたり，ご快諾くださったご親族様に，心より厚く御礼を申し上げます．

現代数学社編集部

ご注意：「矢線ベクトル」は「幾何ベクトル」としてお読みくだされば幸いです．本復刻版では敢えて変更せず当時の筆致を生かしました．

目　次

記号一覧表

$\overrightarrow{\mathrm{AB}}$ …… 矢線
$\boldsymbol{a}$ …… 矢線ベクトル，数ベクトル
$\boldsymbol{0}$ …… 零ベクトル（ゼロベクトル）
$\|\boldsymbol{a}\|$ …… ベクトル $\boldsymbol{a}$ の大きさ
$\boldsymbol{a} \perp \boldsymbol{b}$ …… $\boldsymbol{a}, \boldsymbol{b}$ は直交
$\boldsymbol{a} /\!/ \boldsymbol{b}$ …… $\boldsymbol{a}, \boldsymbol{b}$ は共線
$\boldsymbol{a} \cdot \boldsymbol{b}$ …… 内積
$\boldsymbol{a} \times \boldsymbol{b}$ …… 外積
$d(g, \mathrm{P})$ …… 直線 g と点 P の有向距離
$d(\pi, \mathrm{P})$ …… 平面 π と点 P の有向距離
S …… 面積（正，0）
V …… 体積（正，0）
$D(\boldsymbol{a}, \boldsymbol{b})$ …… $(\boldsymbol{a}, \boldsymbol{b})$ の作る平行四辺形の有向面積
$D(\boldsymbol{a}, \boldsymbol{b}, \boldsymbol{c})$ …… $(\boldsymbol{a}, \boldsymbol{b}, \boldsymbol{c})$ の作る平行六面体の有向体積
O …… 零行列（ゼロ行列）
$|A|$ …… 行列 A の行列式
${}^tA$ …… A の転置行列
$\boldsymbol{e}, \boldsymbol{n}$ …… 単位ベクトル
$\boldsymbol{i}, \boldsymbol{j}, \boldsymbol{k}$ …… 基本ベクトル（直交基底）
$(\boldsymbol{a}, \boldsymbol{b})$ …… $\boldsymbol{a}, \boldsymbol{b}$ の順序を考慮した組
$(\boldsymbol{a}, \boldsymbol{b}, \boldsymbol{c})$ …… $\boldsymbol{a}, \boldsymbol{b}, \boldsymbol{c}$ の順序を考慮した組
δ …… 2 次の同次式の係数の作る行列式
Δ …… 2 次式の係数の作る行列式

§1. 矢線ベクトルとその演算

1　矢線ベクトル

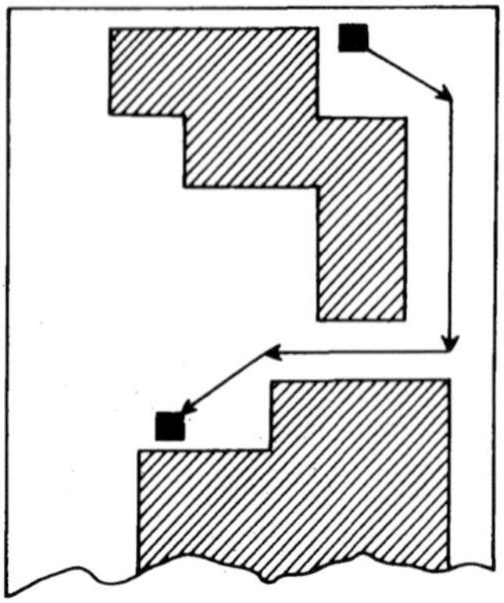

「この図はね，裏の離れを改築する前に，僕が物置を動かしたようすを表したものです」

「ご苦労さま」

「苦労の程度は動かした距離できまるが，動かす身になると，引っぱる方向も問題でね……」

「だから**矢線**で表した」

「物の位置をかえることを物理では，なんという？」

「移動……いや**変位**です」

「変位は動かした距離と向きできまる．これを図解するには線分の長さのほかに向きも必要……そとで，おのずから矢線が……」

「矢線には，矢線自身の位置がありますが」

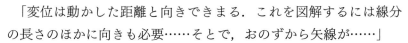

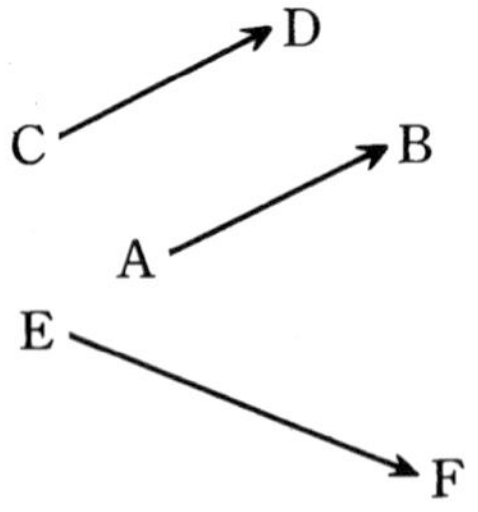

「君のいう通りで，矢線 $\overrightarrow{AB}$ と矢線 $\overrightarrow{CD}$ は別のものだ．それで矢線 $\overrightarrow{AB}$ の点 A には**始点**，点 B には**終点**の名がある．$\overrightarrow{AB}$ と $\overrightarrow{CD}$ は始点も終点も違うのに，長さと向きは等しい」

「変位が等しいというときには，矢線自身の位置を無視しなければなりませんね」

「そういうわけで，2 つの矢線は位置は違っても，長さと向きが等しいならば等しいとみることが必要になる．この図で矢線 $\overrightarrow{AB}$ と $\overrightarrow{CD}$ は等しいので

$$\overrightarrow{AB} = \overrightarrow{CD}$$

で表し，$\overrightarrow{AB}$ と $\overrightarrow{EF}$ は等しくないから

$$\overrightarrow{AB} \neq \overrightarrow{EF}$$

で表す」

「位置を考慮した矢線と位置を考慮しない矢線……ややこしいです．こんな区別は……」

「それで**矢線ベクトル**の名が生れた．位置を無視した矢線が矢線ベクトルで，略して**ベクトル**ともいう」

「位置はあれども位置を無視したのがベクトル．分ったようで分らん話……」

「コトバとはすべてそういうものですよ．君も僕も同じ人間ですが身長，体重，顔がちがうようなもの．ベクトルは $\boldsymbol{a}$，$\boldsymbol{b}, \cdots, \boldsymbol{x}$，$\boldsymbol{y}$，…のように，太い小文字で表すことにしよう」

「太字は印刷にはよいが，筆記には向かないが」

「書くときはね．$\mathbb{a}, \mathbb{b}, \cdots, \mathbb{x}, \mathbb{y}$ のように，一部分を 2 本にすればよいことで，慣れればやさしい」

「書くのは分ったが，図解が未解決．ベクトル $\boldsymbol{a}$ を表そうとすれば，やっぱり矢線になるけど……」

「これぱかりは，どうしようもないですね．矢線 $\overrightarrow{\mathrm{AB}}$ のそばに $\boldsymbol{a}$ をかき添えておけば，多少気分が出ませんか」

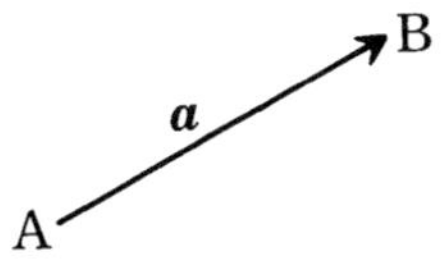

「その気持は分ったが，逆に，そのことを筆記しようとすると行詰る」

「それはね，代表者 $\overrightarrow{\mathrm{AB}}$ に権威をもたせて

$$\overrightarrow{\mathrm{AB}} = \boldsymbol{a}$$

とかくことにすればよい」

「独裁者ですね．$\overrightarrow{\mathrm{AB}}$ は……」

「実際はそうでもない．政権亡者が周囲にウヨウヨ．いつ，椅子が奪われるか分らない．$\overrightarrow{\mathrm{AB}}$ に等しい矢線ならば，どんな矢線であろうと $\boldsymbol{a}$ の代表者になる資格があるのだから」

「$\overrightarrow{\mathrm{AB}}$ に等しい $\overrightarrow{\mathrm{CD}}$ をかってに作って $\overrightarrow{\mathrm{CD}} = \boldsymbol{a}$……？」

「そういうこと，ポスト $\boldsymbol{a}$ が自由自在と思えば楽しい．物ごとは考えようです」

2　加法

「物置をAからBにうつし，次にBからCへうつしたとすると，結果において，AからCにうつしたことになる」

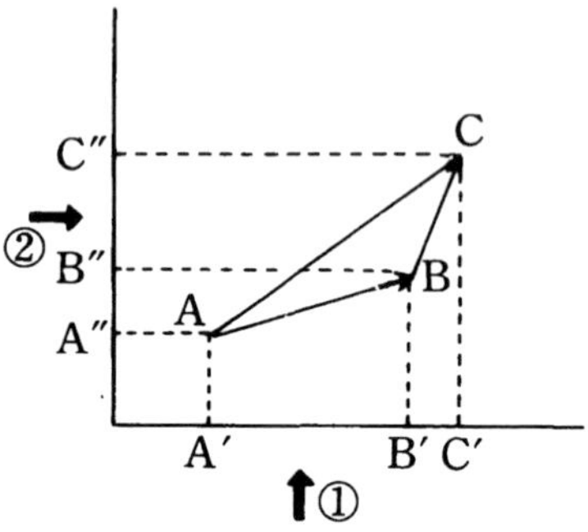

「苦労の程度が違いますよ」

「体力の消耗は無視して，位置の変化だけをみるのだ」

「たしかに，変位とはそういうものであった」

「そこで，変位 $\overrightarrow{AB}$ と $\overrightarrow{BC}$ の和は $\overrightarrow{AC}$ であるということにして

$$\overrightarrow{AB}+\overrightarrow{BC}=\overrightarrow{AC}$$

で表すことにする．＋で表わしたからには，この演算を加法と呼ぶのが自然です」

「こんなものを加法だなんて……ちっとも自然でないが」

「じゃ，この変位を①の方向から眺めてごらん」

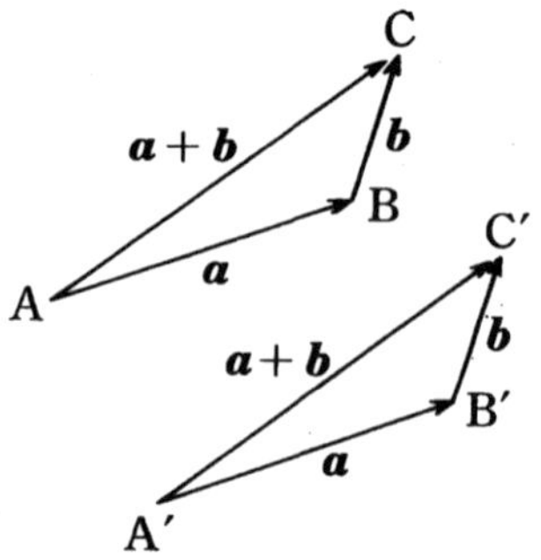

「$\overrightarrow{A'B'}+\overrightarrow{B'C'}=\overrightarrow{A'C'}$?」

「それは長さの加法 $A'B'+B'C'=A'C'$ と同じだ．同じ理由で②の方向から眺めると $A''B''+B''C''=A''C''$．どう．これで加法と無縁でないことが分ったでしょう」

「納得！」

「矢線はベクトルの代表者であったから，$\overrightarrow{\mathrm{AB}}$，$\overrightarrow{\mathrm{BC}}$，$\overrightarrow{\mathrm{AC}}$ で代表されるベクトルをそれぞれ $\boldsymbol{a}$，$\boldsymbol{b}$，$\boldsymbol{c}$ とすると

$$\boldsymbol{a}+\boldsymbol{b}=\boldsymbol{c}$$

とみるのも自然．そこで，$\boldsymbol{c}$ をベクトル $\boldsymbol{a}$，$\boldsymbol{b}$ の**和**といい，この演算を**加法**と呼ぶことにすればよい」

「じゃ，逆に，2つのベクトル $\boldsymbol{a}$，$\boldsymbol{b}$ を与えられたときは，点Aを勝手にとり，$\boldsymbol{a}$ を表す矢線 $\overrightarrow{\mathrm{AB}}$ を作り，その先へ $\boldsymbol{b}$ を表す矢線 $\overrightarrow{\mathrm{BC}}$ を作る．こうすれば線 $\overrightarrow{\mathrm{AC}}$ によって表されるベクトルが $\boldsymbol{a}+\boldsymbol{b}$？」

「そう．Aの代りに A' を選んだとしても，同じことを試みれば $\overrightarrow{\mathrm{AC}}$ と $\overrightarrow{\mathrm{A'C'}}$ は等しいから，求めた和は変らない．いや，変らないから，これをベクトル $\boldsymbol{a}$，$\boldsymbol{b}$ の加法とみることができるのだ」

「ベクトルのおもしろさ，いや，巧妙さが，次第に分ってきました」

× ×

「この図で，AからBCに平行線をひき，CからABに平行線をひいて，交点をDとすると，四角形ABCDは平行四辺形になるから，$\boldsymbol{b}$ を表すのに $\overrightarrow{\mathrm{AD}}$ を用いてもよい．そこで……」

「分った．$\boldsymbol{a}$ に等しく $\overrightarrow{\mathrm{AB}}$，$\boldsymbol{b}$ に等しく $\overrightarrow{\mathrm{AD}}$ を作り，平行四辺形ABCDを作れば，$\overrightarrow{\mathrm{AC}}$ は $\boldsymbol{a}+\boldsymbol{b}$ になる」

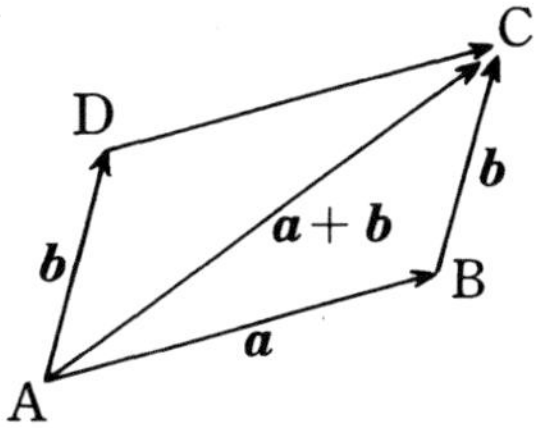

「力の和を求める場合は，このほうが実際に合う．物体Aを甲が引く力を $\overrightarrow{\mathrm{AB}}$ で表し，乙が引く力を $\overrightarrow{\mathrm{AD}}$ で表したとすると，結果において，丙の引く力は $\overrightarrow{\mathrm{AC}}$ に等しい．これをベクトルの加法の平行四辺形の原理ということがある」

× ×

「物置をAからBへうつしてはみたものの，やっぱり元の位置がよいというので，BからAにもどした」

「そんなことよくありますね」

「この変位を加法で表せばどうなる？」

「$\overrightarrow{AB}+\overrightarrow{BA}=$？　いじの悪い質問」

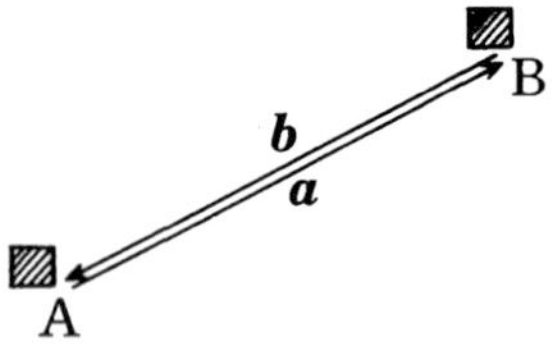

「こういうときは，一般の場合の加法 $\overrightarrow{AB}+\overrightarrow{BC}=\overrightarrow{AC}$ に戻ってみることです．CがAに重なったに過ぎない」

「CをAとかくと $\overrightarrow{AB}+\overrightarrow{BA}=\overrightarrow{AA}$，$\overrightarrow{AA}$ は……？　こんな矢線はない」

「数学は例外を避けるのが原則．たしかに $\overrightarrow{AA}$ は存在しないが，1つの点Aも矢線の仲間にいれて $\overrightarrow{AA}$ で表すことにすれば，加法の式 $\overrightarrow{AB}+\overrightarrow{BC}=\overrightarrow{AC}$ から例外が除かれる」

「でも，1つの点では向きがないが」

「向きは任意とするのが合理的」

「合理的！　なぜですか」

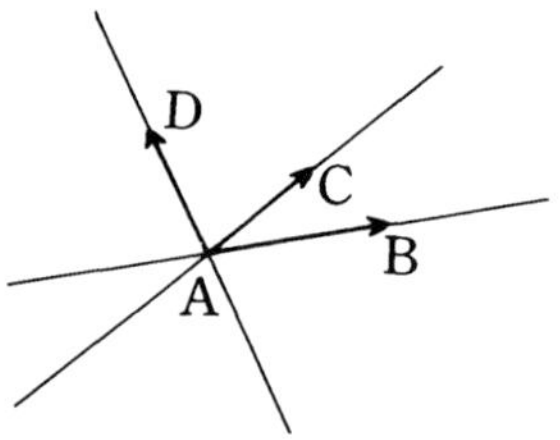

「Aからひいた矢線 $\overrightarrow{AB}$，$\overrightarrow{AC}$，$\overrightarrow{AD}$ が縮小して，ついに1点Aになった場合を想像しては……」

「なるほど，矢線の大きさは0になるが，向きを表す直線は残っているような……いや，残るとみたくなります」

「そこです．その気持を温存して $\overrightarrow{AA}$ の向きを任意とする．$\overrightarrow{AA}$ を矢線とみると，それに対応するベクトルもほしくなる．それが**ゼロベクトル**で，ふつう $\mathbf{0}$ で表す．$\mathbf{0}$ と 0 をいちいち区別するのは煩しいので，人によってはゼロベクトルも 0 で表しますね」

「混乱しませんか」

「$\mathbf{0}$ か 0 かは，前後の関係から，つまり文脈から分ることが多く心配するほどのことはない」

「われわれは，どちらを……」

「原則は別でいこう．簡単なテスト……$\boldsymbol{a}+\mathbf{0}$ は？」

「やさしいよ．$\overrightarrow{\mathrm{AB}}=\boldsymbol{a}$ とすると $\overrightarrow{\mathrm{AB}}+\overrightarrow{\mathrm{BB}}=\overrightarrow{\mathrm{AB}}$ から

$$\boldsymbol{a}+\boldsymbol{0}=\boldsymbol{a}$$

次に調べることは……」

×　　　　　×

「加法を知ったら加法の法則へ．交換法則 $\boldsymbol{a}+\boldsymbol{b}=\boldsymbol{b}+\boldsymbol{a}$ は成り立つか」

「この平行四辺形で一発．

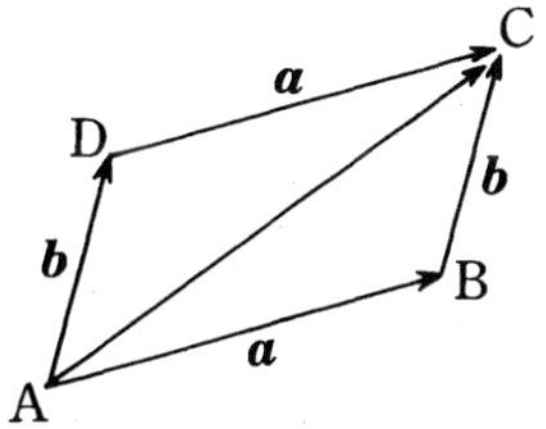

A → B → C と進めば

$$\boldsymbol{a}+\boldsymbol{b}=\overrightarrow{\mathrm{AC}}$$

A → D → C と進めば

$$\boldsymbol{b}+\boldsymbol{a}=\overrightarrow{\mathrm{AC}}$$

結果は等しいから

$$\boldsymbol{a}+\boldsymbol{b}=\boldsymbol{b}+\boldsymbol{a}$$

がつねに成り立つ」

「この調子で，結合法則を……」

「この図がすべてを物語る．

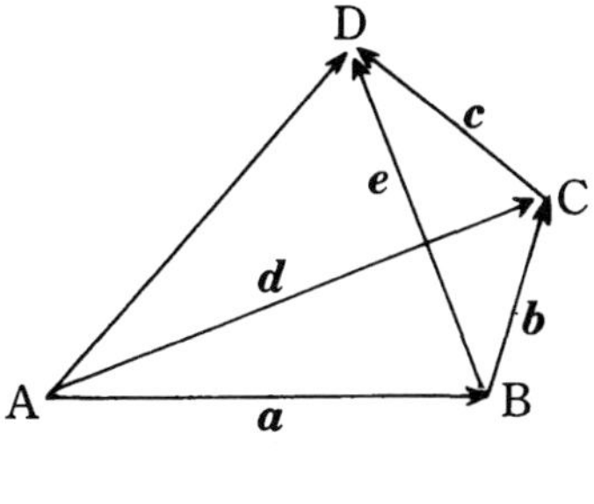

$$(\boldsymbol{a}+\boldsymbol{b})+\boldsymbol{c}=\boldsymbol{d}+\boldsymbol{c}=\overrightarrow{\mathrm{AD}}$$

$$\boldsymbol{a}+(\boldsymbol{b}+\boldsymbol{c})=\boldsymbol{a}+\boldsymbol{e}=\overrightarrow{\mathrm{AD}}$$

結果が等しいから　$(\boldsymbol{a}+\boldsymbol{b})+\boldsymbol{c}=\boldsymbol{a}+(\boldsymbol{b}+\boldsymbol{c})$」

定理 1　矢線ベクトルの加法の法則

（ i ）$\boldsymbol{a}+\boldsymbol{b}=\boldsymbol{b}+\boldsymbol{a}$　（交換法則）

（ii）$(\boldsymbol{a}+\boldsymbol{b})+\boldsymbol{c}=\boldsymbol{a}+(\boldsymbol{b}+\boldsymbol{c})$　（結合法則）

「結合法則が成り立つから $(\boldsymbol{a}+\boldsymbol{b})+\boldsymbol{c}$ と $\boldsymbol{a}+(\boldsymbol{b}+\boldsymbol{c})$ はカッコを略し，$\boldsymbol{a}+\boldsymbol{b}+\boldsymbol{c}$ と表す」

「どの本にも，そんなふうにかいてあるが……」

「いけませんか」

「ちょっと頂けないね．“カッコの必要がないときは略してよい”というべきか．カッコが必要なのに略すはずはないよ」

3　減法と反ベクトル

「加法の次は減法ですね」

「減法は加法の逆算のこと」

「加法の逆算？　どういう意味ですか」

「2つのベクトル $\boldsymbol{a}$，$\boldsymbol{b}$ に対して，$\boldsymbol{a}$ に加えると $\boldsymbol{b}$ になるベクトル $\boldsymbol{x}$ を求めることが**加法の逆算**で，この逆算を**減法**といい $\boldsymbol{b}-\boldsymbol{a}$ で表し，ベクトル $\boldsymbol{b}-\boldsymbol{a}$ を $\boldsymbol{b}$ から $\boldsymbol{a}$ をひいた**差**，または $\boldsymbol{b}$，$\boldsymbol{a}$ の差というのです．式で説明すると」

$$\underset{\substack{\uparrow\\\text{加法}}}{\boldsymbol{a}+\boldsymbol{x}}=\boldsymbol{b}\text{ のとき }\boldsymbol{x}=\underset{\substack{\uparrow\\\text{減法}}}{\boldsymbol{b}-\boldsymbol{a}}\cdots\cdots\ (\boldsymbol{b},\ \boldsymbol{a}\text{ の差})$$

「差を実際に求めてみます．$\boldsymbol{a}$ に等しく $\overrightarrow{\mathrm{OA}}$，$\boldsymbol{b}$ に等しく $\overrightarrow{\mathrm{OB}}$ をとったとすると

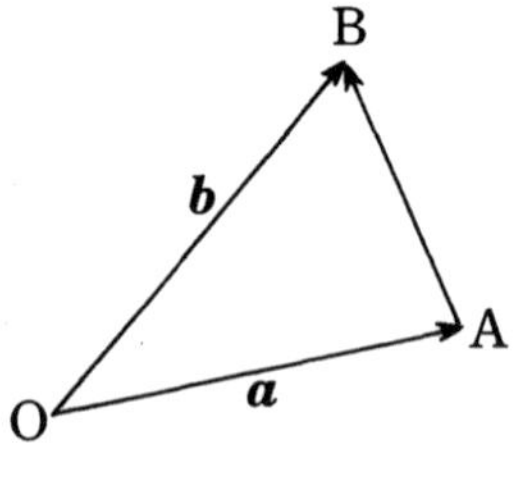

$$\boldsymbol{a}+\overrightarrow{\mathrm{AB}}=\boldsymbol{b}$$

が成り立つから

$$\overrightarrow{\mathrm{AB}}=\boldsymbol{b}-\boldsymbol{a}$$

なんだ．意外と簡単」

×　　　　　×

「本番はこれからです．実数で減法 $5-3$ は加法 $5+(-3)$ にかえることができた」

「ベクトルでも同じことをやろうというのですね．減法 $\boldsymbol{b}-\boldsymbol{a}$ を $\boldsymbol{b}+\square$ とかえたい．$\square$ の中をどうきめるか，さすが本番はむずかしい」

「先の図に，赤線を補って平行四辺形 OABC を作ってみては」

「$\overrightarrow{\mathrm{OC}}=\overrightarrow{\mathrm{AB}}=\boldsymbol{b}-\boldsymbol{a}$ だから $\boldsymbol{b}$ にたすと $\boldsymbol{b}-\boldsymbol{a}$ になる $\square$ は $\overrightarrow{\mathrm{BC}}$……その $\overrightarrow{\mathrm{BC}}$ は……わかった．$\boldsymbol{a}$ と反対向きのベクトル」

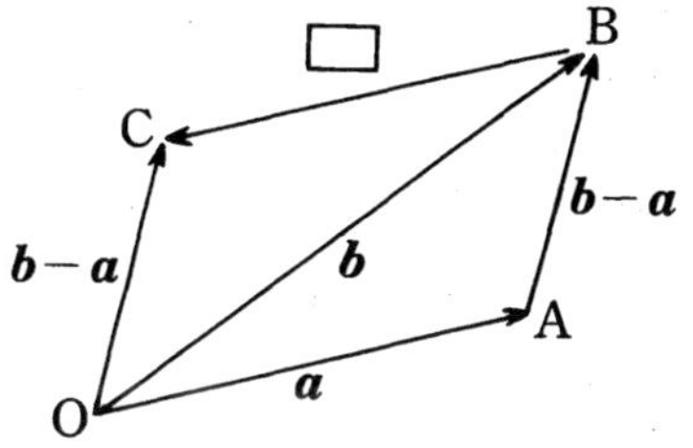

「$\boldsymbol{a}$ と大きさは等しいが向きの反対なベクトルを $-\boldsymbol{a}$ で表すことにすればよい．$-\boldsymbol{a}$ を $\boldsymbol{a}$ の**反ベクトル**というのです．図をみると $\overrightarrow{\mathrm{OB}}+\overrightarrow{\mathrm{BC}}=\overrightarrow{\mathrm{OC}}$ だから

$$\boldsymbol{b}+(-\boldsymbol{a})=\boldsymbol{b}-\boldsymbol{a}$$

これで，ベクトルの加減は，急速に実数の加減に似てきた」

例 1　3 つのベクトル $\boldsymbol{a}$，$\boldsymbol{b}$，$\boldsymbol{c}$ が図のように与えられているとき

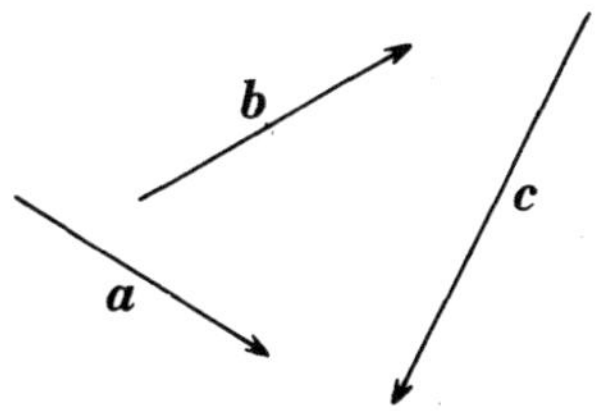

$$\boldsymbol{a}-\boldsymbol{b}-\boldsymbol{c}$$

を作図せよ．

解　反ベクトルを用いて加法にかえる．

$$\boldsymbol{a}-\boldsymbol{b}-\boldsymbol{c}=\boldsymbol{a}+(-\boldsymbol{b})+(-\boldsymbol{c})$$

$\overrightarrow{\mathrm{OA}}=\boldsymbol{a}, \overrightarrow{\mathrm{AB}}=-\boldsymbol{b}, \overrightarrow{\mathrm{BC}}=-\boldsymbol{c}$ とすると $\overrightarrow{\mathrm{OC}}$ は求めるベクトルである．

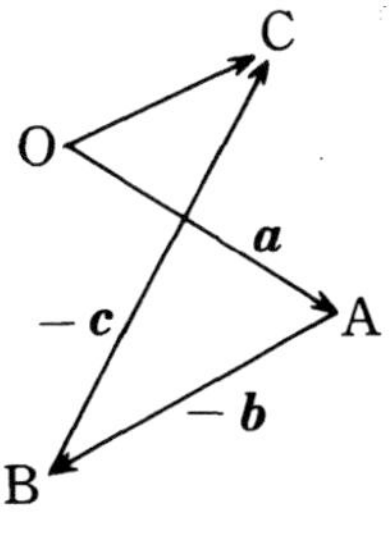

4　実数倍と単位ベクトル

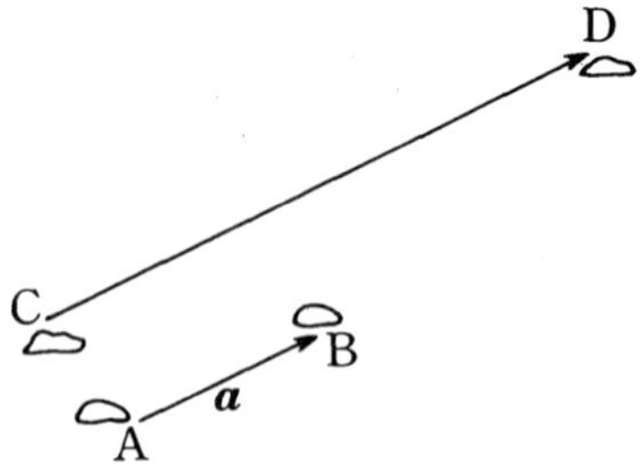

「この図は，僕が庭を作るとき石を動かしたものだ．$\overrightarrow{\mathrm{CD}}$ は $\overrightarrow{\mathrm{AB}}$ と同じ向きで，長さは3倍です．君は，これをみて $\boldsymbol{b}$ は $\boldsymbol{a}$ の……」

「$\boldsymbol{b}$ は $\boldsymbol{a}$ の 3 倍……だれでもそういうでしょう．そして $\boldsymbol{b}=3\boldsymbol{a}$ と表したくなりますよ」

「この自然な発想にもとづいて，一般にベクトル $\boldsymbol{b}$ と $\boldsymbol{a}$ は同じ向きで，$\boldsymbol{b}$ の長さが $\boldsymbol{a}$ の長さの k 倍のとき，$\boldsymbol{b}$ は $\boldsymbol{a}$ の k 倍であるといい

$$\boldsymbol{b}=k\boldsymbol{a}\quad(k>0)$$

と表す」

×　　　　×

「3倍が分れば，(− 3) 倍も考えたくなります」

「その前に正数倍に関する法則を探っておきたい．しかし，この演算は，小学校以来学んで来た“何倍”の倍に似ている．演算が似ているなら法則も似ているだろうと自然な予想が……」

「$\boldsymbol{a}$ を2倍し，さらに3倍したものは $\boldsymbol{a}$ の 6 倍……一般に

$$k(h\boldsymbol{a})=(kh)\boldsymbol{a}$$

それから $\boldsymbol{a}$ の 2 倍と 3 倍の和は $\boldsymbol{a}$ の 5 倍……一般化して

$$h\boldsymbol{a}+k\boldsymbol{a}=(h+k)\boldsymbol{a}$$

2つとも分りきったことがらで証明のしようがない」

「ベクトルには，もう 1 つある．たとえば，$\boldsymbol{a}$ の 3 倍と $\boldsymbol{b}$ の倍を加えたもの $3\boldsymbol{a}+3\boldsymbol{b}$ は……なにに等しい?」

「図をかいてみると……ああそうか，分った．$\boldsymbol{a}+\boldsymbol{b}$ の 3 倍です」

「一般化して……

$$h\boldsymbol{a}+h\boldsymbol{b}=h(\boldsymbol{a}+\boldsymbol{b})$$

これだけは自明といい切れそうにない．法則をまとめた後に証明しておきたい」

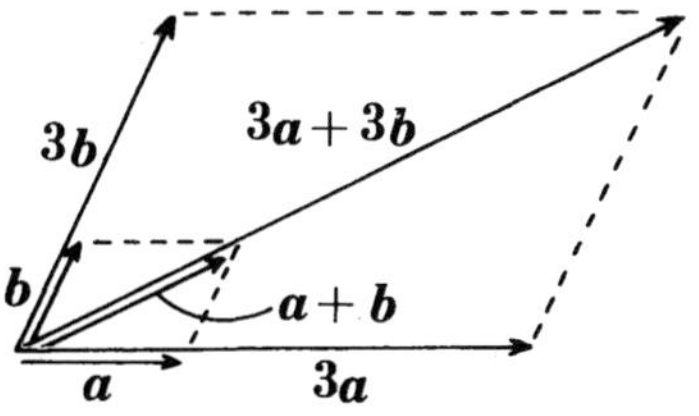

定理２　h，k が正の数のとき

（ｉ）$k(h\boldsymbol{a})=(kh)\boldsymbol{a}$

（ii）$(h+k)\boldsymbol{a}=h\boldsymbol{a}+k\boldsymbol{a}$

（iii）$h(\boldsymbol{a}+\boldsymbol{b})=h\boldsymbol{a}+h\boldsymbol{b}$

（証明）（iii）の証明

$\boldsymbol{a}$ に等しく $\overrightarrow{\mathrm{OA}}$，$\boldsymbol{b}$ に等しく $\overrightarrow{\mathrm{AB}}$ をとる．半直線 OA，OB 上に $\mathrm{OC}=h\mathrm{OA}$，$\mathrm{OD}=h\mathrm{OB}$ となる点 C，D をとると

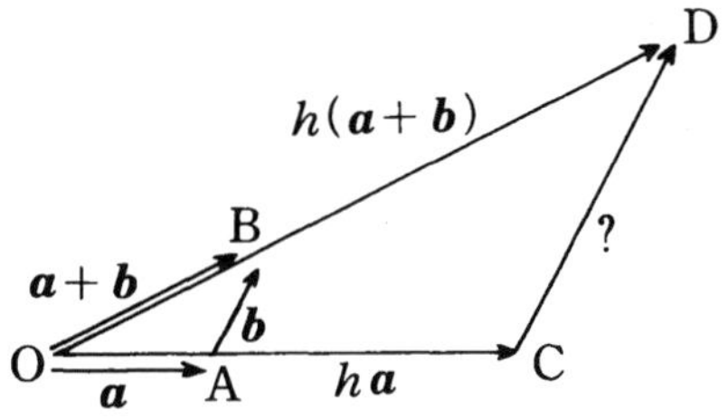

$$\overrightarrow{\mathrm{OC}}=h\boldsymbol{a},\overrightarrow{\mathrm{OB}}=\boldsymbol{a}+\boldsymbol{b},$$

$$\overrightarrow{\mathrm{OD}}=h\overrightarrow{\mathrm{OB}}=h(\boldsymbol{a}+\boldsymbol{b})$$

△OCD は △OAB を h 倍に拡大（縮小）したものであるから

$$\mathrm{CD}//\mathrm{AB};\mathrm{CD}=h\mathrm{AB},\overrightarrow{\mathrm{CD}}=h\boldsymbol{b}$$

$$\therefore\quad \overrightarrow{\mathrm{OD}}=\overrightarrow{\mathrm{OC}}+\overrightarrow{\mathrm{CD}}=h\boldsymbol{a}+h\boldsymbol{b}$$

以上から

$$h(\boldsymbol{a}+\boldsymbol{b})=h\boldsymbol{a}+h\boldsymbol{b}$$

×　　　　　　　　×

「保留しておいた（$-$ 3）倍を検討しよう．$\boldsymbol{a}$ を 3 倍して $3\boldsymbol{a}$，この向きをかえたものは $-(3\boldsymbol{a})$ です．逆に $\boldsymbol{a}$ の向きをかえて $-\boldsymbol{a}$，これを 3 倍したものは $3(-\boldsymbol{a})$ ですが……結果は一致する」

「その結果を $\boldsymbol{a}$ の（$-$ 3）倍と呼んで $(-3)\boldsymbol{a}$ で表したくなりますね」

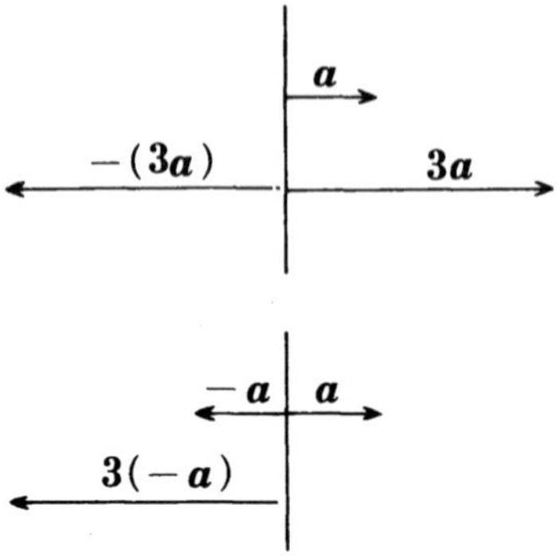

「君の考えを一般化し，ベクトルに負の数 $-p(p>0)$ をかけることを

$$-(p\boldsymbol{a}) = p(-\boldsymbol{a}) = (-p)\boldsymbol{a} \quad (p>0)$$

と約束しよう」

「まだ，ベクトルの 0 倍が済んでいません」

「ゼロベクトルの 3 倍なども……しかし，これらは常識の範囲．だれがきめても $0\boldsymbol{a} = \boldsymbol{0}$，$k\boldsymbol{0} = \boldsymbol{0}$ とするだろうよ．これで，ベクトルの**実数倍**はすべての場合が分った」

「実数を，このように拡張しても，先の 3 つの法則は成り立ちそうですが」

「君の予想は正しそうだ，まとめた上で，証明へ」

定理 3　h，k が任意の実数のとき

（i）$k(h\boldsymbol{a}) = (kh)\boldsymbol{a}$ （**結合法則**）

（ii）$(h+k)\boldsymbol{a} = h\boldsymbol{a} + k\boldsymbol{a}$ （**第 1 分配法則**）

（iii）$h(\boldsymbol{a}+\boldsymbol{b}) = h\boldsymbol{a} + h\boldsymbol{b}$ （**第 2 分配法則**）

証明のリサーチ

「場合を分けてコツコツと……」

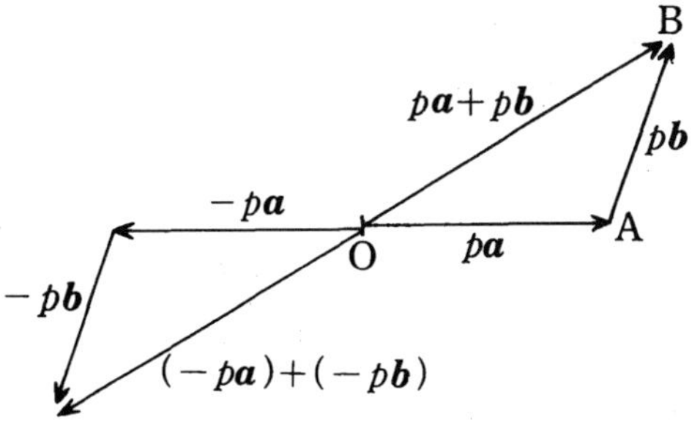

「すべて場合をやるのは努力賞……大部分は君の課題として残そう.（iii）の証明にとどめたい. $h>0$ のときは済んでる. $h=0$ のときは両辺が $\mathbf{0}$ だからあきらか. $h<0$ のときは？」

「$h=-p(p>0)$ と打くのが常道.

$$
\begin{aligned}
\text{左辺} &= (-p)(\boldsymbol{a}+\boldsymbol{b}) \\
&= -p(\boldsymbol{a}+\boldsymbol{b}) \\
&= -(p\boldsymbol{a}+p\boldsymbol{b}) \\
\text{右辺} &= (-p)\boldsymbol{a}+(-p)\boldsymbol{b} \\
&= (-p\boldsymbol{a})+(-p\boldsymbol{b})
\end{aligned}
$$

図をかいてみると，上の 2 つのベクトルは等しいから，両辺が等しくなる」

例 2 正 6 角形 ABCDEF で $\overrightarrow{\mathrm{AB}}=\boldsymbol{a}$，$\overrightarrow{\mathrm{BC}}=\boldsymbol{b}$ のとき，$\overrightarrow{\mathrm{CD}}$，$\overrightarrow{\mathrm{DE}}$，$\overrightarrow{\mathrm{EF}}$，$\overrightarrow{\mathrm{FA}}$ を $\boldsymbol{a}$，$\boldsymbol{b}$ を用いて表せ.

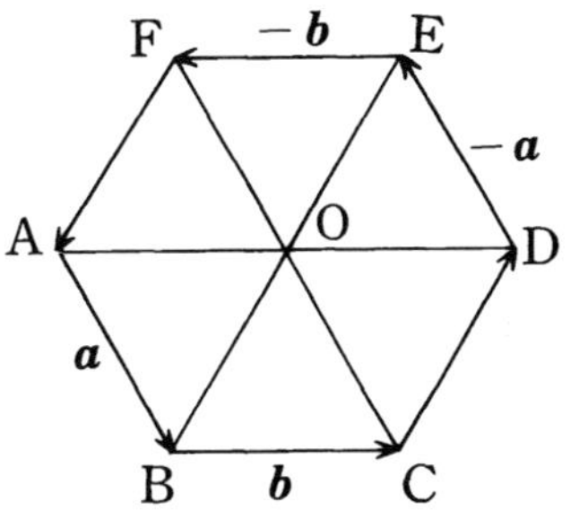

解 この正 6 角形の中心を O とすると △OAB，△OBC などは正三角形であることから

$$\overrightarrow{\mathrm{DE}}=-\boldsymbol{a}, \overrightarrow{\mathrm{EF}}=-\boldsymbol{b}, \overrightarrow{\mathrm{AO}}=\boldsymbol{b}$$

$$\therefore\quad \overrightarrow{\mathrm{CD}}=\overrightarrow{\mathrm{BO}}=\overrightarrow{\mathrm{AO}}-\overrightarrow{\mathrm{AB}}=\boldsymbol{b}-\boldsymbol{a}$$

$$\therefore\quad \overrightarrow{\mathrm{FA}}=-\overrightarrow{\mathrm{CD}}=-(\boldsymbol{b}-\boldsymbol{a})=-\boldsymbol{b}+\boldsymbol{a}=\boldsymbol{a}-\boldsymbol{b}$$

例 3　4 角形 ABCD の辺 AB，CD の中点をそれぞれ M，N とし，$\overrightarrow{\mathrm{BC}} = \boldsymbol{a}$，$\overrightarrow{\mathrm{AD}} = \boldsymbol{b}$ と抽くとき $\overrightarrow{\mathrm{MN}}$ を $\boldsymbol{a}$，$\boldsymbol{b}$ で表せ．

解　$\overrightarrow{\mathrm{MA}} = \boldsymbol{c}$，$\overrightarrow{\mathrm{DN}} = \boldsymbol{d}$ とおけば

$$\overrightarrow{\mathrm{MB}} = -\boldsymbol{c},\ \overrightarrow{\mathrm{CN}} = -\boldsymbol{d}$$

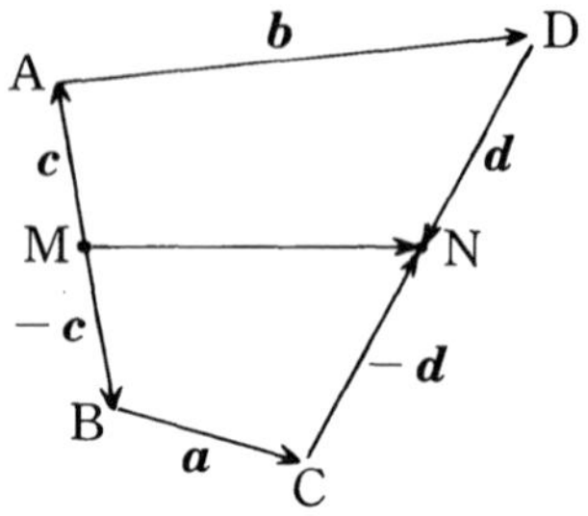

したがって

$$\overrightarrow{\mathrm{MN}} = \overrightarrow{\mathrm{MA}} + \overrightarrow{\mathrm{AD}} + \overrightarrow{\mathrm{DN}} = \boldsymbol{c} + \boldsymbol{b} + \boldsymbol{d}$$

$$\overrightarrow{\mathrm{MN}} = \overrightarrow{\mathrm{MB}} + \overrightarrow{\mathrm{BC}} + \overrightarrow{\mathrm{CN}} = -\boldsymbol{c} + \boldsymbol{c} - \boldsymbol{d}$$

この 2 式をたすと　　$2\overrightarrow{\mathrm{MN}} = \boldsymbol{a} + \boldsymbol{b}$

$$\therefore\quad \overrightarrow{\mathrm{MN}} = \frac{\boldsymbol{a} + \boldsymbol{b}}{2}$$

×　　　　　×

「ベクトルのうちで，長さが 1 のものは応用が広い．このベクトルはどんな向きであっても**単位ベクトル**という．ベクトル $\boldsymbol{a}$ の長さを**大きさ**ともいい，$|\boldsymbol{a}|$ また $\|\boldsymbol{a}\|$ で表す．したがって $\boldsymbol{a}$ が単位ベクトルであることは $\|\boldsymbol{a}\| = 1$ で表される．

「単位ベクトルを表す文字は？」

「なんでもよいのだが，$\boldsymbol{e}$，$\boldsymbol{i}$，$\boldsymbol{j}$，$\boldsymbol{k}$ などを用いることが多い．0 でないベクトル $\boldsymbol{a}$ に対して，それと同じ向きの単位ベクトルを作ってごらん」

「大きさを 1 にするには……そうか，$\|\boldsymbol{a}\|$ で割ればよい．$\|\boldsymbol{a}\|$ は正の数だから，これで割っても向きは変らない．

$$\boldsymbol{e} = \frac{\boldsymbol{a}}{\|\boldsymbol{a}\|}$$

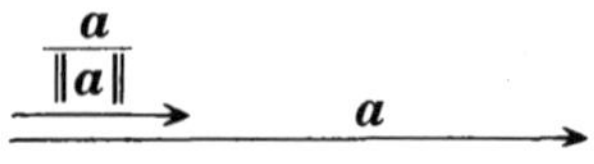

これが求めるものです」

「これを $\boldsymbol{a}$ **方向の単位ベクトル**というのです」

例 4　$\overrightarrow{\mathrm{OA}}=\boldsymbol{a}$ の延長上に点 P があって $\mathrm{OP}=3$，$\overrightarrow{\mathrm{OB}}=\boldsymbol{b}$ の延長上に点 Q があって $\mathrm{OQ}=2$ である．平行四辺形 OPRQ を作るとき $\overrightarrow{\mathrm{OR}}$ を $\boldsymbol{a}$，$\boldsymbol{b}$ で表せ．

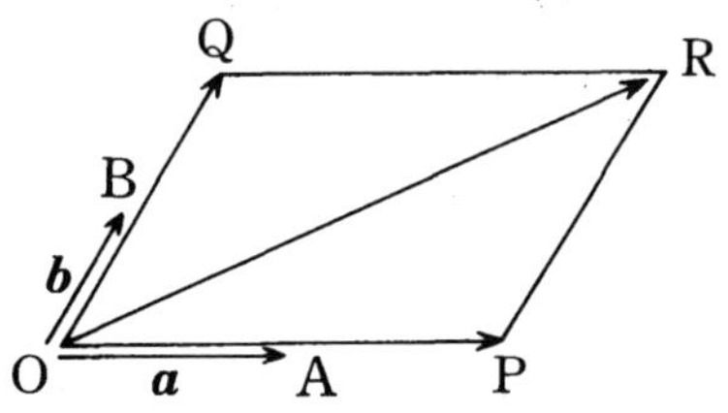

解　方向の単位ベクトルは $\dfrac{\boldsymbol{a}}{\|\boldsymbol{a}\|}$ であるから $\overrightarrow{\mathrm{OP}}=3\dfrac{\boldsymbol{a}}{\|\boldsymbol{a}\|}$

同様にして　$\overrightarrow{\mathrm{OQ}}=2\dfrac{\boldsymbol{b}}{\|\boldsymbol{b}\|}$

$$\therefore\quad \overrightarrow{\mathrm{OR}}=\overrightarrow{\mathrm{OP}}+\overrightarrow{\mathrm{OQ}}=\frac{3}{\|\boldsymbol{a}\|}\boldsymbol{a}+\frac{2}{\|\boldsymbol{b}\|}\boldsymbol{b}$$

5　ベクトルの共線条件

「ベクトルでも平行を考えるでしょう」

「ベクトルは住所不定だから，直線や線分の平行と同じに取扱うわけにはいかないですよ」

「$\boldsymbol{a}$，$\boldsymbol{b}$ が平行なことを $\boldsymbol{a}\|\boldsymbol{b}$ とかくだけじゃないですか」

「$\boldsymbol{a}$，$\boldsymbol{b}$ はどこにかいてもよいですよ．点 O をとって，$\boldsymbol{a}$ に等しく $\overrightarrow{\mathrm{OA}}$，$\boldsymbol{b}$ に等しく $\overrightarrow{\mathrm{OB}}$ をつくったとすると……」

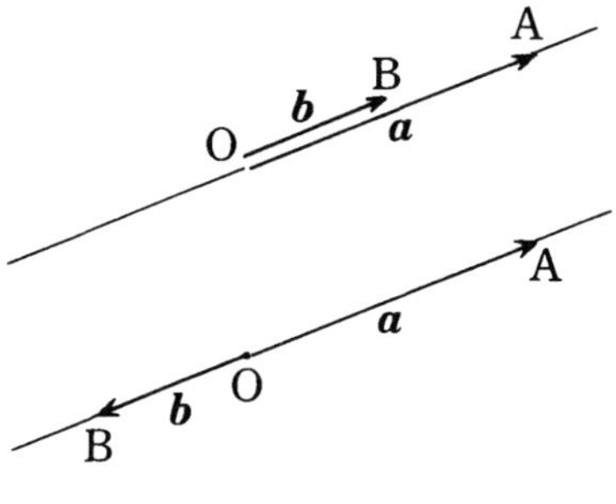

「分った．$\overrightarrow{\mathrm{OA}}$ と $\overrightarrow{\mathrm{OB}}$ は 1 つの直線上にある」

「$\boldsymbol{a}$，$\boldsymbol{b}$ を任意のベクトルとすると，$\overrightarrow{\mathrm{OA}}$，$\overrightarrow{\mathrm{OB}}$ の関係は 1 つの直線上にある場合とそうでない場合とに分けられる．1 つの直線上にあるという代りに**共線**であるともいうのです」

「共線でない湯合には，$\overrightarrow{OA}$ と $\overrightarrow{OB}$ は三角形を作るが」

「だから共線かどうかは，$\overrightarrow{OA}$，$\overrightarrow{OB}$ が三角形を作らない，作るで見分けられる」

（$\boldsymbol{a}$，$\boldsymbol{b}$ の関係）　　　（$\overrightarrow{OA}$，$\overrightarrow{OB}$ の関係）

共線である $\Leftrightarrow$ 1 直線上にある $\Leftrightarrow$ 三角形を作らない

共線でない $\Longleftrightarrow$ 1 直線上にない $\Leftrightarrow$ 三角形を作る

「$\boldsymbol{a}$，$\boldsymbol{b}$ にゼロベクトルがあったら？」

「$\boldsymbol{a}$，$\boldsymbol{b}$ は任意だ．ゼロベクトルがあってもよい」

「ゼロベクトルがあれば，三角形を作らないから共線？」

「そう．$\boldsymbol{a}=\boldsymbol{0}$ または $\boldsymbol{b}=\boldsymbol{0}$ のときは共線です」

×　　　　　　×

「実数倍は向きの同じベクトルで定義したから，共線と実数倍は縁が深いですね」

「縁が深いどころか一心同体……それを使いやすくまとめたのが次の定理……」

定理 4　$\boldsymbol{a} \neq \boldsymbol{0}$ のとき

$\boldsymbol{a}$，$\boldsymbol{b}$ は共線 $\Longleftrightarrow$ $\boldsymbol{b}=k\boldsymbol{a}$ をみたす実数 k がある．

証明のリサーチ

「この定理は，実数倍の定義をいいかえたようなもの」

「自明ですね」

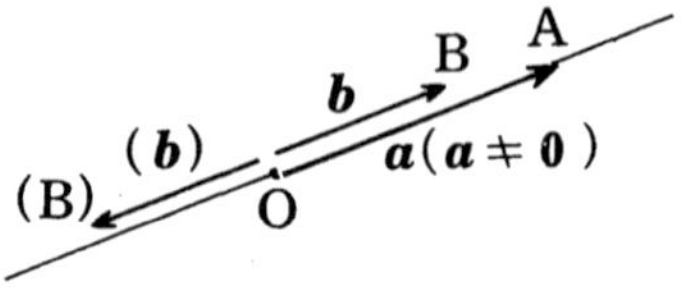

「自明で済すのも不安．証明らしいことを試みよう．1 点 O を選んで，$\boldsymbol{a}$ を表す $\overrightarrow{OA}$ と $\boldsymbol{b}$ を表す $\overrightarrow{OB}$ を作ってみる．$\boldsymbol{a} \neq \boldsymbol{0}$ だから直線 OA が定まる．$\boldsymbol{b}$ は $\boldsymbol{a}$ と共線だから $\overrightarrow{OB}$ は直線 OA 上にある．

そこで

$$\boldsymbol{b}=\boldsymbol{0}\text{ のとき}\cdots\cdots\cdots\cdots\cdots\cdots\boldsymbol{b}=\boldsymbol{0}\times\boldsymbol{a}$$

$$\boldsymbol{b}\neq\boldsymbol{0}\text{ のとき}\begin{cases}\boldsymbol{b}\text{ が }\boldsymbol{a}\text{ と同じ向きなら}\cdots\boldsymbol{b}=\text{（正の数）}\times\boldsymbol{a}\\ \boldsymbol{b}\text{ が }\boldsymbol{a}\text{ と反対向きなら}\cdots\boldsymbol{b}=\text{（負の数）}\times\boldsymbol{a}\end{cases}$$

どの場合にも $\boldsymbol{b}=k\boldsymbol{a}$ をみたす実数 k がある」

「なるほど，証明のような定義のような……パッとしませんね．逆に読み返せば，逆の証明のようでもあるし」

×　　　　　×

「この共線に関する定理があれば，共線でないときの定理が導かれそうですが」

「予想適中……，では，その定理を……」

定理 5　$\boldsymbol{a}$，$\boldsymbol{b}$ が共線でないとき $p\boldsymbol{a}+q\boldsymbol{b}=\boldsymbol{0}$ ならば $p=q=0$ である．

（証明）　$p=q=0$ でなかったとする $p\neq 0$ または $q\neq 0$

$p\neq 0$ のとき $p\boldsymbol{a}+q\boldsymbol{b}=\boldsymbol{0}$ を $\boldsymbol{a}$ について解くことができて

$$\boldsymbol{a}=\left(-\frac{q}{p}\right)\boldsymbol{b}\quad(\boldsymbol{b}\neq\boldsymbol{0})$$

この式から $\boldsymbol{a}$，$\boldsymbol{b}$ は共線となって仮定に反する．

$q\neq 0$ のとき $p\boldsymbol{a}+q\boldsymbol{b}=\boldsymbol{0}$ を $\boldsymbol{b}$ について解くことができて

$$\boldsymbol{b}=\left(-\frac{p}{q}\right)\boldsymbol{a}\quad(\boldsymbol{a}\neq\boldsymbol{0})$$

この式から $\boldsymbol{a}$，$\boldsymbol{b}$ は共線となって仮定に反する．

×　　　　　×

例 5　$\boldsymbol{a}$，$\boldsymbol{b}$ は共線でなくて $x\boldsymbol{a}+2y\boldsymbol{b}=(3-y)\boldsymbol{a}+x\boldsymbol{b}$ が成り立つとき，実数 x，y を求めよ．

解　仮定の等式は移項して整理すると

$$(x+y-3)\boldsymbol{a}+(2y-x)\boldsymbol{b}=\boldsymbol{0}$$

$\boldsymbol{a}$，$\boldsymbol{b}$ は共線でないから

$$x+y-3=0, 2y-x=0$$

これを解いて　$x=2$，$y=1$

例 6　$\boldsymbol{a}$，$\boldsymbol{b}$ は共線でないとき，次の 2 つのベクトルが共線になるのは x がどんな値のときか.

$$\boldsymbol{a}+\boldsymbol{b},\quad x\left(\frac{\boldsymbol{b}}{2}-\boldsymbol{a}\right)+\boldsymbol{a}$$

解　$\boldsymbol{a}+\boldsymbol{b}=\boldsymbol{0}$ とすると $\boldsymbol{b}=(-1)\boldsymbol{a}$ となって $\boldsymbol{a}$，$\boldsymbol{b}$ は共線になり仮定に反するから $\boldsymbol{a}+\boldsymbol{b}\neq\boldsymbol{0}$，よって与えられた 2 つのベクトルが共線になるための条件は

$$x\left(\frac{\boldsymbol{b}}{2}-\boldsymbol{a}\right)+\boldsymbol{a}=h(\boldsymbol{a}+\boldsymbol{b})$$

をみたす実数 h があること，かきかえて

$$(-x+1-h)\boldsymbol{a}+\left(\frac{x}{2}-h\right)\boldsymbol{b}=\boldsymbol{0}$$

$\boldsymbol{a}$，$\boldsymbol{b}$ は共線でないから

$$-x+1-h=0, \frac{x}{2}-h=0$$

これを解いて　$x=\dfrac{2}{3}$，$h=\dfrac{1}{3}$　　$\therefore\ x=\dfrac{2}{3}$

練習問題—1

1　次の式を簡単にせよ．

(1)　$2(5\boldsymbol{a}+\boldsymbol{b})+4(\boldsymbol{a}+3\boldsymbol{b})$

(2)　$3(4\boldsymbol{a}-7\boldsymbol{b})-5(2\boldsymbol{a}-\boldsymbol{b})$

(3)　$\boldsymbol{a}+\dfrac{2}{3}\left(\dfrac{\boldsymbol{b}+\boldsymbol{c}}{2}-\boldsymbol{a}\right)$

2　右の図で DAC の中点，E は CB の中点，F は AB の 3 等分点の 1 つである．$\overrightarrow{\mathrm{CA}}=\boldsymbol{a}$，$\overrightarrow{\mathrm{CB}}=\boldsymbol{b}$ とおくとき $\overrightarrow{\mathrm{DE}}$，$\overrightarrow{\mathrm{AF}}$，$\overrightarrow{\mathrm{CF}}$，$\overrightarrow{\mathrm{DF}}$ を $\boldsymbol{a}$，$\boldsymbol{b}$ で表せ．

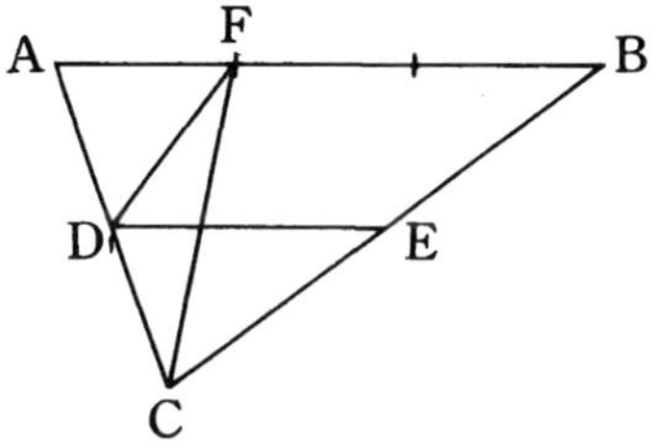

3　次のことは正しいか．

(1)　$k\boldsymbol{a}=\boldsymbol{0}$，$k\neq 0$ ならば $\boldsymbol{a}=0$

(2)　$k\boldsymbol{a}=\boldsymbol{0}$，$\boldsymbol{a}\neq 0$ ならば $k=0$

4　6 角形 ABCDEF において AB，BC はそれぞれ DE，EF に平行で等しい．このとき CD と AF は平行で等しいことを示せ．

5　$\boldsymbol{a}$，$\boldsymbol{b}$ は共線でなく，$(p+5)\boldsymbol{a}+q\boldsymbol{b}=q\boldsymbol{a}+3\boldsymbol{b}$ が成り立つとき，p，q の値を求めよ．

6　$\boldsymbol{a}$，$\boldsymbol{b}$ は共線でなく，$\boldsymbol{a}+\boldsymbol{b}+\boldsymbol{c}=0$，$p\boldsymbol{a}+q\boldsymbol{b}+r\boldsymbol{c}=0$ が成り立つならば $p=q=r$ であることを証明せよ．

7　次の問に答えよ．

(1)　$\boldsymbol{a}$ と $\boldsymbol{b}$，$\boldsymbol{a}$ と $\boldsymbol{c}$ が共線ならば $\boldsymbol{b}$ と $\boldsymbol{c}$ は共線である，は正しいか．

(2)　$\boldsymbol{a}\neq\boldsymbol{0}$ のとき (1) は正しいことを，ベクトルの実数倍を用い

て証明せよ.

§2. ベクトルによる座標

1　ベクトルで座標を作る

「平面上のすべての点をベクトルで表すことを考えたい」

「座標ですね」

「座標の一種ではあるが，x 軸や y 軸は必要ない．1つの点を固定しておくだけで十分，その固定した点をOで表し，**原点**と呼ぶことにする．平面上の任意の点Pに対して，1つの矢線 $\overrightarrow{\mathrm{OP}}$ が定まる．そこで，この矢線で代表されるベクトル $\boldsymbol{x}$ が1つ定まる」

「その $\boldsymbol{x}$ でPを表せばよい」

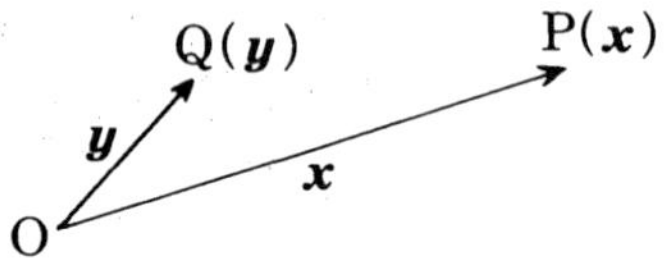

「あわてずにゆこう．点にベクトルが1対1に対応することをはっきりさせておきたい」

「任意のベクトルを $\boldsymbol{x}$ とすると，$\boldsymbol{x}$ を代表する矢線 $\overrightarrow{\mathrm{OP}}$ を1つ作ることができることは明らか．だからP $\longrightarrow \boldsymbol{x}$ は1対1の対応」

「お粗末．点が異なるとき，ベクトルも異なることをいわねば，1対1とはいえない」

「そんな自明なことを……2点PとQが異なれば，矢線 $\overrightarrow{\mathrm{OP}}$ と $\overrightarrow{\mathrm{OQ}}$ も異なるから，それぞれが代表するベクトル $\boldsymbol{x}$，$\boldsymbol{y}$ も異なるのは当り前ですが」

「当り前だから有難いのだ．点とベクトルが1対1に対応するから2点が異なるかどうかはベクトルが異なるかどうかによって見分けられる．つまり2点P($\boldsymbol{x}$)，Q($\boldsymbol{y}$) に対して

$$\text{P，Q は異なる} \Longleftrightarrow \boldsymbol{x} \neq \boldsymbol{y}$$

$$\text{P，Q は重なる} \Leftrightarrow \boldsymbol{x} = \boldsymbol{y}$$

これで準備完了……$\overrightarrow{\mathrm{OP}}$ によっ代表されるベクトルを x とするとき，$\boldsymbol{x}$ を点Pの**座標**と呼び，P($\boldsymbol{x}$) で表すことにすればよい．x を点Pの**位置ベクトル**ということもあるが……」

「P の座標が x であることは，いままでの略記法によれば

$$\overrightarrow{\mathrm{OP}} = \boldsymbol{x}$$

でもよいのでしょう？」

「もちろん」

× ×

「応用が楽しみです」

「では早速．2 点 A($\boldsymbol{a}$)，B($\boldsymbol{b}$) があるとき $\overrightarrow{\mathrm{AB}}$ を $\boldsymbol{a}$，$\boldsymbol{b}$ で表してごらん」

「やさしいよ．そんなの．

$$\overrightarrow{\mathrm{OA}} + \overrightarrow{\mathrm{AB}} = \overrightarrow{\mathrm{OB}}$$

$$\overrightarrow{\mathrm{AB}} = \overrightarrow{\mathrm{OB}} - \overrightarrow{\mathrm{OA}} = \boldsymbol{b} - \boldsymbol{a}$$

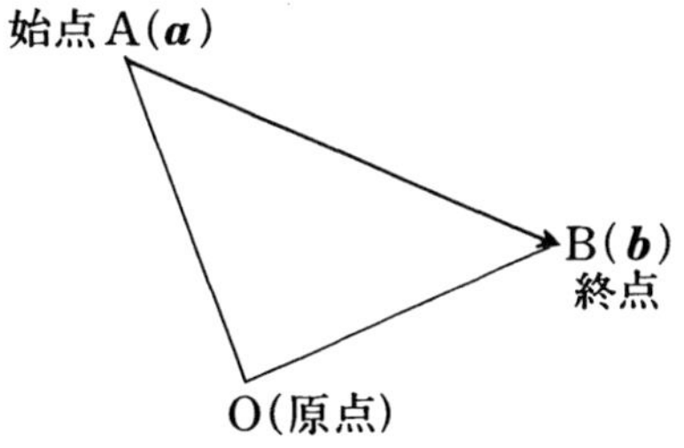

座標の差です」

「$\boldsymbol{a}$ から $\boldsymbol{b}$ をひくのか，$\boldsymbol{b}$ から $\boldsymbol{a}$ をひくのかで迷いがち．

$$\overrightarrow{\mathrm{AB}} = \boldsymbol{b} - \boldsymbol{a} = \text{（終点の座標）} - \text{（始点の座標）}$$

矢線の終点の座標から始点の座標をひくと，はっきり記憶してほしいね」

「アタマからシッポをひく」

「マンガ的表現……君にふさわしいよ」

× ×

「こんな応用では頼りないですが」

「では，先の準備をかね．次の例題を」

例 7　2 点 A($\boldsymbol{a}$)，B($\boldsymbol{b}$) を結び線分を 3 等分する点を A の方から順に P，Q とするとき，P，Q の座標を求めよ．

解　$\overrightarrow{AB} = \boldsymbol{b} - \boldsymbol{a}$ であるから

$$\overrightarrow{AP} = \frac{1}{3}(\boldsymbol{b} - \boldsymbol{a}), \overrightarrow{AQ} = \frac{2}{3}(\boldsymbol{b} - \boldsymbol{a})$$

したがって

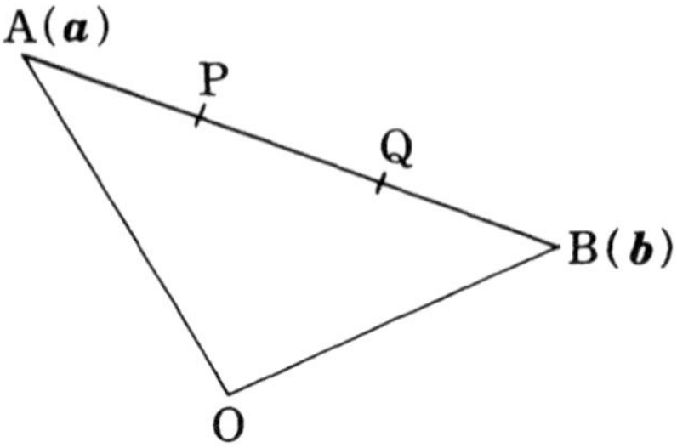

$$\overrightarrow{OP} = \overrightarrow{OA} + \overrightarrow{AP}$$
$$= \boldsymbol{a} + \frac{\boldsymbol{b} - \boldsymbol{a}}{3} = \frac{2\boldsymbol{a} + \boldsymbol{b}}{3}$$
$$\overrightarrow{OQ} = \overrightarrow{OA} + \overrightarrow{AQ}$$
$$= \boldsymbol{a} + \frac{2(\boldsymbol{b} - \boldsymbol{a})}{3} = \frac{\boldsymbol{a} + 2\boldsymbol{b}}{3}$$

答　P の座標 $\dfrac{2\boldsymbol{a} + \boldsymbol{b}}{3}$，Q の座標 $\dfrac{\boldsymbol{a} + 2\boldsymbol{b}}{3}$

2　線分を分ける点の座標

「つまらない質問から話をはじめよう．線分 AB を 5 : 2 に**内分**する点 P とは？」

「分り切ったこと．P は線分 AB 上にあって AP : PB = 5 : 2 をみたす」

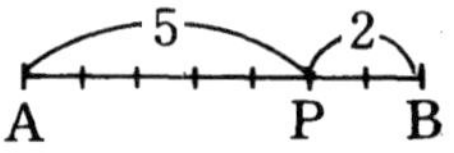

「次に AB を 5 : 2 に**外分**する点 Q とは？」

「Q は線分 AB の延長上にあって AQ : QB = 5 : 2 をみたす点．Q は B の方の延長上にある」

「では AB を 2 : 5 に外分する点 R は？」

「R は AB の A の方の延長上にあって AR : RB = 2 : 5 をみたす点」

「このままでは，ベクトルと無縁……さてどうするか」

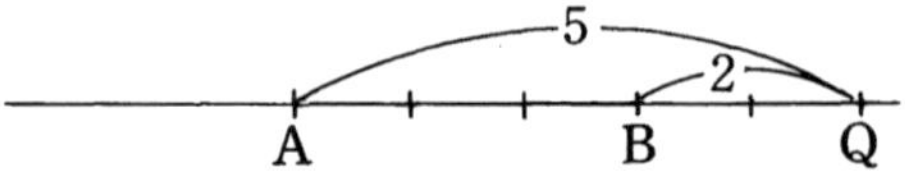

「比に正負の符号をつけては……」

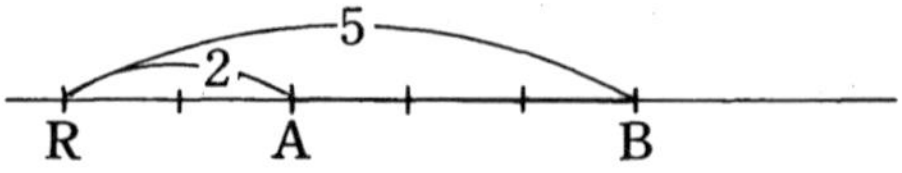

「それには，ベクトルと実数を結びつければよい．直線 AB 上の適当なベクトル $\boldsymbol{v}$ によって，$\overrightarrow{\mathrm{AP}}=m\boldsymbol{v}$，$\overrightarrow{\mathrm{PB}}=n\boldsymbol{v}$ と表されたら，情を $m:n$ に分ける，ということにすれば，すべての場合が総括される．たとえば AB を 5 : 2 に内分する場合は，$\boldsymbol{v}$ として $\dfrac{1}{7}\overrightarrow{\mathrm{AB}}$ をとると，$\overrightarrow{\mathrm{AP}}=5\boldsymbol{v}$，$\overrightarrow{\mathrm{PB}}=2\boldsymbol{v}$ になる」

「向きをかえた $\dfrac{1}{7}\overrightarrow{\mathrm{BA}}$ を $\boldsymbol{v}$ にとれば $\overrightarrow{\mathrm{AP}}=(-5)\boldsymbol{v}$，$\overrightarrow{\mathrm{PB}}=(-2)\boldsymbol{v}$……$-5:-2$ に内分するはへんですが」

「5 : 2 と $-5:-2$ は等しいから，少しもへんでない．このほうがむしろ理にかなう．次に AB を 5 : 2 に外分する点 Q をみると，$\dfrac{1}{3}\overrightarrow{\mathrm{AB}}$ を $\boldsymbol{v}$ ととれば $\overrightarrow{\mathrm{AQ}}=5\boldsymbol{v}$，$\overrightarrow{\mathrm{QB}}=(-2)\boldsymbol{v}$ だから，Q は AB を $5:-2$ に分るといえばよい．このときも向きをかえた $\dfrac{1}{3}\overrightarrow{\mathrm{BA}}$ を $\boldsymbol{v}$ に選べば $\overrightarrow{\mathrm{AQ}}=(-5)\boldsymbol{v}$，$\overrightarrow{\mathrm{QB}}=2\boldsymbol{v}$ だから，Q は AB を $-5:2$ に分けるということも可能」

線分 AB を $m:n$ に分ける図

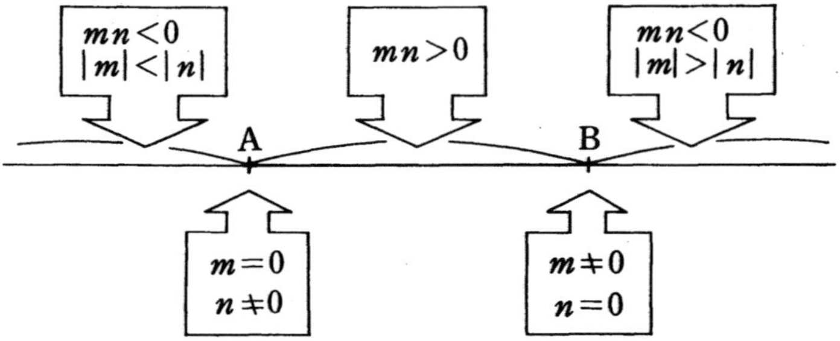

「点 R のときは AB を $-2:5$ に分ける，$2:-5$ に分けると」

「図によって総括しておこう」

「$mn<0$，$|m|=|n|$ の場合がないですが」

「それは簡単にすれば $m+n=0$ の場合……の場合はあり得ないよ．$\overrightarrow{\mathrm{AB}}$ を計算してみれば分る」

「$\overrightarrow{\mathrm{AB}}=\overrightarrow{\mathrm{AP}}+\overrightarrow{\mathrm{PB}}=m\boldsymbol{v}+n\boldsymbol{v}=(m+n)\boldsymbol{v}, \overrightarrow{\mathrm{AB}}\neq\mathbf{0}$ だから $m+n\neq 0$……なるほど」

× ×

「$m:n$ に分ける意味は分った．次の課題は，その分ける点の座標を求めること．公式はすでに知っていよう．それを挙げてから証明をそえたい」

定理 6 異なる 2 点 A($\boldsymbol{a}$)，B($\boldsymbol{b}$) を結ぶ線分 AB を $m:n$ に分ける点を P($\boldsymbol{x}$) とすれば

$$\boldsymbol{x}=\frac{n\boldsymbol{a}+m\boldsymbol{b}}{m+n}$$

「m，n と $\boldsymbol{a}$，$\boldsymbol{b}$ の掛ける順序に注意してほしい」

証明のリサーチ

「この証明なら自信がある．PAB を $m:n$ に分けるから

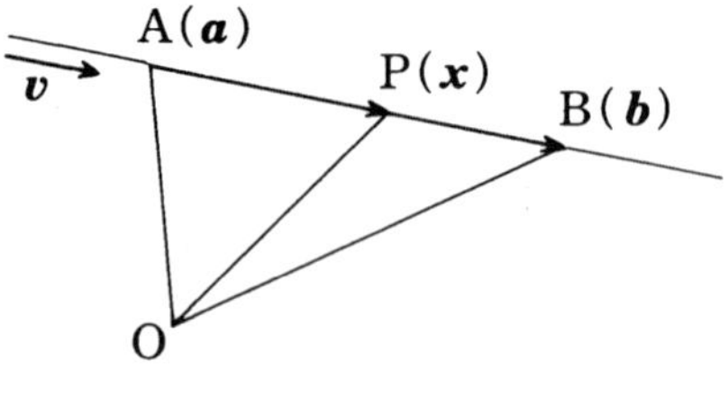

$$\mathrm{AP}:\mathrm{PB}=m:n$$

$$n\mathrm{AP}=m\ \mathrm{PB} \qquad ①$$

$$n\overrightarrow{\mathrm{AP}}=m\overrightarrow{\mathrm{PB}} \qquad ②$$

$\overrightarrow{\mathrm{AP}}=\boldsymbol{x}-\boldsymbol{a}$，$\overrightarrow{\mathrm{PB}}=\boldsymbol{b}-\boldsymbol{x}$ を」

「ちょっと，待った．昔なつかしい高校流へ逆もどりだ」

「いけませんか」

「いいも，わるいもないよ，①から②への変身……AP，PB が突然 $\overrightarrow{\mathrm{AP}}$，$\overrightarrow{\mathrm{PB}}$ に化けるとは……」

「問いつめられるとアウト」

「そうでしょう．僕がベクトルによる定義を用意したのは，その

ためなのに……」

「申し訳ない．では新しい定義で $\overrightarrow{\mathrm{AP}} = m\boldsymbol{v}$，$\overrightarrow{\mathrm{PB}} = n\boldsymbol{v}$，なるほど．$\boldsymbol{v}$ を消去すれば

$$n\overrightarrow{\mathrm{AP}} = m\overrightarrow{\mathrm{PB}}$$

$$n(\boldsymbol{x} - \boldsymbol{a}) = m(\boldsymbol{b} - \boldsymbol{x})$$

$$n\boldsymbol{x} - n\boldsymbol{a} = m\boldsymbol{b} - m\boldsymbol{x}$$

$$(m+n)\boldsymbol{x} = n\boldsymbol{a} + m\boldsymbol{b}$$

$m + n \neq 0$ だから　$\boldsymbol{x} = \dfrac{n\boldsymbol{a} + m\boldsymbol{b}}{m+n}$，さわやかです」

×　　　　×

「さっそく，手応えのある応用を……」

例 8　三角形の 3 つの中線は 1 点で交わり，その交点は 3 つの中線を 2 : 1 に分けることを証明せよ．

解法のリサーチ

「3 つの頂点を A($\boldsymbol{a}$)，B($\boldsymbol{b}$)，C($\boldsymbol{c}$) とすると，辺 BC，CA，AB の中点は……」

「ちょっと待った．原点をどこにとったのですか」

「どこでもよいです」

「どこでもよいなら，証明が簡単になるように選んでは……」

「C を原点にとれば，$\boldsymbol{c} = \boldsymbol{0}$ だからベクトルが 1 つ減る」

「そのアイデア……悪くはないが，ベストではないね．3 直線が 1 点で交わることの証明のくふうに戻ってみては……」

「2 つの中線 AD と BE の交点を G として，G が残りの中線 CF の上にあることを示せばよい」

「その方法だったら G を原点にとっては……」

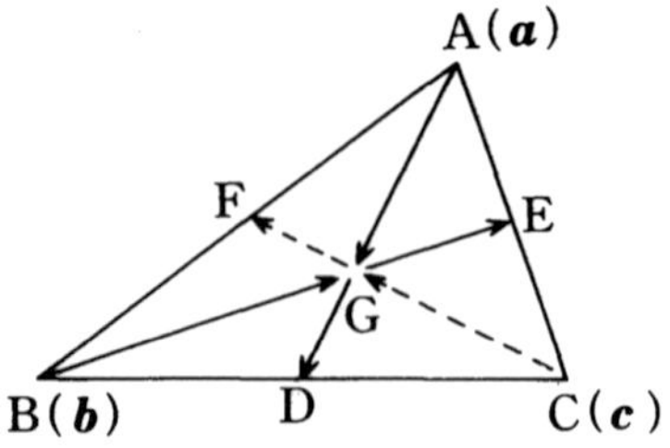

「ちょっと気付かない，奇抜なアイデア……そうしてみます．$\overrightarrow{\mathrm{AG}}=-\boldsymbol{a}$ と $\overrightarrow{\mathrm{GD}}=\dfrac{\boldsymbol{b}+\boldsymbol{c}}{2}$ とは共線だから

$$-p\boldsymbol{a}=\frac{\boldsymbol{b}+\boldsymbol{c}}{2} \qquad ①$$

をみたす実数 p がある．また $\overrightarrow{\mathrm{BG}}=-\boldsymbol{b}$ と $\overrightarrow{\mathrm{GE}}=\dfrac{\boldsymbol{c}+\boldsymbol{a}}{2}$ とも共線だから

$$-q\boldsymbol{b}=\frac{\boldsymbol{c}+\boldsymbol{a}}{2} \qquad ②$$

をみたす実数 q がある．次に……？？」

「$\boldsymbol{a}$，$\boldsymbol{b}$ が共線でないことを使うのであったら $\boldsymbol{c}$ が邪魔．とにかく $\boldsymbol{c}$ を消去してみては……」

「①から②をひいて 2 倍すると

$$2q\boldsymbol{b}-2p\boldsymbol{a}=\boldsymbol{b}-\boldsymbol{a}$$

$$(-2p+1)\boldsymbol{a}+(2q-1)\boldsymbol{b}=\boldsymbol{0}$$

$\boldsymbol{a}$，$\boldsymbol{b}$ は共線でないから $-2p+1=0$，$2q-1=0$

$$p=q=\frac{1}{2}$$

①，②に代入して

$$\boldsymbol{a}+\boldsymbol{b}+\boldsymbol{c}=\boldsymbol{0} \qquad ③$$

次に証明することは G は中線 CF 上にあること．③を用いて

$$\overrightarrow{\mathrm{CG}}=-\boldsymbol{c}=\boldsymbol{a}+\boldsymbol{b}=2\frac{\boldsymbol{a}+\boldsymbol{b}}{2}=2\overrightarrow{\mathrm{GF}}$$

$\overrightarrow{\mathrm{CG}}$ と $\overrightarrow{\mathrm{GF}}$ は共線だから G は CF 上にある．できた」

「最後の仕上げが残っている．交点が中線を分ける比……」

「その証明は済んだようなものです.

$$\overrightarrow{AG} = 2\overrightarrow{GD},\ \overrightarrow{BG} = 2\overrightarrow{GE}, \overrightarrow{CG} = 2\overrightarrow{GF}$$

G は AD，BE，CF を 2 : 1 に分ける」

×　　　　　　×

「3 中線の交点 G の名は**重心**. ついでに重心の座標を求めておきたい. 陳腐ではあるが」

例 9　3 点 A($\boldsymbol{a}$)，B($\boldsymbol{b}$)，C($\boldsymbol{c}$) を頂点とする三角形の重心 G の座標 $\boldsymbol{g}$ を $\boldsymbol{a}$，$\boldsymbol{b}$，$\boldsymbol{c}$ で表せ.

解　辺 BC の中点を D($\boldsymbol{d}$) とすると，重心 G は中線 AD を 2 : 1 に分けるから，公式によって

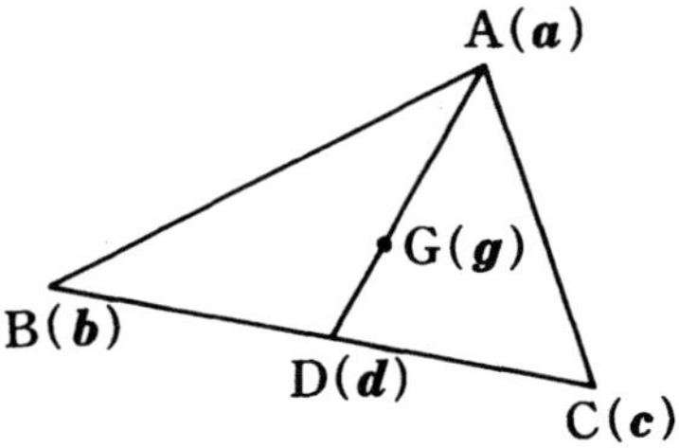

$$\boldsymbol{g} = \frac{\boldsymbol{a} + 2\boldsymbol{d}}{2+1}$$

これに $\boldsymbol{d} = \dfrac{\boldsymbol{b}+\boldsymbol{c}}{2}$ を代入して

$$\boldsymbol{g} = \frac{\boldsymbol{a}+\boldsymbol{b}+\boldsymbol{c}}{3}$$

3　比の表し方のくふう

「点 P が線分 AB を 6 : 4 に分けるとき，この比は 3 : 2 としても，1.5 : 1 としても，また 3 + 2 = 5 で両項を割って $\dfrac{3}{5} : \dfrac{2}{5}$ としてもよい. そこで，これらの比のうち使いやすいのはどれかという疑問が起きる」

「ふつう用いるのは 3 : 2」

「後項を 1 にとった 1.5 : 1 を用いることもある. ただし，この表し方は後項が 0 のときはダメ」

「$\dfrac{3}{5}:\dfrac{2}{5}$ のような分数を用いる物好きは少ないでしょう」

「いや，そうでもない，分数ではあるが，和がちょうど 1 になるのが特徴です」

「和が 1 になれば，どんな効用が……」

「分数が避けられる」

「へんですよ．分数を用いて分数を避けるなんて……」

「それが文字の効果……文字の魔力というものです．一般に 2 点 A($\boldsymbol{a}$)，B($\boldsymbol{b}$) を結ぶ線分を $m:n$ に分ける点を P($\boldsymbol{x}$) とすると

$$\boldsymbol{x}=\frac{n\boldsymbol{a}+m\boldsymbol{b}}{m+n}$$

であった．これはかきかえると

$$\boldsymbol{x}=\frac{n}{m+n}\boldsymbol{a}+\frac{m}{m+n}\boldsymbol{b}$$

ここで $\dfrac{n}{m+n}=p$，$\dfrac{m}{m+n}=q$ とおくのです．

$$\boldsymbol{x}=p\boldsymbol{a}+q\boldsymbol{b}\quad (p+q=1) \qquad ①$$

ごらんの通り分数が姿を消した」

「なんだ，そういうことですか」

× ×

「式を簡単にする意図は分ったが，p と q の内容が不明で……頼りない」

「それを知りたかったら，p か q を消去してみては……」

「p を消去すると

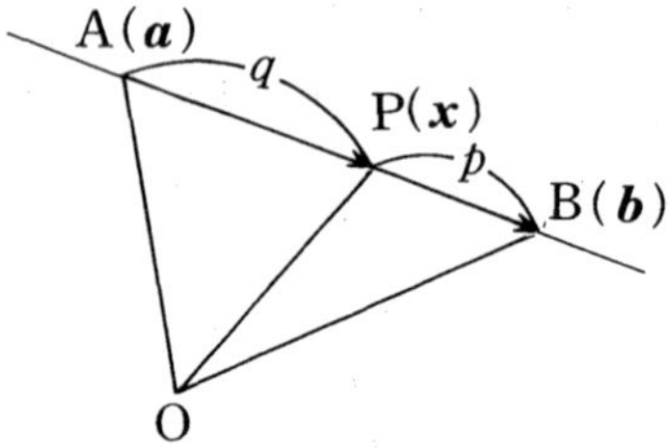

$$\boldsymbol{x}=(1-q)\boldsymbol{a}+q\boldsymbol{b}$$

$$\boldsymbol{x}-\boldsymbol{a}=q(\boldsymbol{b}-\boldsymbol{a})$$

$$\overrightarrow{\mathrm{AP}}=q\overrightarrow{\mathrm{AB}} \qquad ②$$

q は $\overrightarrow{\mathrm{AP}}$ を $\overrightarrow{\mathrm{AB}}$ で表したときのスカラー．q を消去したときは

$$\boldsymbol{x} = p\boldsymbol{a} + (1-p)\boldsymbol{b}$$
$$\boldsymbol{b} - \boldsymbol{x} = p(\boldsymbol{b} - \boldsymbol{a})$$
$$\overrightarrow{\mathrm{PB}} = p\overrightarrow{\mathrm{AB}}$$

p は $\overrightarrow{\mathrm{PB}}$ を $\overrightarrow{\mathrm{AB}}$ で表したときのスカラー」

「p，q の具体的内容がつかめたでしょう．要するに，P が AB を分ける比を，ベクトル $\overrightarrow{\mathrm{AB}}$ によって表したものだ」

×　　　　×

「最後に，この公式の効用を知りたい」

「P($\boldsymbol{x}$) が直線 AB 上にあれば $\overrightarrow{\mathrm{AP}}$ と $\overrightarrow{\mathrm{AB}}$ は共線だから②が成り立ち，かきかえると①になる．逆に……」

「逆に，①が成り立てば，かきかえて②が得られるから $\overrightarrow{\mathrm{AP}}$ と $\overrightarrow{\mathrm{AB}}$ は共線で，P($\boldsymbol{x}$) は直線 AB 上にある」

「つまり，①は点 P($\boldsymbol{x}$) が直線 AB 上にあるための必要十分条件でもあるわけだ，これで応用が予想できるはず」

定理 7　点 P($\boldsymbol{x}$) が 2 点 A($\boldsymbol{a}$)，B($\boldsymbol{b}$) を通る直線上にあるための必要十分条件は，次の条件をみたす実数 p，q があることである．

$$\boldsymbol{x} = p\boldsymbol{a} + q\boldsymbol{b} \quad (p+q=1)$$

「応用として，次の例を用意した．定理をうまく使ってもらいたいね」

例 10　原点を O，2 点 A，B の座標を $\boldsymbol{a}$，$\boldsymbol{b}$ とする．OA を 2 : 1 に分ける点を D，OB2 : 3 に分ける点を E とするとき，AE と BD の交点 P の座標 $\boldsymbol{x}$ を求めよ．

解　D の座標は $\dfrac{2}{3}\boldsymbol{a}$，E の座標は $\dfrac{2}{5}\boldsymbol{b}$ である．

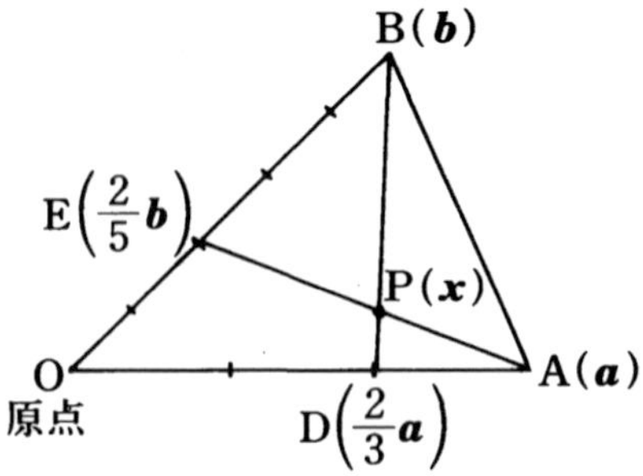

P は線分 BD 上にあるから

$$\boldsymbol{x} = p\boldsymbol{b} + q\cdot\frac{2}{3}\boldsymbol{a} \qquad ①$$

$$p + q = 1 \qquad ②$$

とおくことができる．①をかきかえて

$$\boldsymbol{x} = \left(\frac{5}{2}p\right)\frac{2}{5}\boldsymbol{b} + \left(\frac{2}{3}q\right)\boldsymbol{a}$$

P は線分 AE 上にあるから

$$\frac{5}{2}p + \frac{2}{3}q = 1 \qquad ③$$

②と③を解いて $p = \dfrac{2}{11}$，$q = \dfrac{9}{11}$．これらを①に代入して

$$\boldsymbol{x} = \frac{6}{11}\boldsymbol{a} + \frac{2}{11}\boldsymbol{b}$$

4　チェバの定理

「チェバの定理を紹介しよう．線型代数の本すじからそれた内容ではあるが，ポピュラーな定理だから」

「聞いたことのあるような名……でも思い出せない」

「美しい定理だ」

定理 8　△ABC の 3 辺 BC，CA，AB をそれぞれ $l:l'$，$m:m'$，$n:n'$ に分ける点を L，M，N とすれば，次のことが成り立つ．

$$\text{AL，BM，CN が 1 点で交わる} \Longleftrightarrow \frac{l}{l'}\cdot\frac{m}{m'}\cdot\frac{n}{n'} = 1$$

証明のリサーチ

「証明は ⇒ と ⇐ とに分けるのがよさそうですね」

「それが常道です」

「はじめに ⇒ の証明を．AL, BM, CN が 1 点 P で交わったとする．原点を……」

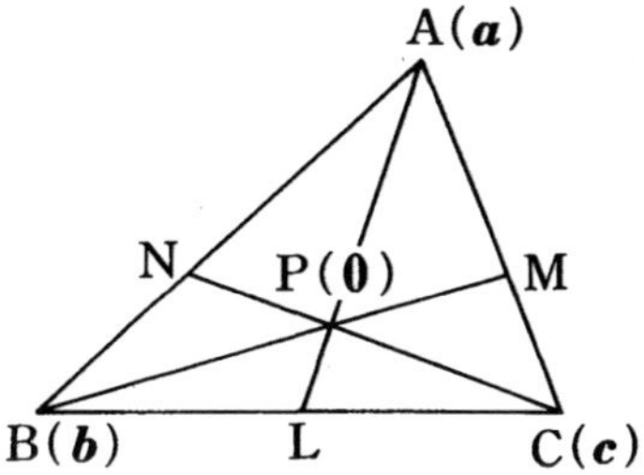

「前にやった例題 10 の解のアイデアを思い出してごらん」

「そうか．P を原点にとればよさそうだ．A, B, C の座標をそれぞれ $\boldsymbol{a}$, $\boldsymbol{b}$, $\boldsymbol{c}$ とすれば

$$\mathrm{L}\left(\frac{l'\boldsymbol{b}+l\boldsymbol{c}}{l+l'}\right),\ \mathrm{M}\left(\frac{m'\boldsymbol{c}+m\boldsymbol{a}}{m+m'}\right),\ \mathrm{N}\left(\frac{n'\boldsymbol{a}+n\boldsymbol{b}}{n+n'}\right)$$

と表される」

「分数式は避けたいね．比は等しい限りどんな比を選んでもよいのだから，両項の和が 1 のものを選んでは……」

「定理の比はそうなっていませんが」

「そう選んだとしても，定理の一般性を失わないよ」

「なるほど，比とはそういうものであった．$l+l'=1$, $m+m'=1$, $n+n'=1$ としておくと

$$\mathrm{L}\,(l'\boldsymbol{b}+l\boldsymbol{c})\,,\mathrm{M}\,(m'\boldsymbol{c}+m\boldsymbol{a})\,,\mathrm{N}\,(n'\boldsymbol{a}+n\boldsymbol{b})$$

$\overrightarrow{\mathrm{AP}}=-\boldsymbol{a}$ と $\overrightarrow{\mathrm{PL}}=l'\boldsymbol{b}+l\boldsymbol{c}$ は共線であるから

$$-p\boldsymbol{a}=l'\boldsymbol{b}+l\boldsymbol{c} \qquad ①$$

をみたす実数 p がある．同様にして

$$-q\boldsymbol{b}=m'\boldsymbol{c}+m\boldsymbol{a} \qquad ②$$

$$-r\boldsymbol{c}=n'\boldsymbol{a}+n\boldsymbol{b} \qquad ③$$

中線の場合にならって①を②から $\boldsymbol{c}$ を消去してみる．

① $\times m'-$ ② $\times l$　　$lq\boldsymbol{b}-pm'\boldsymbol{a}=l'm'\boldsymbol{b}-lm\boldsymbol{a}$

$$(lm-pm')\,\boldsymbol{a}+(lq-l'm')\,\boldsymbol{b}=\boldsymbol{0}$$

うまい．$\boldsymbol{a}$ と $\boldsymbol{b}$ は共線でないことが使える．

$$lm-pm'=0,\quad lq-l'm'=0 \qquad ④$$

②と③から $\boldsymbol{a}$ を消去して……」

「同じようなことを繰りかえすのは芸がない．$\boldsymbol{a}$，$\boldsymbol{b}$，$\boldsymbol{c}$ や l，m，n をサイクリックにいれかえて頭の省エネとゆきたい」

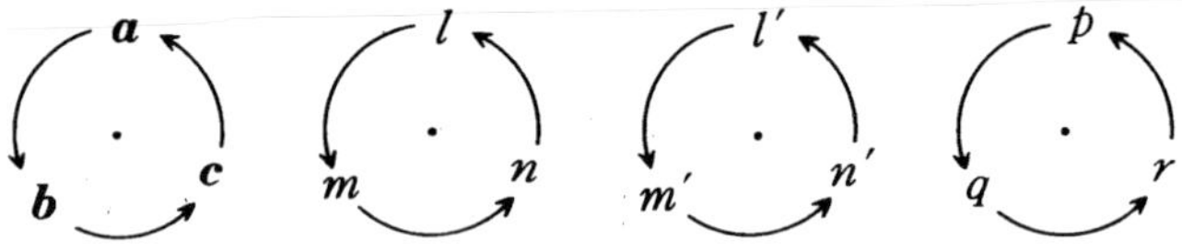

「それを④に試みて

$$mn-qn'=0, mr-m'n'=0 \qquad ⑤$$

さらに⑤にも省エネを」

「その必要はないですね．④の第 2 式と⑤の第 1 式をごらん．不要な q の消去が可能だ」

「消去は可能でも，結論がでるかどうか．

④ $\times n'+$ ⑤ $\times l$　　$-l'm'n'+lmn=0$

これは意外．かきかえて

$$\frac{l}{l'}\cdot\frac{m}{m'}\cdot\frac{n}{n'}=1 \qquad ⑥$$

次は $\Leftarrow$ の証明．⑥が成り立つとして，AL，BM，CN が 1 点で交わることを示せばよいのだが……？？」

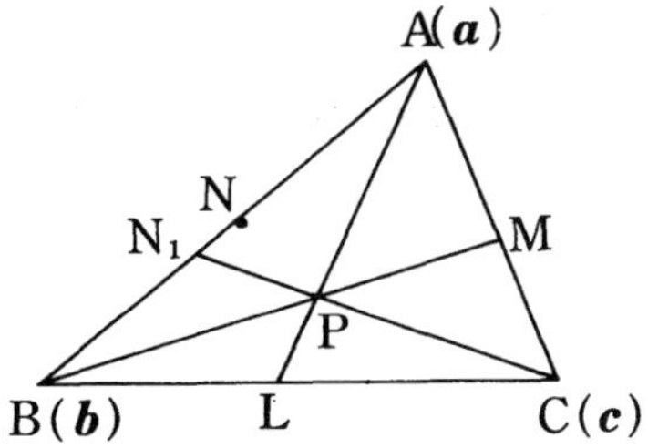

「⑥の用い方が勝敗の分れ道．AL と BM の交点を P，CP と AB との交点を N_1 として，N_1 と N が一致することを示そうか．それには N_1 が AB を分ける比を $n_1 : n_1'$ とおいて……」

「分った．その比が $n : n'$ に等しいことを示せばよい．AL，BM，CN_1 は 1 点で交わるから

$$\frac{l}{l'} \cdot \frac{m}{m'} \cdot \frac{n_1}{n_1'} = 1$$

これと仮定の⑥とから $\dfrac{n_1}{n_1'} = \dfrac{n}{n'}$，$n_1 : n_1' = n : n'$，$N_1$ は N に一致する．思ったよりやさしかった」

「ヒントの有難さを忘れたとは……」

×　　　　×

「3 つの中線が 1 点で交わることは，この定理の特殊の場合ですね．$l : l'$，$m : m'$，$n : n'$ がすべて 1 : 1 の場合だから，⑥が成り立つのは明かです」

「この定理の応用は広い，興味ある例を 1 つ」

例 11　△ABC の内接円が 3 辺 BC，CA，AB に接する点をそれぞれ L，M，N とすれば，3 直線 AL，BM，CN は 1 点で交わることを証明せよ．

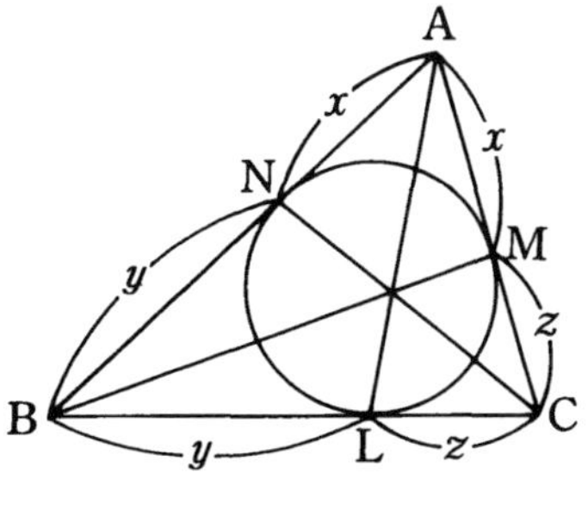

解　円の接線の性質によれば，AM と AN，BN と BL，CL と CM は等しいから，これらの長さを図のように表せば

$$\frac{\mathrm{BL}}{\mathrm{LC}} \cdot \frac{\mathrm{CM}}{\mathrm{MA}} \cdot \frac{\mathrm{AN}}{\mathrm{NB}} = \frac{y}{z} \cdot \frac{z}{x} \cdot \frac{x}{y} = 1$$

チェバの定理によって AL，BM，CN は 1 点で交わる.

5 メネラウスの定理

「チェバの定理はやったがメネラウスの定理はやらないでは片手落ちといわれそう」

「それ，どんな定理ですか」

「高校で習ったと思うが」

「僕，幾何には弱い」

「これも美しい定理．知っていて損はないよ」

定理 9 △ABC の 3 辺 BC，CA，AB を $l:l'$，$m:m'$，$n:n'$ に分ける点をそれぞれ L，M，N とすると，次のことが成り立つ.

$$\text{L, M, N は 1 直線上にある} \Longleftrightarrow \frac{l}{l'} \cdot \frac{m}{m'} \cdot \frac{n}{n'} = -1$$

解法のリサーチ

「チェバの定理にそっくり，証明も似てるだろう．それに，原点の選び方のコツも分った．僕にまかせて下さい」

「そうでるのを期待していた」

「はじめに $\Longrightarrow$ の証明．比はチェバの定理の場合にならって，両項の和が 1 になるように選んでおく．原点は L，M，N のどれかを選べはよさそう．たとえばL を原点にとったとすると，B の座標を $l\boldsymbol{b}$ とおけばC の座標は $-l'\boldsymbol{b}$，A の座標を $\boldsymbol{a}$ とおくと，M は CA を $m:m'$

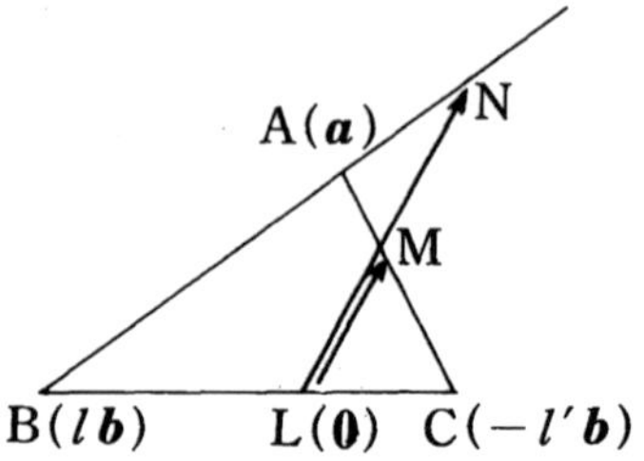

に分けるから

$$\mathrm{M}\,(m\boldsymbol{a}-m'l'\mathrm{b})$$

N は AB を nn' に分けるから

$$\mathrm{N}\,(nl\boldsymbol{b}+n'\boldsymbol{a})$$

$\overrightarrow{\mathrm{LM}}=m\boldsymbol{a}-m'l'\boldsymbol{b}$ と $\overrightarrow{\mathrm{LN}}=nl\boldsymbol{b}+n'\boldsymbol{a}$ とは共線であるから

$$m\boldsymbol{a}-m'l'\mathrm{b}=p\,(nl\mathrm{b}+n'\boldsymbol{a})$$

$\boldsymbol{a}$，$\boldsymbol{b}$ について整理して

$$(m-pn')\,\boldsymbol{a}-(m'l'+pnl)\,\boldsymbol{b}=\mathbf{0}$$

$\boldsymbol{a}$，$\boldsymbol{b}$ は共線でないから

$$m-pn'=0,\quad m'l'+pnl=0$$

p を消去して

$$lmn+l'm'n'=0,\quad \frac{l}{l'}\cdot\frac{m}{m'}\cdot\frac{n}{n'}=-1 \qquad ①$$

ごらんの通り」

「いや，見事……免許皆伝」

「うれしいよ，おせじとは分っていても」

「逆証も頼むよ」

「$\Longleftarrow$ の証明はチェバの定理の場合と同様．直線 LM が直線 AB と交わる点を N_1 とし，N_1 と N が一致することを示せばよい．同じことの繰り返しで気乗りしませんが……」

「信用しよう．免許皆伝なのだから」

練習問題―2

8　4 角形 ABCD の辺 AB，DC を $1:2$ に分ける点をそれぞれ M，N とするとき，次の等式の成り立つことを示せ．

$$\overrightarrow{\mathrm{MN}} = \frac{1}{3}(2\overrightarrow{\mathrm{AD}} + \overrightarrow{\mathrm{BC}})$$

9　4 角形 ABCD の辺 AB，CD，BC，AD の中点をそれぞれ P，Q，R，S とし，対角線 AC，BD の中点をそれぞれ M，N とする．3 つの線分 PQ，RS，MN はそれらの中点で交わることを示せ．

10　△ABC の 3 辺 BC，CA，AB を $m:n$ に分ける点をそれぞれ P，Q，R とする，△ABC の重心を G，△PQR の重心を G′ とすると G と G′ は一致することを示せ．

11　△ABC の辺 BC と平行な直線が AB，AC と交わる点をそれぞれ P，Q とし，BQ と CP の交点を O とする．AO の延長が辺 BC と交わる点を M とすれば，M は辺 BC の中点であることを証明せよ．

12　3 点 A($\boldsymbol{a}$)，B($\boldsymbol{b}$)，C($\boldsymbol{c}$) を頂点とする三角形がある．この平面上の 1 点を P($\boldsymbol{x}$) とするとき，次の問に答立よ．

(1) $\overrightarrow{\mathrm{CP}} = p\overrightarrow{\mathrm{CA}} + q\overrightarrow{\mathrm{CB}}$ をみたす実数 p，q があることを示せ．

(2) $\boldsymbol{x} = p\boldsymbol{a} + q\boldsymbol{b} + \boldsymbol{c}$，$p + q + r = 1$ をみたす実数 p，q，r があることを示せ．

(3) P が △ABC の内部にあるための条件は p，q，$r > 0$ であることを明かにせよ．

(4) AP が BC と交わるとき，その交点を D とする．D が BC を分ける比と，P が AD を分ける比を求めよ．

§3. 内積と有向面積

1　座標と矢線ベクトル

「ふつうの座標の作り方を矢線ベクトルで見直してみたい．スタートは直線上の座標……これが基礎になる」

「直線上の座僄はやさしい．その上の１つの点 O と１つのベクトル $\boldsymbol{a}$ があれば十分です」

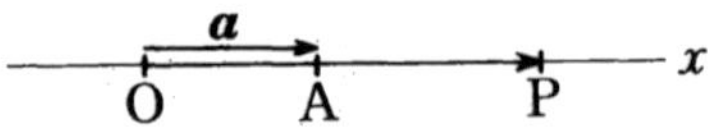

「厳密に行こう．$\boldsymbol{a}$ がゼロベクトルではダメ．この直線上に任意の点 P をとると $\overrightarrow{\mathrm{OP}}$ と $\boldsymbol{a}$ は共線で……$\boldsymbol{a}$ はゼロベクトルでないから

$$\overrightarrow{\mathrm{OP}} = x\boldsymbol{a}$$

をみたす実数 x が１つ定まる．この x が点 P の座標……ふつうの座標で，P(x) と表す」

「その要領で，平面上に座標を作るには，その上の１つの点 O と２つのベクトル $\boldsymbol{a}$，$\boldsymbol{b}$ があれば十分ですね」

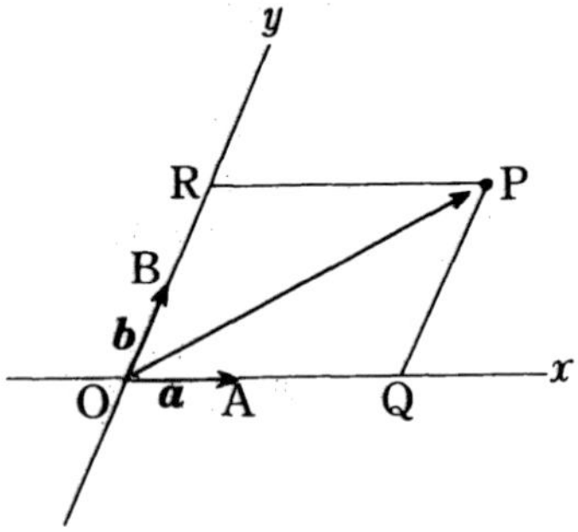

「相変らずズサンだ．$\boldsymbol{a}$，$\boldsymbol{b}$ には共線でないという条件が必要」

「ゼロベクトルでないのも必要でしょう」

「情けないぞ，いま項，そんなことでは……共線でないならばゼロベクトルにはならない．$\boldsymbol{a}$，$\boldsymbol{b}$ が共線でないことは図でみれば……」

「3 点 O，A，B が三角形を作ること」

「この平面上に任意の点 P をと，その点から OB，OA に平行線をひいて，OA，OB との交点をそれぞれ Q，R とすると

$$\overrightarrow{\mathrm{OP}} = \overrightarrow{\mathrm{OQ}} + \overrightarrow{\mathrm{OR}} = x\boldsymbol{a} + y\boldsymbol{b}$$

となって2つの実数 x, y が定まる．この実数の組 (x,y) を点Pの座標とし，$\mathrm{P}(x,y)$ で表せばよい」

「この座標は，ふつうの座標と違いますね．$\boldsymbol{a}$ と $\boldsymbol{b}$ は直交しなくてもよいのだから……」

「$\boldsymbol{a}$，$\boldsymbol{b}$ の大きさが等しくなくてもよい点も違う．それで，この座標を**平行座標**と呼ぶことがある」

「ふつうの座標は**直交座標**でしょう」

「そう．$\boldsymbol{a}$ と $\boldsymbol{b}$ が直交し，かつ $\|\boldsymbol{a}\|=\|\boldsymbol{b}\|=1$ のときをふつう直交座標という．これに対し平行座標を**斜交座標**という」

× ×

「今後は直交座標を主に用いる．だから，座標といったら，とくにことわりがない限り直交座標の意味にとることにしよう．それから，座標を作るための単位ベクトルは $\boldsymbol{i}$，$\boldsymbol{j}$ で表すことにきめておきたい」

「位置ベクトルとの関係が気になるが……」

「それは，いたって簡単だ．原点としてOをとったときのPの位置ベクトルを $\boldsymbol{x}$，Pの座標を (x,y) とすると $\overrightarrow{\mathrm{OP}}=\boldsymbol{x}$ だから

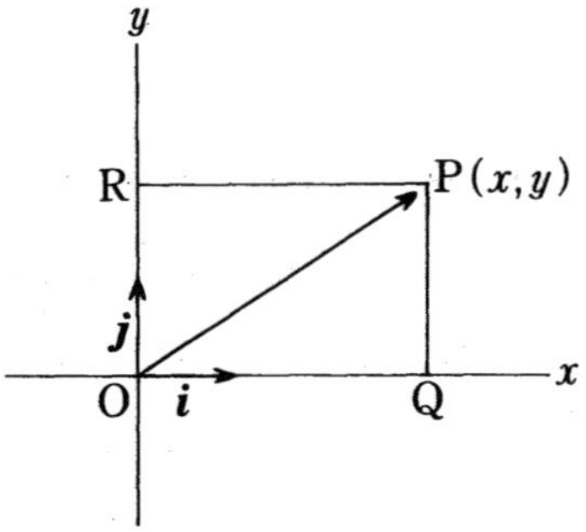

$$\boldsymbol{x}=x\boldsymbol{i}+y\boldsymbol{j}$$

この式が位置ベクトルと座標とを完全に結びつける」

「$\boldsymbol{x}$ と (x,y) との対応は1対1ですね」

「(x,y) は $\boldsymbol{x}$ の別表現ともみられる．区別するほどのこともなかろうというわけで

$$\boldsymbol{x}=(x,y) \qquad ①$$

と表し，x を **$\boldsymbol{x}$ 成分（第1成分）**，y を **$\boldsymbol{y}$ 成分（第2成分）** と呼んで

いる」

「気がかりな等式……馴染めないですね」

「そういわれてみれば，そんな気もする」

「$\boldsymbol{x}$ は矢線ベクトルで (x, y) は数ベクトル．異質なあのを等号で結ばれても，おいそれとはついて行けないが」

「ベクトルの本質は演算……演算の関係を知れば，君の異和感も解消しよう」

× ×

「2 つの点 A，B の位置ベクトルを $\boldsymbol{a}$，$\boldsymbol{b}$ とし，座標を (x_1, y_1)，(x_2, y_2) とすると

$$\boldsymbol{a} = x_1\boldsymbol{i} + y_1\boldsymbol{j} \quad \boldsymbol{b} = x_2\boldsymbol{i} + y_2\boldsymbol{j}$$

この和を求めてごらん」

「$\boldsymbol{a} + \boldsymbol{b} = (x_1\boldsymbol{i} + y_1\boldsymbol{j}) + (x_2\boldsymbol{i} + y_2\boldsymbol{j})$

$= (x_1 + x_2)\,\boldsymbol{i} + (y_1 + y_2)\,\boldsymbol{j}$」

「それをさらに，①の方式で表せばどうなる」

「$\boldsymbol{a} = (x_1, y_1)$，$\boldsymbol{b} = (x_2, y_2)$ のとき

$$\boldsymbol{a} + \boldsymbol{b} = (x_1 + x_2, y_1 + y_2)$$

なるほど，数ベクトルのときと全く同じ」

「次に，減法を……」

「同様だから，結論をかきます．

$$\boldsymbol{a} - \boldsymbol{b} = (x_1 - x_2, y_1 - y_2)$$

「さらに $\boldsymbol{a}$ の k 倍を……」

「$k\boldsymbol{a} = k\,(x_1\boldsymbol{i} + y_1\boldsymbol{j}) = kx_1\boldsymbol{i} + ky_1\boldsymbol{j}$

$$k\boldsymbol{a} = (kx_1, ky_1)$$

どれもこれも，数ベクトルのときと同じ」

「$\boldsymbol{x}$ は矢線ベクトルであるが，座標でみれば数ベクトルと少しも変らない．これで君の異和感も薄らいだであろう」

例 12　$\mathrm{A}(x_1, y_1)$，$\mathrm{B}(x_2, y_2)$ のとき，線分 AB を $m : n$ に分ける点 P の座標 (x, y) を求めよ．

解　$\boldsymbol{a} = (x_1, y_1)$，$\boldsymbol{b} = (x_2, y_2)$，$\boldsymbol{x} = (x, y)$ とおくと，線分を分ける点の公式によって

$$\boldsymbol{x} = \frac{n\boldsymbol{a} + m\boldsymbol{b}}{m + n} \qquad ①$$

これを成分で表すと

$$\begin{aligned}(x, y) &= \frac{n(x_1, y_1) + m(x_2, y_2)}{m + n} \\ &= \frac{(nx_1 + mx_2, ny_1 + my_2)}{m + n} \\ &= \left(\frac{nx_1 + mx_2}{m + n}, \frac{ny_1 + my_2}{m + n}\right)\end{aligned}$$

$$\therefore \quad x = \frac{nx_1 + mx_2}{m + n},\ y = \frac{ny_1 + my_2}{m + n} \qquad ②$$

×　　　　　　×

「この例をみて，ベクトルの偉力が分りました」

「②の 2 つの等式を 1 つの等式①に結集すること，それがベクトルの力だ」

「逆にみれば，①の 1 つの等式は②の 2 つの等式を内蔵しているということですね」

「君もなかなか味なことをいいますね」

2　内積と正射影

「ベクトルに内積と呼ぶ新しい演算を導入したい」

「数ベクトルにも内積はあったが」

「それを，ここでは図形的に定義したい．$\mathbf{0}$ と異なる 2 つのベクトル $\boldsymbol{a}$，$\boldsymbol{b}$ が与えられたとき，そのなす角を θ として

$$\|\boldsymbol{a}\| \times \|\boldsymbol{b}\| \cos\theta$$

を考える．これは 1 つの実数……この実数を $\boldsymbol{a}$，$\boldsymbol{b}$ の**内積**ということにする．内積の表し方は

$$(\boldsymbol{a}, \boldsymbol{b}), \quad \langle \boldsymbol{a}, \boldsymbol{b} \rangle, \quad (\boldsymbol{a}|\boldsymbol{b}), \quad \boldsymbol{a} \cdot \boldsymbol{b}$$

など，人によって違う」

「いろいろあるのですね．全部用いるのですか」

「それでは混乱するよ．ここでは，$(\boldsymbol{a}|\boldsymbol{b})$ を用いることに統一したいのですが」

「それよりも $\boldsymbol{a} \cdot \boldsymbol{b}$ がやさしい．僕は……」

「そうか．では君の好みに合せよう．$\boldsymbol{a}$，$\boldsymbol{b}$ の内積を $\boldsymbol{a} \cdot \boldsymbol{b}$ で表したとすると

$$\boldsymbol{a} \cdot \boldsymbol{b} = \|\boldsymbol{a}\| \times \|\boldsymbol{b}\| \cos\theta \qquad ①$$

これが内積の定義のすべて」

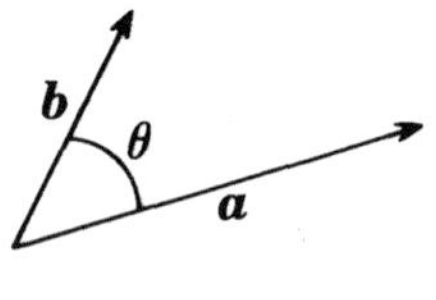

「$\boldsymbol{a}$，$\boldsymbol{b}$ にゼロベクトルのある場合が抜けていませんか」

「それはウカツ，そういうトリビアルな場合は，一般の場合の式がそのまま使えるように定めるのが常識．$\boldsymbol{a}$ か $\boldsymbol{b}$ がゼロベクトルであったとすると①の右辺はどうなるか」

「角 θ がないのだから，値が求まらない」

「忘れましたね．$\mathbf{0}$ の向きは任意と考えたことを……．そこで $\boldsymbol{a}$ か $\boldsymbol{b}$ が $\mathbf{0}$ のときは，そのなす角 θ は任意」

「しかし，θ が任意ならば $\cos\theta$ の値は定まりませんが……」

「$\cos\theta$ の値は定まらなくとも，$\|\boldsymbol{a}\|$ か $\|\boldsymbol{b}\|$ は 0 だから①の右辺は 0…….したがって……」

「分った．内積は 0 と定めればよい」

「そう．そのように定めれば，①の式は，$\boldsymbol{a}$，$\boldsymbol{b}$ がどんなベクトルであっても内積の定義を表すことになるのです」

例 13　1辺の長さが 8 の正三角形 ABC で，$\overrightarrow{\mathrm{CA}}=\boldsymbol{a}$，$\overrightarrow{\mathrm{CB}}=\boldsymbol{b}$，$\overrightarrow{\mathrm{AB}}=\boldsymbol{c}$ とするとき，$\boldsymbol{a}\cdot\boldsymbol{b}$ と $\boldsymbol{a}\cdot\boldsymbol{c}$ の値を求めよ．

解　$\boldsymbol{a}$，$\boldsymbol{b}$ のなす角は 60° であるから

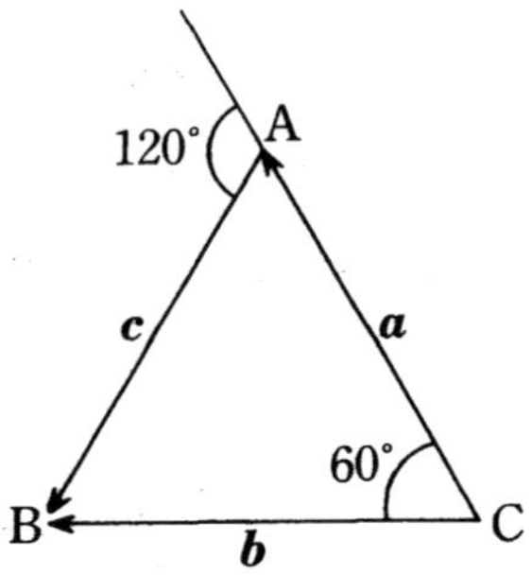

$$\boldsymbol{a}\cdot\boldsymbol{b}=8\times8\times\cos 60^\circ$$
$$=8\times8\times\frac{1}{2}=32$$

$\boldsymbol{a}$，$\boldsymbol{c}$ のなす角は 120° であるから

$$\boldsymbol{a}\cdot\boldsymbol{c}=8\times8\times\cos 120^\circ$$
$$=8\times8\times\left(-\frac{1}{2}\right)=-32$$

×　　　　　×

「内積の定義には余弦が含まれている．ということは内積は正射影と密な関係にあることを物語る」

「正射影といえば，線分の……」

「ベクトルの正射影です．2つのベクトル $\overrightarrow{\mathrm{AB}}=\boldsymbol{a}(\boldsymbol{a}\neq\boldsymbol{0})$，$\overrightarrow{\mathrm{CD}}=\boldsymbol{b}$ があるとき，C，D から直線 AB に垂線を下し，その足を H，K とすると，1つのベクトル $\overrightarrow{\mathrm{HK}}=b'$ が定まる．この b' を b の

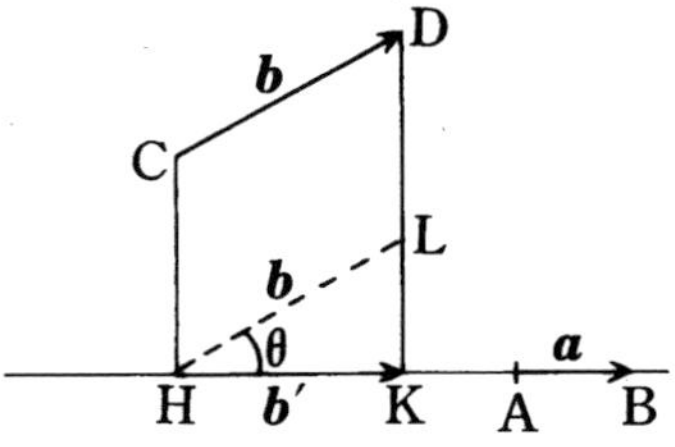

$\boldsymbol{a}$ 上への**正射影**ということにするのです」

「正射影は線分 HK じゃないですか」

「初等幾何では線分であるが，ベクトルの世界では正射影にも向きをつけないと仲間はずれになる」

「でも余弦は線分の長さの比ですが」

「ベクトルの大きさを考えれば支障がない．$\boldsymbol{b}$ を $\boldsymbol{b}'$ へ近づけるため，$\overrightarrow{\mathrm{CD}}$ を $\overrightarrow{\mathrm{HL}}$ へ移してみよう．$\boldsymbol{b}'$ を $\boldsymbol{a}$ 方向の単位ベクトル $\dfrac{\boldsymbol{a}}{\|\boldsymbol{a}\|}$ で表して

$$\boldsymbol{b}' = x\frac{\boldsymbol{a}}{\|\boldsymbol{a}\|}$$

とおく．

x は HK の長さに符号をつけたものでつねに $\|\boldsymbol{b}\|\cos\theta$ に等しいから

$$\boldsymbol{b}' = \|\boldsymbol{b}\|\cos\theta\frac{\boldsymbol{a}}{\|\boldsymbol{a}\|}$$

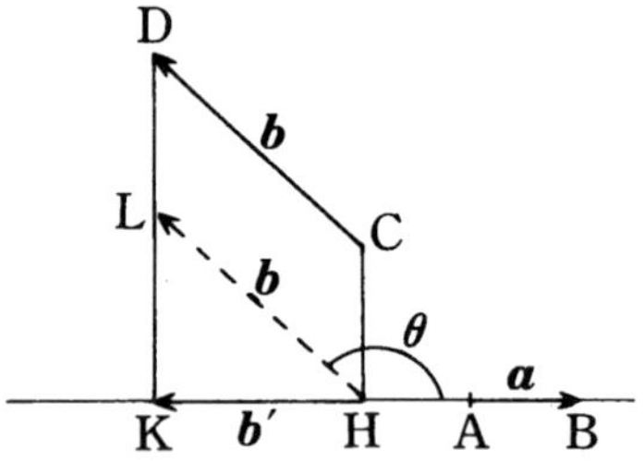

右辺の分子分母に $\|\boldsymbol{a}\|$ をかけて $\boldsymbol{a}$，$\boldsymbol{b}$ の内積を作ると

$$\boldsymbol{b}' = \frac{\boldsymbol{a}\cdot\boldsymbol{b}}{\|\boldsymbol{a}\|^2}\boldsymbol{a}$$

これが $\boldsymbol{b}$ の $\boldsymbol{a}$ 上への正射影を与える式で，$\boldsymbol{b}$ が $\boldsymbol{0}$ のときも成り立つ．重要だから定理としておく」

定理 10　$\boldsymbol{a} \neq \boldsymbol{0}$ のとき，$\boldsymbol{b}$ の $\boldsymbol{a}$ 上への正射影を $\boldsymbol{b}'$ とすると

$$\boldsymbol{b}' = \frac{\boldsymbol{a}\cdot\boldsymbol{b}}{\|\boldsymbol{a}\|^2}\boldsymbol{a}$$

「定理の応用は？」

「重要な応用は，$\boldsymbol{a}$ と $\boldsymbol{b}$ を知って正射影 $\boldsymbol{b}'$ を求めること．しかし，それには内積の成分表示が必要．さし当っての応用は内積の法測を導くことです」

3 内積の法則とその応用

「演算は定義が分っても，法則が分らなければ計算のしようがない．内積の法則はいたって簡単で，次の３つ」

定理 11 （ｉ）$\boldsymbol{a}\cdot\boldsymbol{b}=\boldsymbol{b}\cdot\boldsymbol{a}$ **対称性**

（ii）$\boldsymbol{a}\cdot(\boldsymbol{b}+\boldsymbol{c})=\boldsymbol{a}\cdot\boldsymbol{b}+\boldsymbol{a}\cdot\boldsymbol{c}$

（iii）$\boldsymbol{a}\cdot(k\boldsymbol{b})=k(\boldsymbol{a}\cdot\boldsymbol{b})$ 　}**線型性**

「聞き慣れない法則名ですね．（ｉ）は交換法則，（ii）は分配法則で，いけませんか」

「もちろん，それでもよいが……ベクトルと縁が深い線型性をはっきりさせるには，このほうがよいのだ」

（証明）（ｉ）は内積の定義から自明．

（ii）$\boldsymbol{a}=\boldsymbol{0}$ のときは両辺が 0 となって成り立つから，$\boldsymbol{a}\neq\boldsymbol{0}$ のときを証明すればよい．$\boldsymbol{b}+\boldsymbol{c}=\boldsymbol{d}$ とおいて，$\boldsymbol{b}$，$\boldsymbol{c}$，$\boldsymbol{d}$ の $\boldsymbol{a}$ 上への正射影をそれぞれ $\boldsymbol{b}'$，$\boldsymbol{c}'$，$\boldsymbol{d}'$ とすると

$$\boldsymbol{d}'=\boldsymbol{b}'+\boldsymbol{c}'$$

正射影の公式によって

$$\frac{\boldsymbol{a}\cdot\boldsymbol{d}}{\|\boldsymbol{a}\|^2}\boldsymbol{a}=\frac{\boldsymbol{a}\cdot\boldsymbol{b}}{\|\boldsymbol{a}\|^2}a+\frac{\boldsymbol{a}\cdot\boldsymbol{c}}{\|\boldsymbol{a}\|^2} \qquad ①$$

$\boldsymbol{a} \neq \boldsymbol{0}$ だから

$$\frac{\boldsymbol{a}\cdot\boldsymbol{d}}{\|\boldsymbol{a}\|^2} = \frac{\boldsymbol{a}\cdot\boldsymbol{b}}{\|\boldsymbol{a}\|^2} + \frac{\boldsymbol{a}\cdot\boldsymbol{c}}{\|\boldsymbol{a}\|^2} \qquad ②$$

$$\therefore\quad \boldsymbol{a}\cdot(\boldsymbol{b}+\boldsymbol{c}) = \boldsymbol{a}\cdot\boldsymbol{b} + \boldsymbol{a}\cdot\boldsymbol{c}$$

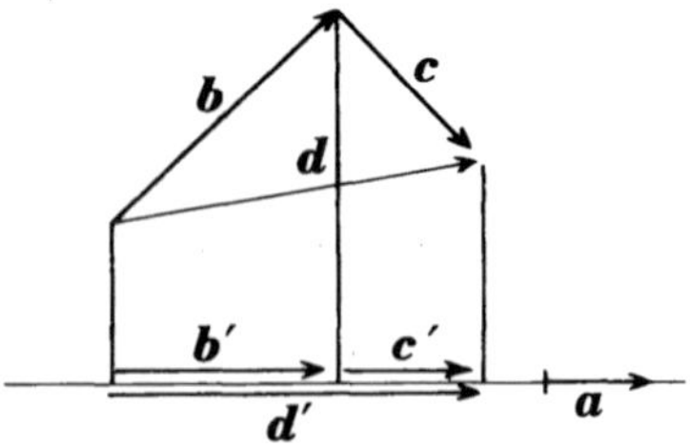

（iii） $k\boldsymbol{b} = \boldsymbol{c}$ とおいて， $\boldsymbol{b}$， $\boldsymbol{c}$ の $\boldsymbol{a}$ 上への正射影をそれぞれ $\boldsymbol{b}'$， $\boldsymbol{c}'$ とすると

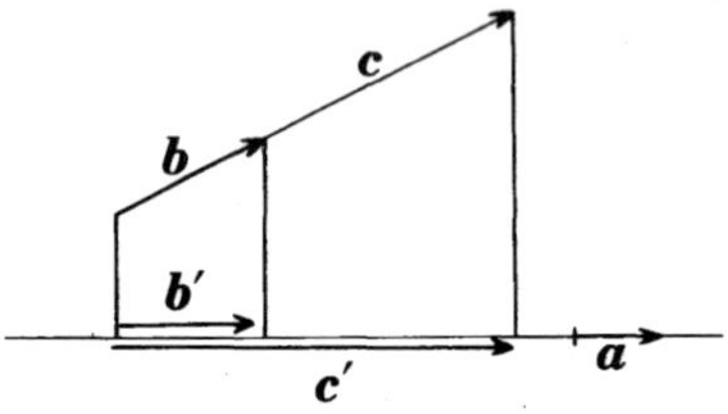

$$\boldsymbol{c}' = k\boldsymbol{b}'$$

正射影の公式によって

$$\frac{\boldsymbol{a}\cdot\boldsymbol{c}}{\|\boldsymbol{a}\|^2}\boldsymbol{a} = k\frac{\boldsymbol{a}\cdot\boldsymbol{b}}{\|\boldsymbol{a}\|^2}\boldsymbol{a} \qquad ③$$

$\boldsymbol{a} \neq \boldsymbol{0}$ だから　$$\frac{\boldsymbol{a}\cdot\boldsymbol{c}}{\|\boldsymbol{a}\|^2} = k\frac{\boldsymbol{a}\cdot\boldsymbol{b}}{\|\boldsymbol{a}\|^2} \qquad ④$$

$$\therefore\quad \boldsymbol{a}(k\boldsymbol{b}) = k(\boldsymbol{a}\cdot\boldsymbol{b})$$

×　　　　　×

「①から②へ，③から④へ移るところが分りません」

「簡単な原理……k が実数で $\boldsymbol{a} \neq \boldsymbol{0}$ のとき

$$k\boldsymbol{a} = \boldsymbol{0} \Longrightarrow k = 0$$

を忘れましたね．この原理から，m，n が実数で $\boldsymbol{a} \neq \boldsymbol{0}$ のとき

$$m\boldsymbol{a} = n\boldsymbol{a} \Longrightarrow (m-n)\boldsymbol{a} = \boldsymbol{0} \Longrightarrow m-n=0 \Longrightarrow m=n$$

分りましたか」

「はい．内積は実数であることを見落していました．③と④の式の両辺を（実数）×$\boldsymbol{a}$ と読みとれなかった」

例 14 次の等式を証明せよ．

(1) $(\boldsymbol{b}+\boldsymbol{c})\cdot\boldsymbol{a}=\boldsymbol{b}\cdot\boldsymbol{a}+\boldsymbol{c}\cdot\boldsymbol{a}$　　(2) $\boldsymbol{a}\cdot(\boldsymbol{b}-\boldsymbol{c})=\boldsymbol{a}\cdot\boldsymbol{b}-\boldsymbol{c}\cdot\boldsymbol{a}$

解 交代性と線型性を用いる．

(1) $(\boldsymbol{b}+\boldsymbol{c})\cdot\boldsymbol{a}=\boldsymbol{a}\cdot(\boldsymbol{b}+\boldsymbol{c})=\boldsymbol{a}\cdot\boldsymbol{b}+\boldsymbol{a}\cdot\boldsymbol{c}=\boldsymbol{b}\cdot\boldsymbol{a}+\boldsymbol{c}\cdot\boldsymbol{a}$

(2) $\boldsymbol{a}\cdot(\boldsymbol{b}-\boldsymbol{c})=\boldsymbol{a}\cdot(\boldsymbol{b}+(-\boldsymbol{c}))=\boldsymbol{a}\cdot\boldsymbol{b}+\boldsymbol{a}\cdot(-\boldsymbol{c})$

ここで $\boldsymbol{a}\cdot(-\boldsymbol{c})=\boldsymbol{a}\cdot((-1)\boldsymbol{c})=(-1)(\boldsymbol{a}\cdot\boldsymbol{c})=-(\boldsymbol{a}\cdot\boldsymbol{c})$

$\therefore\ \boldsymbol{a}\cdot(\boldsymbol{b}-\boldsymbol{c})=\boldsymbol{a}\cdot\boldsymbol{b}+(-(\boldsymbol{a}\cdot\boldsymbol{c}))=\boldsymbol{a}\cdot\boldsymbol{b}-\boldsymbol{a}\cdot\boldsymbol{c}$

×　　　　　　　　×

「内積の計算は，ふつうの 2 次式の計算と変りませんね」

「変らないというよりは，全く同じ．気楽に計算することです．次の例をやってみれば，一層実感を増すだろう」

例 15 次の式を展開せよ．

(1) $(\boldsymbol{a}+\boldsymbol{b})\cdot(\boldsymbol{a}-\boldsymbol{b})$　　(2) $(\boldsymbol{a}+\boldsymbol{b})\cdot(\boldsymbol{a}+\boldsymbol{b})$

(3) $(\boldsymbol{a}-2\boldsymbol{b})\cdot(3\boldsymbol{a}-\boldsymbol{b})$

解 $\boldsymbol{a}\cdot\boldsymbol{b}=\boldsymbol{b}\cdot\boldsymbol{a}$ を用いて同類項をまとめる．

(1) $(\boldsymbol{a}+\boldsymbol{b})\cdot(\boldsymbol{a}-\boldsymbol{b})=\boldsymbol{a}\cdot(\boldsymbol{a}-\boldsymbol{b})+\boldsymbol{b}\cdot(\boldsymbol{a}-\boldsymbol{b})$

$=\boldsymbol{a}\cdot\boldsymbol{a}-\boldsymbol{a}\cdot\boldsymbol{b}+\boldsymbol{b}\cdot\boldsymbol{a}-\boldsymbol{b}\cdot\boldsymbol{b}=\boldsymbol{a}\cdot\boldsymbol{a}-\boldsymbol{b}\cdot\boldsymbol{b}$

(2) $(\boldsymbol{a}+\boldsymbol{b})\cdot(\boldsymbol{a}+\boldsymbol{b})=\boldsymbol{a}\cdot(\boldsymbol{a}+\boldsymbol{b})+\boldsymbol{b}\cdot(\boldsymbol{a}+\boldsymbol{b})$

$=\boldsymbol{a}\cdot\boldsymbol{a}+\boldsymbol{a}\cdot\boldsymbol{b}+\boldsymbol{b}\cdot\boldsymbol{a}+\boldsymbol{b}\cdot\boldsymbol{b}=\boldsymbol{a}\cdot\boldsymbol{a}+2\boldsymbol{a}\cdot\boldsymbol{b}+\boldsymbol{b}\cdot\boldsymbol{b}$

(3) $(\boldsymbol{a}-2\boldsymbol{b})\cdot(3\boldsymbol{a}-\boldsymbol{b})=\boldsymbol{a}\cdot(3\boldsymbol{a}-\boldsymbol{b})-2\boldsymbol{b}\cdot(3\boldsymbol{a}-\boldsymbol{b})$

$=\boldsymbol{a}\cdot(3\boldsymbol{a})-\boldsymbol{a}\cdot\boldsymbol{b}-(2\boldsymbol{b})\cdot(3\boldsymbol{a})+(2\boldsymbol{b})\cdot\boldsymbol{b}$

$=3(\boldsymbol{a}\cdot\boldsymbol{a})-\boldsymbol{a}\cdot\boldsymbol{b}-6(\boldsymbol{b}\cdot\boldsymbol{a})+2(\boldsymbol{b}\cdot\boldsymbol{b})$

$=3(\boldsymbol{a}\cdot\boldsymbol{a})-7(\boldsymbol{a}\cdot\boldsymbol{b})+2(\boldsymbol{b}\cdot\boldsymbol{b})$

×　　　　　　　　×

「$\boldsymbol{a}\cdot\boldsymbol{a}$ は $\boldsymbol{a}^2$，$(\boldsymbol{a}+\boldsymbol{b})\cdot(\boldsymbol{a}+\boldsymbol{b})$ は $(\boldsymbol{a}+\boldsymbol{b})^2$ とかきたくなるのですが，いけませんか」

「その表し方を約束すればよいことで，誤りではない．しかし，ベクトルには内積 $\boldsymbol{a}\cdot\boldsymbol{b}$ のほかに外積 $\boldsymbol{a}\times\boldsymbol{b}$ もあるので，$\boldsymbol{a}^2$ は避けるのが無難です」

× ×

「ここで，$\boldsymbol{a}$，$\boldsymbol{b}$ のなす角 θ を変化させ，内積 $\boldsymbol{a}\cdot\boldsymbol{b}$ の変化のようすを調べておこう．$\boldsymbol{a}$，$\boldsymbol{b}$ の大きさは変えずに……」

「やさしい．$\boldsymbol{a}$，$\boldsymbol{b}$ はゼロベクトルでないとすると，$\boldsymbol{a}\cdot\boldsymbol{b}$ の変化は $\cos\theta$ の変化できまる」

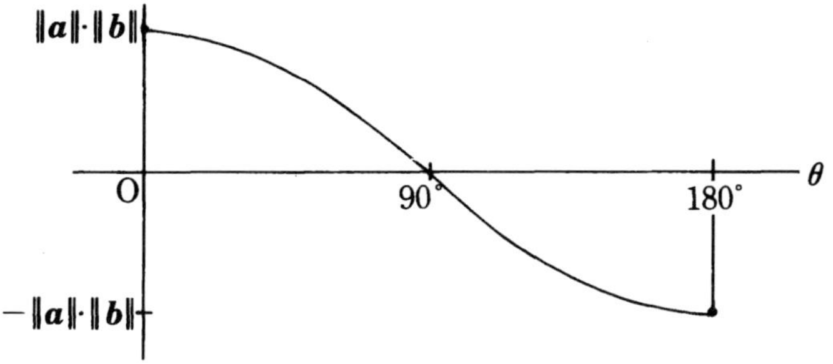

「θ が 0° と 180° の特殊な場合には $\boldsymbol{a}\cdot\boldsymbol{b}=\pm\|\boldsymbol{a}\|\cdot\|\boldsymbol{b}\|$，このときの $\boldsymbol{a}$，$\boldsymbol{b}$ は共線ですよ」

「ゼロベクトルがあってもいいですね」

「だから，この等式は共線条件であある．さらに特殊な $\boldsymbol{a}=\boldsymbol{b}$ の場合に目をつけてごらん」

「$\boldsymbol{a}$ と $\boldsymbol{a}$ のな角は 0° だから $\boldsymbol{a}\cdot\boldsymbol{a}=\|\boldsymbol{a}\|\cdot\|\boldsymbol{a}\|=\|\boldsymbol{a}\|^2$」」

「平方根をとって $\|\boldsymbol{a}\|=\sqrt{\boldsymbol{a}\cdot\boldsymbol{a}}$……これが，ベクトルの大きさを内積で表したものです」

「$\theta=90°$ のときも重要でしょう．$\boldsymbol{a}$ と $\boldsymbol{b}$ は直交するから

$$\boldsymbol{a}\perp\boldsymbol{b}\Longrightarrow\boldsymbol{a}\cdot\boldsymbol{b}=0 \qquad ①$$

この逆は成り立ちませんね.

$$\boldsymbol{a} \cdot \boldsymbol{b} = 0 \Longrightarrow \boldsymbol{a} \perp \boldsymbol{b} \text{ or } \boldsymbol{a} = \boldsymbol{0} \text{ or } \boldsymbol{b} = \boldsymbol{0}$$

ゼロベクトルの場合が起きるから」

「数学は例外を嫌う」

「嫌うといったって，あるものはどうしょうもないですが」

「そこがアタマの使い方．例外を一般の場合へ吸収するアイデアを生み出せばよいのだ」

「$\boldsymbol{a} = \boldsymbol{0}$ と $\boldsymbol{b} = \boldsymbol{0}$ の場合を $\boldsymbol{a} \perp \boldsymbol{b}$ の場合へ吸収するのですか」

「そう．$\boldsymbol{a}$，$\boldsymbol{b}$ の少くとも一方が $\boldsymbol{0}$ のときにも，$\boldsymbol{a}$ と $\boldsymbol{b}$ は**直交する**ということにし，$\boldsymbol{a} \perp \boldsymbol{b}$ で表すことに約束するのです」

「思い出した．似た約束を共線のときも試みた」

「直交をこのように拡張すれば，①は逆も成り立つので，例外に気をくばらなくて済む．いままでに分ったことを定理としてまとめておこう．$\boldsymbol{a}$，$\boldsymbol{b}$ が共線であることを $\boldsymbol{a} \| \boldsymbol{b}$ で表して……」

定理 12　（i）$\|\boldsymbol{a}\| = \sqrt{\boldsymbol{a} \cdot \boldsymbol{a}}$

（ii）$\boldsymbol{a}$，$\boldsymbol{b}$ は共線 $(\boldsymbol{a} \| \boldsymbol{b}) \Longleftrightarrow \boldsymbol{a} \cdot \boldsymbol{b} = \pm\|\boldsymbol{a}\| \cdot \|\boldsymbol{b}\|$

（iii）$\boldsymbol{a}$，$\boldsymbol{b}$ は直交 $(\boldsymbol{a} \perp \boldsymbol{b}) \Leftrightarrow \boldsymbol{a} \cdot \boldsymbol{b} = 0$

この定理があれば，内積の応用は一気に拡まる．

例 16　△ABC の 3 辺 BC，CA，AB の長さをそれぞれ a，b，c とし，∠A の大きさを A で表せば，次の等式が成り立つことを証明せよ．

$$a^2 = b^2 + c^2 - 2bc \cos A \qquad \textbf{（余弦定理）}$$

解　$\overrightarrow{\mathrm{AC}}=\boldsymbol{b}, \overrightarrow{\mathrm{AB}}=\boldsymbol{c}, \overrightarrow{\mathrm{BC}}=\boldsymbol{a}$ とおくと $\boldsymbol{a}=\boldsymbol{b}-\boldsymbol{c}$ であるから

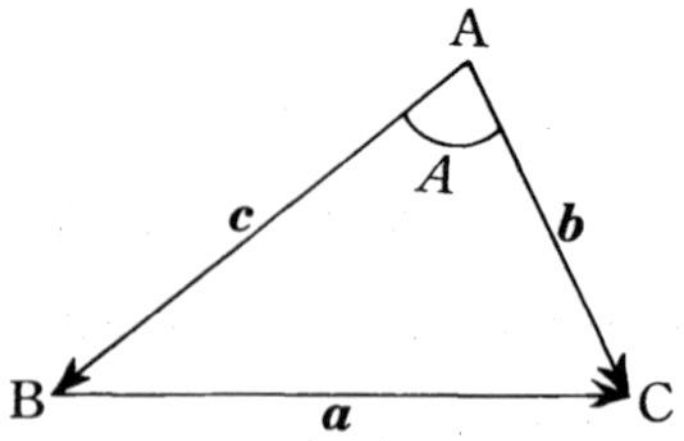

$$
\begin{aligned}
a^2 &= \|\boldsymbol{a}\|^2=\boldsymbol{a}\cdot\boldsymbol{a}\\
&=(\boldsymbol{b}-\boldsymbol{c})\cdot(\boldsymbol{b}-\boldsymbol{c})\\
&=\boldsymbol{b}\cdot\boldsymbol{b}-2(\boldsymbol{b}\cdot\boldsymbol{c})+\boldsymbol{c}\cdot\boldsymbol{c}\\
&=\|\boldsymbol{b}\|^2-2\|\boldsymbol{b}\|\times\|\boldsymbol{c}\|\cos\ A+\|\boldsymbol{c}\|^2\\
&=b^2+c^2-2bc\cos\ A
\end{aligned}
$$

例 17　ひし形 ABCD において，対角線 AC と BD は直交することを証明せよ．

解　$\overrightarrow{\mathrm{AD}}=\boldsymbol{a}$，$\overrightarrow{\mathrm{AB}}=\boldsymbol{b}$ とおくと $\overrightarrow{\mathrm{AC}}=\boldsymbol{a}+\boldsymbol{b}$，$\overrightarrow{\mathrm{BD}}=\boldsymbol{a}-\boldsymbol{b}$ かつ $\|\boldsymbol{a}\|=\|\boldsymbol{b}\|$ であるから

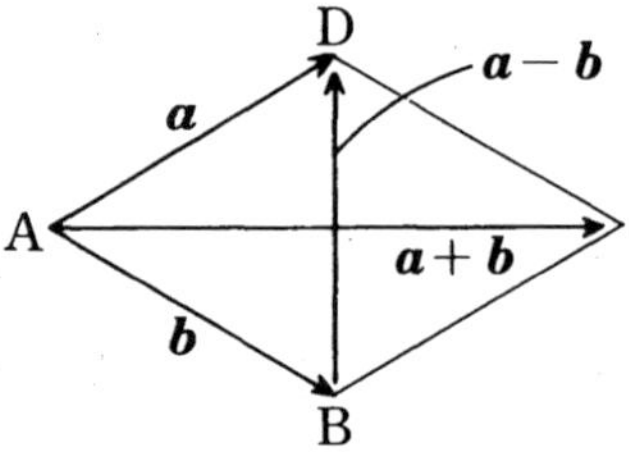

$$
\begin{aligned}
\overrightarrow{\mathrm{AC}}\cdot\overrightarrow{\mathrm{BD}} &= (\boldsymbol{a}+\boldsymbol{b})\cdot(\boldsymbol{a}-\boldsymbol{b})\\
&=\boldsymbol{a}\cdot\boldsymbol{a}-\boldsymbol{b}\cdot\boldsymbol{b}\\
&=\|\boldsymbol{a}\|^2-\|\boldsymbol{b}\|^2=0
\end{aligned}
$$

$$\therefore\quad \overrightarrow{\mathrm{AC}}\perp\overrightarrow{\mathrm{BD}}$$

4　内積を成分で表す

「ベクトルの成分が分っているとき，内積を成分で表したい．いまならば，それが可能」

「$\boldsymbol{a}=(x_1,y_1)$，$\boldsymbol{b}=(x_2,y_2)$ とおいて $\boldsymbol{a}\cdot\boldsymbol{b}$ を x_1，y_1，x_2，y_2 で表そう．ヒントがほしい」

「簡単ですよ．基本ベクトルを用いる」

「分った．$\boldsymbol{a}=x_1\boldsymbol{i}+y_1\boldsymbol{j}$,　$\boldsymbol{b}=x_2\boldsymbol{i}+y_2\boldsymbol{j}$

$$\begin{aligned}\boldsymbol{a}\cdot\boldsymbol{b}&=(x_1\boldsymbol{i}+y_1\boldsymbol{j})\cdot(x_2\boldsymbol{i}+y_2\boldsymbol{j})\\&=x_1x_2(\boldsymbol{i}\cdot\boldsymbol{i})+(x_1y_2+x_2y_1)\boldsymbol{i}\cdot\boldsymbol{j}+y_1y_2(\boldsymbol{j}\cdot\boldsymbol{j})\end{aligned}$$

$\boldsymbol{i}$，$\boldsymbol{j}$ は単位ベクトルだから $\boldsymbol{i}\cdot\boldsymbol{i}=\|\boldsymbol{i}\|^2=1$，$\boldsymbol{j}\cdot\boldsymbol{j}=\|\boldsymbol{j}\|^2=1$，さらに $\boldsymbol{i}\perp\boldsymbol{j}$ だから $\boldsymbol{i}\cdot\boldsymbol{j}=0$，そこで

$$\boldsymbol{a}\cdot\boldsymbol{b}=x_1x_2+y_1y_2$$

数ベクトルで知ったのとピタリ一致」

定理 13　$\boldsymbol{a}=(x_1,y_1),\boldsymbol{b}=(x_2,y_2)$ のとき
（i）$\boldsymbol{a}\cdot\mathrm{b}=x_1x_2+y_1y_2$　　（ii）$\|\boldsymbol{a}\|=\sqrt{x_1^2+y_1^2}$

「これがあれば，内積の応用は多彩になる」
「楽しみです」
「代表的なものを 2 つ挙げよう」

例 18　$\overrightarrow{\mathrm{OA}}=\boldsymbol{a}=(2,1)$，$\overrightarrow{\mathrm{OP}}=\boldsymbol{x}=(3,4)$ のとき，P から OA に下した垂線の足を H とする．

(1) H の座標を求めよ．

(2) P の OA に関する対称点 Q の座標を求めよ．

解　(1) $\overrightarrow{\mathrm{OH}}$ を求めればよい．$\overrightarrow{\mathrm{OH}}$ は $\boldsymbol{x}$ の $\boldsymbol{a}$ 上への正射影であるから，定理 10 によって

$$\overrightarrow{\mathrm{OH}}=\frac{\boldsymbol{a}\cdot\boldsymbol{x}}{\|\boldsymbol{a}\|^2}\boldsymbol{a}=\frac{2\times3+1\times4}{2^2+1^2}(2,1)=(4,2)$$

H の座標は $(4,2)$ である．

(2) H は PQ の中点であるから $2\overrightarrow{\mathrm{OH}} = \overrightarrow{\mathrm{OP}} + \overrightarrow{\mathrm{OQ}}$

$$\overrightarrow{\mathrm{OQ}} = 2\overrightarrow{\mathrm{OH}} - \overrightarrow{\mathrm{OP}} = 2(4,2) - (3,4) = (5,0)$$

Q の座標は $(5,0)$ である．

例 19　2 つのベクトル $\boldsymbol{a} = (2, \sqrt{3})$，$\boldsymbol{b} = (-5, \sqrt{3})$ のなす角を求めよ．

解　$\boldsymbol{a}$，$\boldsymbol{b}$ のなす角を θ とすると

$$\boldsymbol{a} \cdot \boldsymbol{b} = \|\boldsymbol{a}\| \times \|\boldsymbol{b}\| \cos\theta$$

$$\boldsymbol{a} \cdot \boldsymbol{b} = 2 \times (-5) + \sqrt{3} \times \sqrt{3} = -7$$

$$\|\boldsymbol{a}\| = \sqrt{4+3} = \sqrt{7}, \|\boldsymbol{b}\| = \sqrt{25+3} = 2\sqrt{7}$$

$$\therefore \quad -7 = \sqrt{7} \times 2\sqrt{7}\cos\theta$$

$$\cos\theta = -\frac{1}{2}, \quad \theta = 120^\circ$$

例 20　0 と異なるベクトル $\boldsymbol{a} = (a, b)$ を $\pm 90^\circ$ 回転したベクトルを $\boldsymbol{a}'$ とするとき，$\boldsymbol{a}'$ の成分を求めよ．

解法のリサーチ

「僕にまかせて下さい．$\boldsymbol{a}' = (x, y)$ とおくと $\boldsymbol{a} \perp \boldsymbol{a}'$ から

$$\boldsymbol{a} \cdot \boldsymbol{a}' = ax + by = 0 \qquad ①$$

$\boldsymbol{a}'$ は $\boldsymbol{a}$ を回転したものだから $\|\boldsymbol{a}\|^2 = \|\boldsymbol{a}'\|^2$

$$x^2 + y^2 = a^2 + b^2 \qquad ②$$

①，②をみたす x，y を求めればよい．

$a \neq 0$ のとき①から $x = -\dfrac{b}{a}y$，ここで $y = ak$ とおくと $x = -bk$，これらを②に代入して

$$(a^2 + b^2)\,k^2 = a^2 + b^2$$

$a^2+b^2 \neq 0$ だから $k^2=1$, $k=\pm 1$

$$\boldsymbol{a}' = (-b, a) \text{ or } (b, -a)$$

$b \neq 0$ のときも同様」

「君の答は，どちらが $+90^\circ$ 回転したものか分らない」

「それもはっきりさせるのですか」

「題意はそうとれる．応用からみても，そうありたい」

「図で見分けて，$+90^\circ$ のほうが $(-b, a)$ です」

「君の図では，一般性をかくよ．三角関数で証明らしく……」

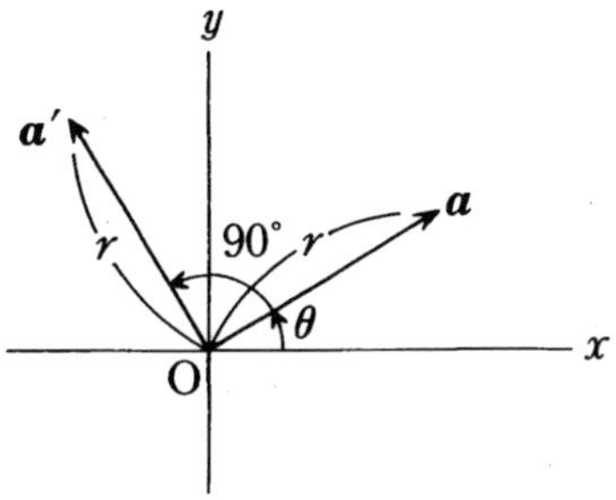

「$\boldsymbol{a} = (r\cos\theta, r\sin\theta)$ とおくと $+90^\circ$ 回転したものは

$$\boldsymbol{a}' = (r\cos(\theta+90^\circ), r\sin(\theta+90^\circ))$$
$$= (-r\sin\theta, r\cos\theta) = (-b, a)$$

-90° のときは向きをかえて $(b, -a)$」

5　符号をつけた面積

「2 つのベクトル $\boldsymbol{a}$, $\boldsymbol{b}$ を与えらたとすると，1 点 O を定め，$\boldsymbol{a}$, $\boldsymbol{b}$ を代表する矢線 $\overrightarrow{\mathrm{OA}}$, $\overrightarrow{\mathrm{OB}}$ を作れば，平行四辺形 OACB が定まる．この平行四辺形は O の位置に関係なく合同．したがって面積も変らない．その面積を求めたい」

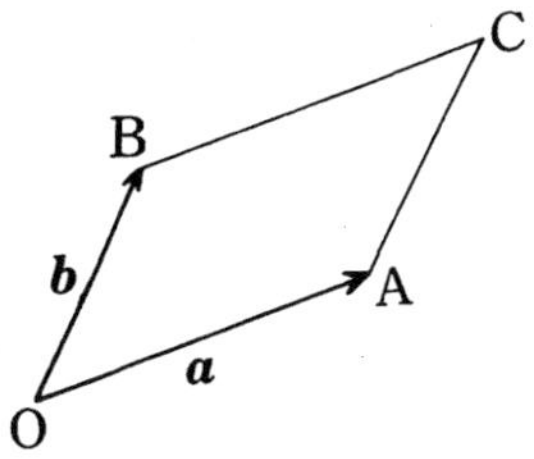

「自信がある．$\boldsymbol{a}$, $\boldsymbol{b}$ のなす角を θ, 面積 S とすると

$$S = \|\boldsymbol{a}\| \times \|\boldsymbol{b}\| \sin\theta$$

$$S^2 = \|\boldsymbol{a}\|^2\|\boldsymbol{b}\|^2\sin^2\theta = \|\boldsymbol{a}\|^2\|\boldsymbol{b}\|^2 - \|\boldsymbol{a}\|^2\|\boldsymbol{b}\|^2\cos^2\theta$$

$$S^2 = \|\boldsymbol{a}\|^2\|\boldsymbol{b}\|^2 - (\boldsymbol{a}\cdot\boldsymbol{b})^2$$

$\boldsymbol{a} = (x_1, y_1)\,, \boldsymbol{b} = (x_2, y_2)$ とすると

$$S^2 = ({x_1}^2 + {y_1}^2)({x_2}^2 + {y_2}^2) - (x_1x_2 + y_1y_2)^2 = (x_1y_2 - x_2y_1)^2$$

$$S = |x_1y_2 - x_2y_1|$$

ごらんのとおり」

「たしかに求まったが，絶対値のつくのが難点」

「面積は正か 0 だから，絶対値は止むを得ません」

「そこを，なんとか切り抜けたい．ベクトルの世界は有向量の世界でもある．だから面積にも，せめて正負の符号をつけて，絶対値を追放したいのだ．1 直線上に 3 点 A，B，C があるとき，3 つの線分 AB，BC，AC の長さの関係をみると，(1) の図では

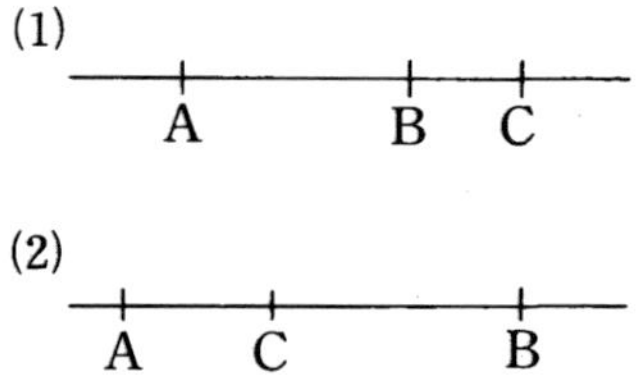

$$\mathrm{AC} = \mathrm{AB} + \mathrm{BC}$$

ところが (2) の図では

$$\mathrm{AC} = \mathrm{AB} - \mathrm{BC}$$

このように，3 点の位置によって違う．ところがベクトルを用いると，どの場合も

$$\overrightarrow{\mathrm{AC}} = \overrightarrow{\mathrm{AB}} + \overrightarrow{\mathrm{BC}}$$

となって，場合分けが起きない．

面積でも同じこと．たとえば，この図をみなさい．$\boldsymbol{a}$，$\boldsymbol{d}$ の作る平行四辺形の面積を $\varoslash\boldsymbol{ad}$ と表してみると，(1) の図では

(1)

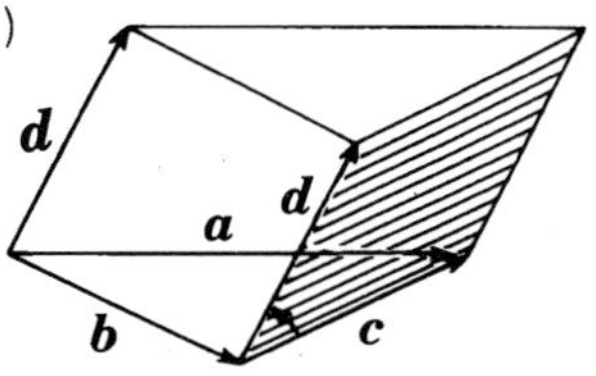

$$▱\boldsymbol{ad} = ▱\boldsymbol{bd} + ▱\boldsymbol{cd}$$

であるのに，(2) の図では

$$▱\boldsymbol{ad} = ▱\boldsymbol{bd} - ▱\boldsymbol{cd}$$

(2)

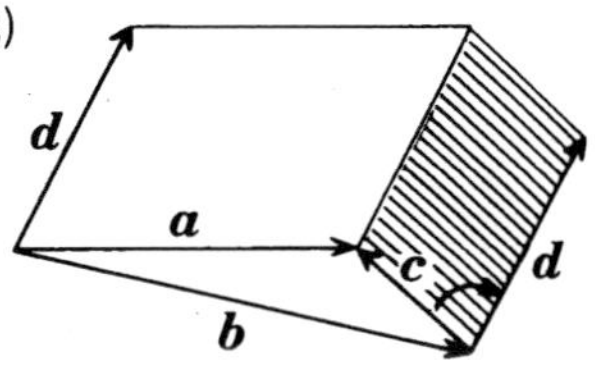

です．ところが，3 つのベクトル $\boldsymbol{a}$，$\boldsymbol{b}$，$\boldsymbol{c}$ の関係は，どちらの図でも $\boldsymbol{a} = \boldsymbol{b} + \boldsymbol{c}$ で変らない．どうすれば面積の式も総括されますか」

「分った．(1) と (2) では $\boldsymbol{c}$，$\boldsymbol{d}$ のなす角の向きが反対……だから角の向きによって面積に符号をつける」

「その着眼を期待していた」

「一般に，2 つのベクトル $\boldsymbol{a}$，$\boldsymbol{b}$ のなす角 θ に $\boldsymbol{a}$ から $\boldsymbol{b}$ へ向きをつけて，$\boldsymbol{a}$，$\boldsymbol{b}$ の作る平行四辺形の面積にも，θ と同じ符号をつけては……」

「アイデアを頂き，その符号をつけた面積を $D(\boldsymbol{a}, \boldsymbol{b})$ で表し，ふつうの面積 S と区別しよう．

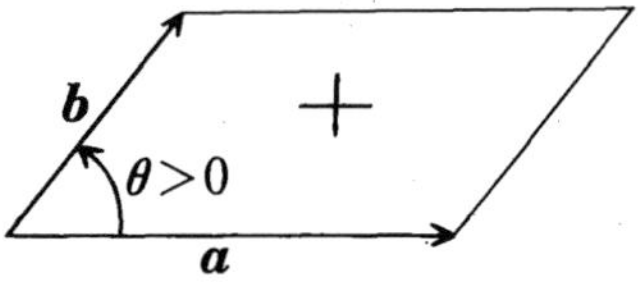

$$D(\boldsymbol{a}, \boldsymbol{b}) = \begin{cases} S & (\theta > 0) \\ 0 & (\theta = 0) \\ -S & (\theta < 0) \end{cases}$$

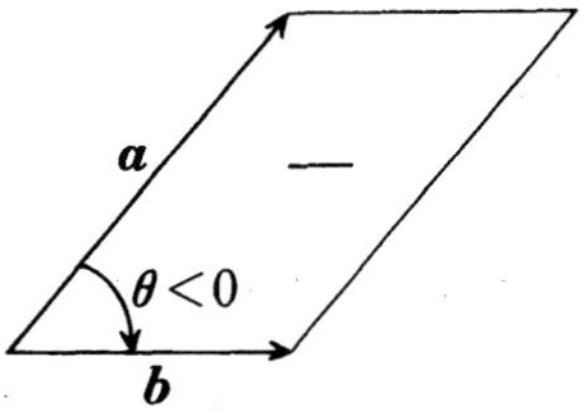

$\theta > 0$ のとき $(\boldsymbol{a}, \boldsymbol{b})$ は**正系**である，$\theta < 0$ のとき $(\boldsymbol{a}, \boldsymbol{b})$ は**負系**であるというのです」

「$D(\boldsymbol{a}, \boldsymbol{b})$ を求めるのはやさしい．$\|\boldsymbol{a}\| = a, \|\boldsymbol{b}\| = b$ とおくと

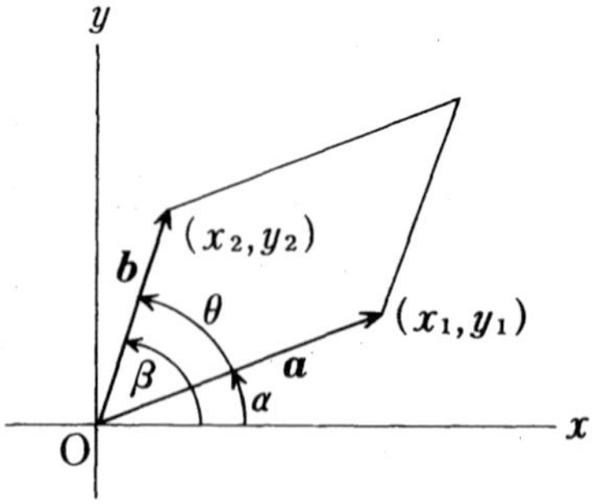

$$D(\boldsymbol{a}, \boldsymbol{b}) = ab \sin \theta$$

$\boldsymbol{a} = (x_1, y_1)$，$\boldsymbol{b} = (x_2, y_2)$ として，$\boldsymbol{i}$ と $\boldsymbol{a}$，$\boldsymbol{i}$ と $\boldsymbol{b}$ のす角をそれぞれ α，β とすると

$$\theta = \beta - \alpha$$

がつねに成り立つから

$$\begin{aligned} D(\boldsymbol{a}, \boldsymbol{b}) &= ab \sin(\beta - \alpha) \\ &= ab \sin \beta \cos \alpha - ab \cos \beta \sin \alpha \\ &= x_1 y_2 - x_2 y_1 \end{aligned}$$

絶対値の記号がとれた」

「目的は果したが，三角関数の加法定理を用いたのが気がかり」

「なぜですか」

「そういう難しい定理に頼りたくないのだ．その定理は，むしろ有向面積の公式から導きたい気持です」

「最小の予備知識で，最大の効果を……」

「そう．ベクトルに秘められている内容を，最大限に引き出したい．自主独立です」

「甘ったれではいけない．数学の体系も……」

「まあ，そうありたいね」

×　　　　×

「自主独立のためには，何をやればよいのです」

「内積のときと同様に，有向面積の性質を探ればよい」

「定義から，$\boldsymbol{a}$ と $\boldsymbol{b}$ をいれかると符号が変るから

$$D(\boldsymbol{b}, \boldsymbol{a}) = -D(\boldsymbol{a}, \boldsymbol{b})$$

は自明ですが」

「それを交代性という．そのほかに予期される性質は……」

「線型性でしょう．内積とくらべてみて……」

「それを探る有力な手段は，内積との関係を調べることでしょう．正弦と余弦は $\sin\theta = \cos(90^\circ - \theta)$ で結ばれている」

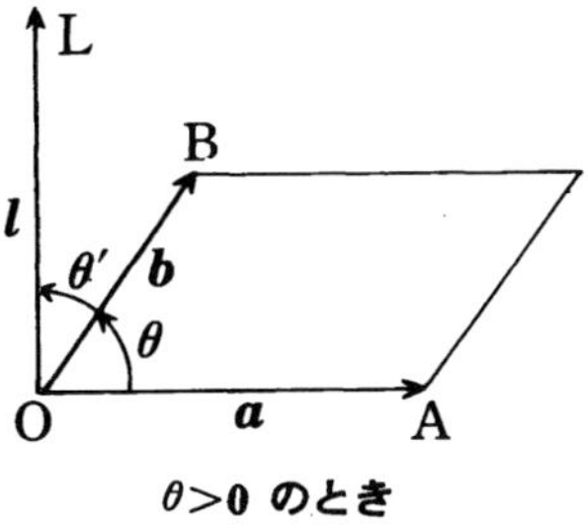

「なるほど．有向面積と内積は縁が深そうですね」

「$\overrightarrow{\mathrm{OA}} = \boldsymbol{a}$ を $+90^\circ$ 回転したものを作る．それを $\overrightarrow{\mathrm{OL}} = \boldsymbol{l}$ で表して，$\boldsymbol{a}$ と $\boldsymbol{b}$，$\boldsymbol{b}$ と $\boldsymbol{l}$ のなす角をそれぞれ θ，θ' で表してみると

$$\theta + \theta' = 90^\circ, \theta = 90^\circ - \theta'$$

がつねに成り立つ．したがって

$$\begin{aligned} D(\boldsymbol{a}, \boldsymbol{b}) &= \|\boldsymbol{a}\| \cdot \|\boldsymbol{b}\| \sin\theta \\ &= \|\boldsymbol{l}\| \cdot \|\boldsymbol{b}\| \sin(90^\circ - \theta') \\ &= \|\boldsymbol{l}\| \cdot \|\boldsymbol{b}\| \cos\theta' \\ &= \boldsymbol{l} \cdot \boldsymbol{b} \end{aligned}$$

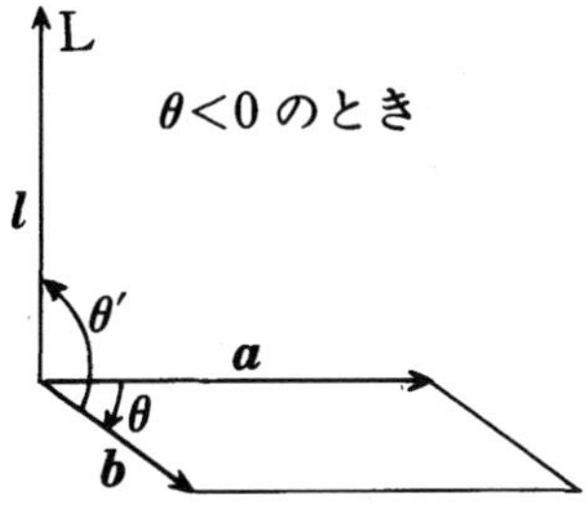

どうです．鮮かな関係でしょう」

「有向面積と内積の関係がこんなに簡単とは予想しなかった」

定理 14　2つのベクトル $\boldsymbol{a}$，$\boldsymbol{b}$ があるとき，$\boldsymbol{a}$ の向きを $+90^\circ$ かえたものを $\boldsymbol{l}$ とすると

$$D(\boldsymbol{a}, \boldsymbol{b}) = \boldsymbol{l} \cdot \boldsymbol{b}$$

「これがあれば，有向面積の線型性は内積の線型線から導かれますね．それから成分で表すことも」

「成分で表すことは後へ回し，法則をまとめておこう」

定理 15 有向面積には次の性質がある．

（i） $D(\boldsymbol{b},\boldsymbol{a}) = -D(\boldsymbol{a},\boldsymbol{b})$ **（交代性）**

（ii） $D(\boldsymbol{a},\boldsymbol{b}+\boldsymbol{c}) = D(\boldsymbol{a},\boldsymbol{b}) + D(\boldsymbol{a},\boldsymbol{c})$

$D(\boldsymbol{b}+\boldsymbol{c},\boldsymbol{a}) = D(\boldsymbol{b},\boldsymbol{a}) + D(\boldsymbol{c},\boldsymbol{a})$

（iii） $D(\boldsymbol{a},k\boldsymbol{b}) = kD(\boldsymbol{a},\boldsymbol{b})$

$D(k\boldsymbol{a},\boldsymbol{b}) = kD(\boldsymbol{a},\boldsymbol{b})$

（線型性）（ii），（iii）

証明のリサーチ

「（i）は定義の式 $D(\boldsymbol{a},\ \boldsymbol{b}) = \|\boldsymbol{a}\| \cdot \|\boldsymbol{b}\| \sin\theta$ から自明」

「残りは僕がやります．$\boldsymbol{a}$ の向きを $+90°$ かえたものを $\boldsymbol{l}$ として前の定理を用いればよい．（ii）の第1式は

$$D(\boldsymbol{a},\boldsymbol{b}+\boldsymbol{c}) = \boldsymbol{l}\cdot(\boldsymbol{b}+\boldsymbol{c}) = \boldsymbol{l}\cdot\boldsymbol{b} + \boldsymbol{l}\cdot\boldsymbol{c}$$
$$= D(\boldsymbol{a},\boldsymbol{b}) + D(\boldsymbol{a},\boldsymbol{c})$$

（ii）の第2式は $\boldsymbol{b}+\boldsymbol{c}$ を $+90°$ 回転……？」

「そんなことをしたら大変だ．交代性があるのに……」

「ああ，そうであった．

$$D(\boldsymbol{b}+\boldsymbol{c},\boldsymbol{a}) = -D(\boldsymbol{a},\boldsymbol{b}+\boldsymbol{c}) = -D(\boldsymbol{a},\boldsymbol{b}) - D(\boldsymbol{a},\boldsymbol{c})$$
$$= D(\boldsymbol{b},\boldsymbol{a}) + D(\boldsymbol{c},\boldsymbol{a})$$

次に（iii）の第1式は

$$D(\boldsymbol{a},k\boldsymbol{b}) = \boldsymbol{l}\cdot(k\boldsymbol{b}) = k(\boldsymbol{l}\cdot\boldsymbol{b}) = kD(\boldsymbol{a},\boldsymbol{b})$$

第2式は交代性を用いて

$$D(k\boldsymbol{a},\boldsymbol{b}) = -D(\boldsymbol{b},k\boldsymbol{a}) = -kD(\boldsymbol{b},\boldsymbol{a}) = kD(\boldsymbol{a},\boldsymbol{b})$$」

×　　　　　　　×

「有向面積を内積で処理するのは僕のアイデア……とにかく，内積を活用する方針です．その内積は正射影で処理した．正射影はベクトルだから“ベクトルのことはベクトルで”がモットーです」

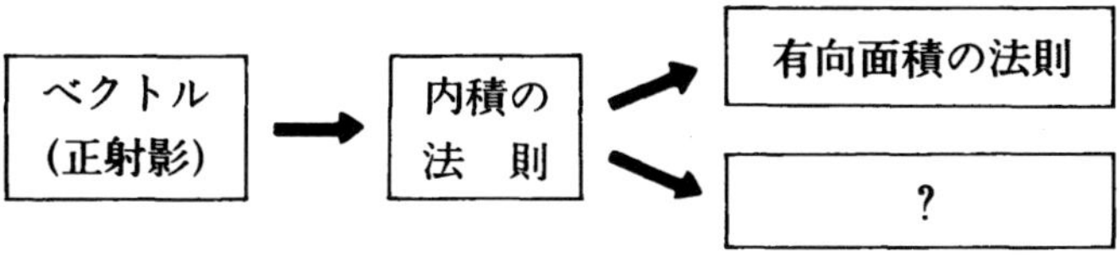

「先々の展開が楽しみです」

×　　　　　　　×

「次の課題は保留してあった成分表示．$\boldsymbol{a}=(x_1, y_1)$, $\boldsymbol{b}=(x_2, y_2)$ として $D(\boldsymbol{a}, \boldsymbol{b})$ を成分で表したい」

「内積との関係を用いれば簡単．$a=(x_1, y_1)$ の向きを $+90^\circ$ かえたベクトルは $l=(-y_1, x_1)$ だから

$$D(\boldsymbol{a}, \boldsymbol{b})=\boldsymbol{l}\cdot\boldsymbol{b}=(-y_1)x_2+x_1y_2=x_1y_2-x_2y_1$$」

「君の求め方は，$\boldsymbol{l}$ が $(-y_1, x_1)$ になることを知らなかったらアウト……それに，せっかく導いた有向面積の法則が生かされていない．内積の成分表示にならって……」

「基本ベクトル $\boldsymbol{i}$, $\boldsymbol{j}$ を用いるのですね」

「期待していたのは，それだ」

定理 16　$\boldsymbol{a}=(x_1, y_1)$, $\boldsymbol{b}=(x_2, y_2)$ のとき

$$D(\boldsymbol{a}, \boldsymbol{b})=x_1y_2-x_2y_1$$

（証明） $\boldsymbol{a}=x_1\boldsymbol{i}+y_1\boldsymbol{j}$, $\boldsymbol{b}=x_2\boldsymbol{i}+y_2\boldsymbol{j}$ であるから

$$\begin{aligned}D(\boldsymbol{a},\boldsymbol{b})&=D(x_1\boldsymbol{i}+y_1\boldsymbol{j},\ x_2\boldsymbol{i}+y_2\boldsymbol{j})\\&=x_1x_2D(\boldsymbol{i},\boldsymbol{i})+x_1y_2D(\boldsymbol{i},\boldsymbol{j})+y_1x_2D(\boldsymbol{j},\boldsymbol{i})\\&\quad+y_1y_2D(\boldsymbol{j},\boldsymbol{j})\end{aligned}$$

この式において

$D(\boldsymbol{i},\boldsymbol{i})=0,\quad D(\boldsymbol{j},\boldsymbol{j})=0,$

$D(\boldsymbol{i},\boldsymbol{j})=1,\quad D(\boldsymbol{j},\boldsymbol{i})=-1$

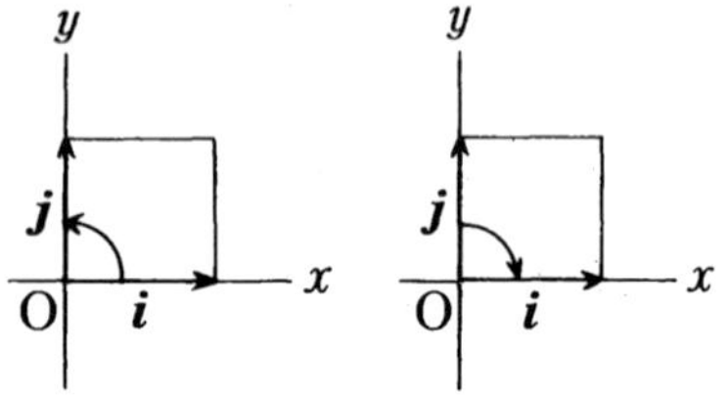

であるから

$$D(\boldsymbol{a},\boldsymbol{b})=x_1y_2-x_2y_1$$

× ×

「行列式という便利なものがあるのに，避けていたのでは食わず嫌いといわれよう．いまの結果は行列式の利用にふさわしい」

$$D(\boldsymbol{a},\boldsymbol{b})=\begin{vmatrix}x_1 & y_1\\ x_2 & y_2\end{vmatrix}$$

例 21 次の $\boldsymbol{a}$, $\boldsymbol{b}$ に対して $D(\boldsymbol{a},\ \boldsymbol{b})$ を求めよ．

（1）$\boldsymbol{a}=(5,3)$,　$\boldsymbol{b}=(-2,6)$　　（2）$\boldsymbol{a}=(4,1), \boldsymbol{b}=(6,-3)$

解　（1）$D(\boldsymbol{a},\boldsymbol{b})=\begin{vmatrix}5 & 3\\ -2 & 6\end{vmatrix}=5\times6-(-2)\times3=36$

（2）$D(\boldsymbol{a},\boldsymbol{b})=\begin{vmatrix}4 & 1\\ 6 & -3\end{vmatrix}=4\times(-3)-6\times1=-18$

例 22　3 点 $\mathrm{A}(x_1,y_1)$, $\mathrm{B}(x_2,y_2)$, $\mathrm{C}(x_3,y_3)$ を頂点とする三角形

の面積 S は，次の式の値の絶対値に等しいことを示せ．

$$\frac{1}{2}\begin{vmatrix} x_1 & y_1 & 1 \\ x_2 & y_2 & 1 \\ x_3 & y_3 & 1 \end{vmatrix}$$

解　$\overrightarrow{\mathrm{CA}} = (x_1 - x_3, y_1 - y_3) = \boldsymbol{a}$,　$\overrightarrow{\mathrm{CB}} = (x_2 - x_3, y_2 - y_3) = \boldsymbol{b}$ とおくと，S は次の式の値の絶対値に等しい．

$$\frac{1}{2}D(\boldsymbol{a},\boldsymbol{b}) = \frac{1}{2}\begin{vmatrix} x_1 - x_3 & y_1 - y_3 \\ x_2 - x_3 & y_2 - y_3 \end{vmatrix}$$

$$=\frac{1}{2}\begin{vmatrix} x_1 - x_3 & y_1 - y_3 & 1 \\ x_2 - x_3 & y_2 - y_3 & 1 \\ 0 & 0 & 1 \end{vmatrix}$$

第 3 列の x_3 倍を第 1 列に，第 3 列の y_3 倍を第 2 列に加えても行列式の値は変らないから

$$\frac{1}{2}D(\boldsymbol{a},\boldsymbol{b}) = \frac{1}{2}\begin{vmatrix} x_1 & y_1 & 1 \\ x_2 & y_3 & 1 \\ x_3 & y_3 & 1 \end{vmatrix}$$

よって S はこの絶対値に等しい．

練習問題—3

13　△ABC の辺 BC の中点を M とすれば，等式

$$\mathrm{AB}^2 + \mathrm{AC}^2 = 2\mathrm{AM}^2 + 2\mathrm{BM}^2$$

が成り立つことを証明せよ．

14　△ABC において $\overrightarrow{\mathrm{BC}} = \boldsymbol{a}$，$\overrightarrow{\mathrm{CA}} = \boldsymbol{b}$，$\overrightarrow{\mathrm{AB}} = \boldsymbol{c}$ とおくとき

(1) $\boldsymbol{a} + \boldsymbol{b} + \boldsymbol{c} = \boldsymbol{0}$ を示せ.

(2) 等式 $\boldsymbol{c} \cdot \boldsymbol{c} = \boldsymbol{c} \cdot (-\boldsymbol{a} - \boldsymbol{b})$ を用いて，次の等式を導け.

$$c = a \cos \mathrm{B} + b \cos \mathrm{A}$$

15　△ABC の辺 BC 上の点を M とするとき，AM = BM = CM ならば，∠A は直角であることを示せ.

16　3 点 A($\boldsymbol{a}$)，B($\boldsymbol{b}$)，C($\boldsymbol{c}$) を頂点とする三角形の面積 S は，次の有向面積の絶対値に等しいことを示せ.

$$\frac{1}{2}\{D(\boldsymbol{b}, \boldsymbol{c}) + D(\boldsymbol{c}, \boldsymbol{a}) + D(\boldsymbol{a}, \boldsymbol{b})\}$$

17　三角形 ABC において，$\overrightarrow{\mathrm{BC}} = \boldsymbol{a}$，$\overrightarrow{\mathrm{CA}} = \boldsymbol{b}$，$\overrightarrow{\mathrm{AB}} = \boldsymbol{c}$ とおくとき

(1) $D(\boldsymbol{b}, \boldsymbol{c}) = D(\boldsymbol{c}, \boldsymbol{a}) = D(\boldsymbol{a}, \boldsymbol{b})$ を示せ,

(2) 上の等式から次の正弦定理を導け,

$$\frac{a}{\sin \mathrm{A}} = \frac{b}{\sin \mathrm{B}} = \frac{c}{\sin \mathrm{C}}$$

18　$\boldsymbol{a} = (\cos \alpha, \sin \alpha), \boldsymbol{b} = (\cos \beta, \sin \beta)$ のとき $D(\boldsymbol{b}, \boldsymbol{a})$ を計算して，次の加法定理を導け.

$$\sin(\alpha - \beta) = \sin \alpha \cos \beta - \cos \alpha \sin \beta$$

19　(1) $\boldsymbol{a}$，$\boldsymbol{b}$ が共線である条件を $D(\boldsymbol{a},\ \boldsymbol{b})$ を用いて示せ.

(2) △ABC の辺 BC 上の点を P，AP 上の点を Q として $\overrightarrow{\mathrm{AB}} = \boldsymbol{b}$，$\overrightarrow{\mathrm{AC}} = \boldsymbol{c}$，$\overrightarrow{\mathrm{AQ}} = \boldsymbol{a}$，BP : PC $= m : n(m + n = 1)$ とおく．このとき,

等式

$$D(\boldsymbol{b},\boldsymbol{a}):D(\boldsymbol{a},\boldsymbol{c})=m:n$$

が成り立つことを証明せよ．

20 次のことを証明せよ．

(1) どんなベクトル $\boldsymbol{x}$ に対しても $\boldsymbol{a}\cdot\boldsymbol{x}=0$ ならば $\boldsymbol{a}=\boldsymbol{0}$

(2) どんなベクトル $\boldsymbol{x}$ に対しても $\boldsymbol{a}\cdot\boldsymbol{x}=\boldsymbol{b}\cdot\boldsymbol{x}$ ならば $\boldsymbol{a}=\boldsymbol{b}$

(3) どんなベクトル $\boldsymbol{x}$ に対しても $\boldsymbol{a}\cdot\boldsymbol{x}+c=0$ ならば $\boldsymbol{a}=\boldsymbol{0}$，かつ $c=0$

21 ひし形ABCDにおいて，対角線ACは $\angle A$ を二等分することを，$\overrightarrow{\mathrm{AD}}=\boldsymbol{a}$，$\overrightarrow{\mathrm{AB}}=\boldsymbol{b}$，$\angle\mathrm{DAC}=\alpha$，$\angle\mathrm{CAB}=\beta$ とおき，内積を用いて示せ．

22 $\triangle$ABCにおいて

(1) $\frac{1}{2}D(\overrightarrow{\mathrm{AB}},\ \overrightarrow{\mathrm{BC}})$，$\frac{1}{2}D(\overrightarrow{\mathrm{BC}},\ \overrightarrow{\mathrm{CA}})$ $\frac{1}{2}D(\overrightarrow{\mathrm{CA}},\overrightarrow{\mathrm{AB}})$ は符号も絶対値も等しいことを示せ．

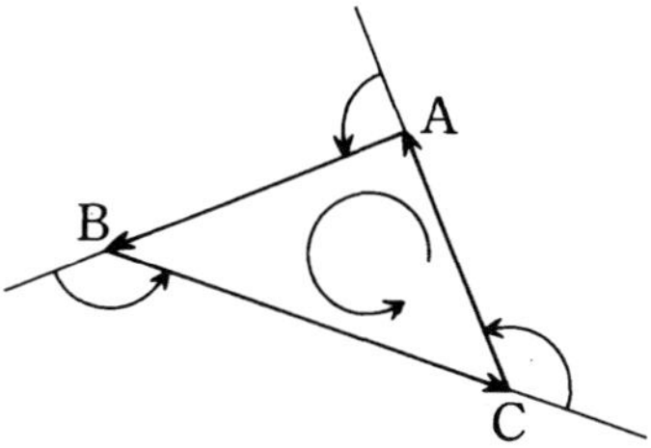

(2) 上の式の値を $\triangle$ABCの有向面積と定め，$S(\mathrm{A},\mathrm{B},\mathrm{C})$ で表すことにする．このとき，次の等式を示せ．

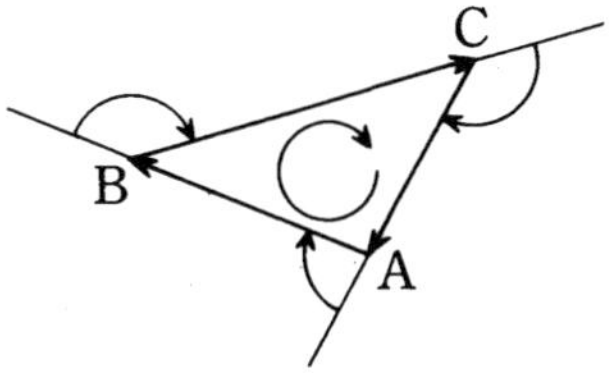

$$S(\mathrm{A},\mathrm{B},\mathrm{C})=S(\mathrm{B},\mathrm{C},\mathrm{A})=S(\mathrm{C},\mathrm{A},\mathrm{B})$$

$$S(\mathrm{A},\mathrm{C},\mathrm{B})=-S(\mathrm{A},\mathrm{B},\mathrm{C})$$

(3) A，B，Cの座標を $\boldsymbol{a}$，$\boldsymbol{b}$，$\boldsymbol{c}$ とすれば

$$S(\mathrm{A},\mathrm{B},\mathrm{C})=\frac{1}{2}(D(\boldsymbol{b},\boldsymbol{c})+D(\boldsymbol{c},\boldsymbol{a})+D(\boldsymbol{a},\boldsymbol{b}))$$

が成り立つことを示せ．

(4) 4 点 A，B，C，P に対して，次の等式の成り立つことを示せ．

$$S(\mathrm{A}, \mathrm{B}, \mathrm{C}) = S(\mathrm{P}, \mathrm{A}, \mathrm{B}) + S(\mathrm{P}, \mathrm{B}, \mathrm{C}) + S(\mathrm{P}, \mathrm{C}, \mathrm{A})$$

§4. 直線の方程式

1　方程式のパラメータ型

「直線を定めるには何を与えればよい？」

「2つの点……2つの点を通る直線は1つしかないから……」

「そのほかに？」

「1つの点とその方向」

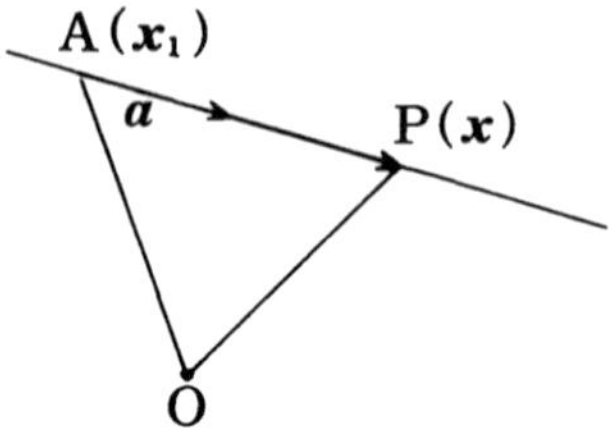

「方向は何によって与える？」

「ベクトルで……」

「くわしくいえばゼロベクトルでないもの．最初にこの場合の方程式を求めてみよう．原点はOとし，1点A$(\boldsymbol{x}_1)$を通りベクトル$\boldsymbol{a}$と平行な直線gの方程式……もちろん$\boldsymbol{a} \neq \boldsymbol{0}$」

「やさしい．gの方程式を求めるには，その上の任意の点をP$(\boldsymbol{x})$として……$\boldsymbol{x}$のみたす等式を求めればよい．$\overrightarrow{\mathrm{AP}} = \boldsymbol{x} - \boldsymbol{x}_1$は$\boldsymbol{a}$と共線だから

$$\boldsymbol{x} - \boldsymbol{x}_1 = t\boldsymbol{a}$$

をみたす実数tがある．移項して

$$\boldsymbol{x} = \boldsymbol{x}_1 + t\boldsymbol{a}$$

これが求めるもの」

「$\boldsymbol{a}$はゼロベクトルでないことを強調してほしかった．そうでないと，君の推論は完全でない．一般に2つのベクトル$\boldsymbol{a}$，$\boldsymbol{b}$の共線条件は$\boldsymbol{a} \neq 0$のときは$\boldsymbol{b} = h\boldsymbol{a}$，$\boldsymbol{b} \neq 0$のときは$\boldsymbol{a} = k\boldsymbol{b}$であった．それから$\boldsymbol{x} - \boldsymbol{x}_1$の大きさに制限がないから，$t$仕任意の実数値をとりうる変数，つまり$\boldsymbol{R}$変域とする変数であることも，はっきりさせておきたい」

定理 17 点 A$(\boldsymbol{x}_1)$ を通り，ベクトル $\boldsymbol{a}$ と平行な直線の方程式は

$$x = x_1 + ta \quad (t \in \boldsymbol{R})$$

「この方程式で与えられている直線では，$\boldsymbol{a}$ を**方向ベクトル**というのです」

「$t \in \boldsymbol{R}$ は，t が実数 $\boldsymbol{R}$ に属するという意味ですが」

「本当は $\boldsymbol{R}$ に属する任意の数ということだから，$\forall t(t \in \boldsymbol{R})$ とかくべきもの．略して $\forall t \in \boldsymbol{R}$ とかく慣用もある．しかし，数学では何もかいてないのは無条件とみるのが常識で，$\forall$ も略してしまうことが多い」

「t はパラメータというのでありませんか」

「任意の実数 t に直線上の点 P$(\boldsymbol{x})$ が 1 つずつ対応する．つまり

$$\boldsymbol{x} = f(t)$$

と表される．このようなとき，t を**パラメータ**という．それで，上の方程式を**パラメータ型**と呼んでいる」

× ×

「この方程式があれば，2 点 A$(\boldsymbol{x}_1)$，B$(\boldsymbol{x}_2)$ を通る直線の方程式は簡単に求まりそうです」

「では応用のつもりで……」

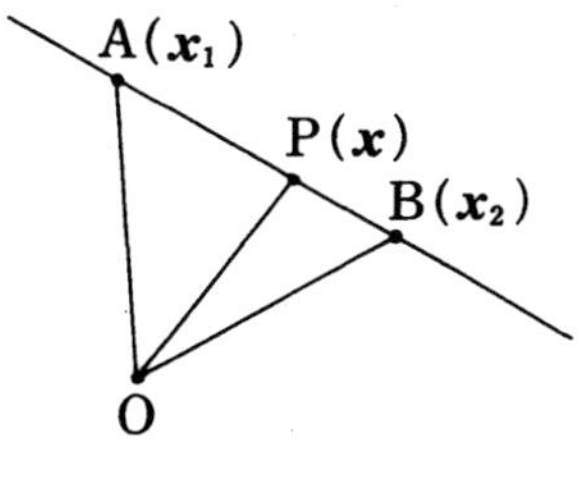

「1 点 A$(\boldsymbol{x}_1)$ を通り

$$\overrightarrow{\mathrm{AB}} = x_2 - x_1$$

を方向ベクトルにもつ直線とみると

$$\boldsymbol{x} = \boldsymbol{x}_1 + t(\boldsymbol{x}_2 - \boldsymbol{x}_1)$$

ここで，t は任意の実数」

「これも応用が広い．定理としておこう」

定理 18　異なる 2 点 A $(\boldsymbol{x}_1)$，B $(\boldsymbol{x}_2)$ を通る直線の方程式は

$$\boldsymbol{x} = \boldsymbol{x}_1 + t\,(\boldsymbol{x}_2 - \boldsymbol{x}_1) \quad (t \in \boldsymbol{R})$$

「応用はありそうで……ちょっと気が付かないが」

「三角形の 3 つの中線は 1 点で交わることを…….むし返しではあるが，証明の仕方をかえれば新鮮味が出るだろう」

例 23　三角形 ABC の 3 辺 BC，CA，AB の中点をそれぞれ D，E，F とするとき，3 つの中線 AD，BE，CF は 1 点で交わる．これを方程式のパラメータ型を用いて証明せよ．

解法のリサーチ

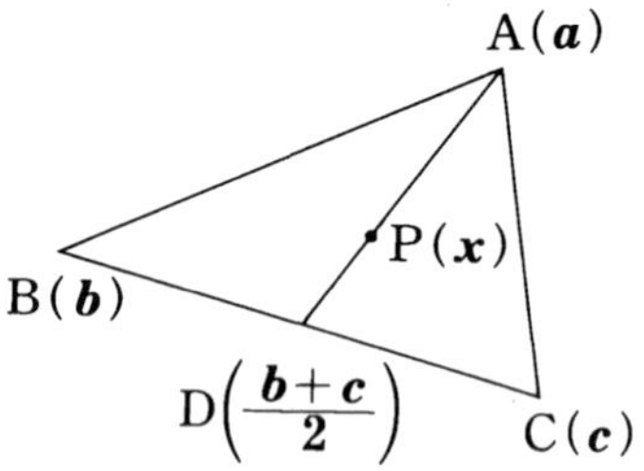

「位置ベクトルを用いる．原点はどこでもよい」

「やってみます．A($\boldsymbol{a}$)，B($\boldsymbol{b}$)，C($\boldsymbol{c}$) とおくと D $\left(\dfrac{\boldsymbol{b}+\boldsymbol{c}}{2}\right)$ だから中線 AD の方程式は

$$\boldsymbol{x} = \boldsymbol{a} + t\left(\frac{\boldsymbol{b}+\boldsymbol{c}}{2} - \boldsymbol{a}\right)$$

BE，CF の方程式は，$\boldsymbol{a}$，$\boldsymbol{b}$，$\boldsymbol{c}$ をサイクリックにいれかえて

$$\boldsymbol{x} = \boldsymbol{b} + t\left(\frac{\boldsymbol{c}+\boldsymbol{a}}{2} - \boldsymbol{b}\right)$$

$$\boldsymbol{x} = \boldsymbol{c} + t\left(\frac{\boldsymbol{a}+\boldsymbol{b}}{2} - \boldsymbol{c}\right)$$

3 つの中線が 1 点で交わることを示すには……これらの方程式が……？？」

「やさしそうで，戸惑うでしょう．3つの方程式の中の $\boldsymbol{x}$ も t も，文字は同じであるが，実際は別々の変数，バラバラに変化する．だから，せめて t だけでも別の文字を用いでけば，誤解が避けられそう．それでパラメータを順に t_1，t_2，t_3 としておこう．3直線が1点で交わることを示すには，3つのパラメータがそれぞれ適当な値をとったときに，$\boldsymbol{x}$ が同じベクトル $\boldsymbol{x}_0$ になることを示せばよい」

「なるほど，そうなったとすると点 $\mathrm{G}(\boldsymbol{x}_0)$ を3直線は通りますね．しかし，その $\boldsymbol{x}_0$ が問題ですね．そのときの t_1，t_2，t_3 の値をみつけることも……」

「ちょっと後めたい気はするが，闇取引を……」

「闇取引？」

「重心Gは中線を2:1に分ける……したがってAGはADの $\dfrac{2}{3}$ である……これを，そしらぬ振りで使うのです」

「なんだ，裏口入学か」

「とんでもない．裏口は覗くだけで，正門から堂々と……」

「分った．$\dfrac{\mathrm{AG}}{\mathrm{AD}}=\dfrac{2}{3}$ ならば $t_1=\dfrac{2}{3}$……．しかし，この事実はふせておき，t_1，t_2，t_3 に $\dfrac{2}{3}$ を代入してみる？」

「これなら，見かけは正門から堂々……」

「①の t_1 に $\dfrac{2}{3}$ を代入すると

$$\boldsymbol{x}=\boldsymbol{a}+\frac{2}{3}\left(\frac{\boldsymbol{b}+\boldsymbol{c}}{2}-\boldsymbol{a}\right)=\frac{\boldsymbol{a}+\boldsymbol{b}+\boldsymbol{c}}{3}$$

この式は $\boldsymbol{a}$，$\boldsymbol{b}$，$\boldsymbol{c}$ をサイクリックにいれかえても変らない……とすると②，③であ同じ結果になるわけで，3つの中線は点

$$\mathrm{G}\left(\frac{\boldsymbol{a}+\boldsymbol{b}+\boldsymbol{c}}{3}\right)$$

で交わる．新鮮な，いや，奇抜な証明ですね」

2　方程式を成分に分解する

「ベクトルで表した方程式から，ふつうの座標に関する方程式を導きたい．どうすればよいか」

「それは，すでに，線分を分ける点の公式で経験済み．成分で表せばよい．方程式 $\boldsymbol{x} = \boldsymbol{x}_1 + t\boldsymbol{a}$ で

$$\boldsymbol{x} = (x, y), \quad \boldsymbol{x}_1 = (x_1, y_1), \quad \boldsymbol{a} = (a, b)$$

とおいて

$$(x, y) = (x_1, y_1) + t(a, b)$$

$$(x, y) = (x_1 + at, y_1 + bt)$$

成分どうしが等しいから

$$\begin{cases} x = x_1 + at \\ y = y_1 + bt \end{cases}$$

似た式が 2 つになるだけとは……」

「この式は t を消去して

$$\frac{x - x_1}{a} = \frac{y - y_1}{b} \qquad ①$$

と表すこともある」

「この変形は a，b が 0 でないときでしょう」

「いや，a，b に 0 があってもよい」

「たとえば b が 0 なら $y - y_1$ が 0 ですが」

「形式的にこうかくのだ」

「形式的？　どういう意味ですか」

「弱ったね．どういえばよいかな……つまり

$$x - x_1 = at, \quad y - y_1 = bt \quad (t \in \boldsymbol{R}) \qquad ②$$

の代りに①のようにかく，分数の形だけをぬすんで……」

「ぬすんで……？」

「①は②と同値と考える」

「じゃ，$b=0$ のときは②で考える」

「そう．①で迷ったら，それと同値な②へ帰ればよい」

「②で $b=0$ とすると $y-y_1=0$ ですが」

「だから①では “分母 $=0$ ならば分子 $=0$” 約束すればよい」

「逆も真 “分子 $=0$ ならば分母 $=0$” と約束」

「②で $y-y_1=0$ としてごらん．$bt=0$ だ．t は 0 のこともあるから $b=0$ とは限らない．分ったかね」

「失礼．気を回し過ぎました」

「2 点を通る直線の場合も同様．まとめておく」

定理 19 （ i ）1 点 $\mathrm{A}(x_1, y_1)$ を通り，方向ベクトルが (a, b) の直線の方程式は

$$\begin{cases} x = x_1 + at \\ y = y_1 + bt \end{cases} \quad (t \in \boldsymbol{R}) \qquad \frac{x - x_1}{a} = \frac{y - y_1}{b}$$

（ii）2 点 $\mathrm{A}(x_1, y_1)$，$\mathrm{B}(x_2, y_2)$ を通る直線の方程式は

$$\begin{cases} x = x_1 + (x_2 - x_1)\,t \\ y = y_1 + (y_2 - y_1)\,t \end{cases} \quad (t \in \boldsymbol{R}) \qquad \frac{x - x_1}{x_2 - x_1} = \frac{y - y_1}{y_2 - y_1}$$

「応用は高校でいやというほどやったろう」

「パラメータ型の応用は，そうでもないですよ」

「では，簡単な例を……」

例 24 次の直線上の点 P と点 A(5, −4) とを結ぶ線分 AP の長さ

の最小値を求めよ．また最小のときのPの位置を求めよ．

$$\begin{cases} x = 2 - 3t \\ y = -5 + 4t \end{cases} \qquad ①$$

解　$\overrightarrow{\mathrm{AP}}^2 = (x-5)^2 + (y+4)^2$，これに①を代入した式を $f(t)$ とおくと

$$\begin{aligned} f(t) &= (-3t-3)^2 + (4t-1)^2 = 25t^2 + 10t + 10 \\ &= 25\left(t + \frac{1}{5}\right)^2 + 9 \end{aligned}$$

$t = -\dfrac{1}{5}$ のとき $f(t)$ の最小値は 9，よって AP の最小値 3

$t = -\dfrac{1}{5}$ を (1) に代入して $x = \dfrac{13}{5}$，$y = -\dfrac{29}{5}$　$\left(\dfrac{13}{5}, -\dfrac{29}{5}\right)$

3　方程式の内積型

「直線はその上の1点と，それに垂直なベクトルによっても定まる．つまり1点 $\mathrm{A}(\boldsymbol{x}_1)$ を通り，1つのベクトル $\boldsymbol{h}$ に直交する直線は1つしかない．この $\boldsymbol{h}$ を直線の**法線ベクトル**というのです．もちろん $\boldsymbol{h}$ はゼロベクトルでない．この直線 g の方程式を求めよう」

「直交を表すのは内積が得意．直線上の任意の点を $\mathrm{P}(\boldsymbol{x})$ とすると $\overrightarrow{\mathrm{AP}} = \boldsymbol{x} - \boldsymbol{x}_1$，これは $\boldsymbol{h}$ と直交するから

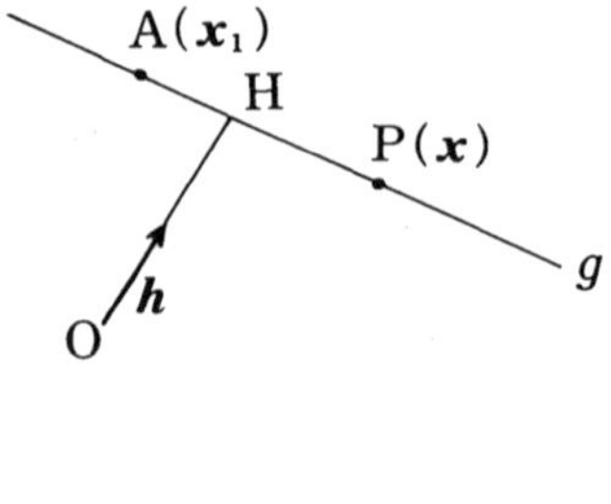

$$\boldsymbol{h} \cdot (\boldsymbol{x} - \boldsymbol{x}_1) = 0, \quad \boldsymbol{h} \cdot \boldsymbol{x} = \boldsymbol{h} \cdot \boldsymbol{x}_1$$

あっさり求まって，気味が悪い」

「不安を除く良薬は経験．さっそく応用を……」

例 25　△ABC の 3 つの垂線 AL，BM，CN は 1 点で交わる．これを内積型のベクトル方程式を用いて証明せよ．

解法のリサーチ

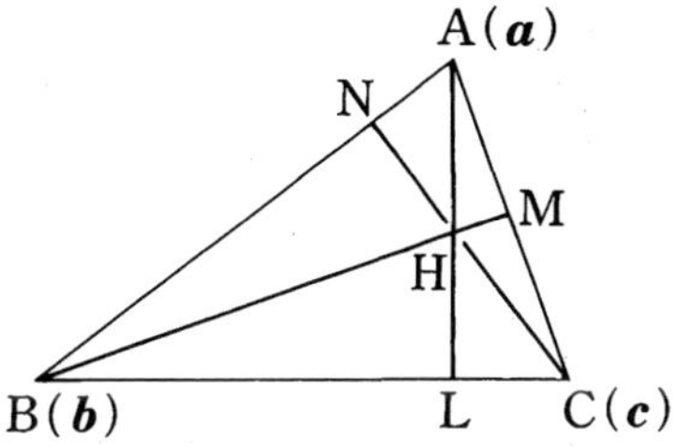

「原点を任意にとって，A($\boldsymbol{a}$)，B($\boldsymbol{b}$)，C($\boldsymbol{c}$) と打けば，垂線 AL の方程式は？」

「点 A($\boldsymbol{a}$) を通り $\overrightarrow{\mathrm{BC}}=\boldsymbol{c}-\boldsymbol{b}$ に直交するから $(\boldsymbol{c}-\boldsymbol{b})\cdot(\boldsymbol{x}-\boldsymbol{a})=0$，

$$(\boldsymbol{c}-\boldsymbol{b})\cdot\boldsymbol{x}=\boldsymbol{c}\cdot\boldsymbol{a}-\boldsymbol{a}\cdot\boldsymbol{b} \quad ①$$

同様にして……」

「$\boldsymbol{a}$，$\boldsymbol{b}$，$\boldsymbol{c}$ をサイクリックにいれかえて……とゆきたいね」

「BM，CN の方程式は

$$(\boldsymbol{a}-\boldsymbol{c})\cdot\boldsymbol{x}=\boldsymbol{a}\cdot\boldsymbol{b}-\boldsymbol{b}\cdot\boldsymbol{c} \quad ②$$

$$(\boldsymbol{b}-\boldsymbol{a})\cdot\boldsymbol{x}=\boldsymbol{b}\cdot\boldsymbol{c}-\boldsymbol{c}\cdot\boldsymbol{a} \quad ③$$

①，②をみたす $\boldsymbol{x}$ を求め，それが③をみたすことをいえばよい．しかし，①，②を連立させても解けそうない」

「解くことは出来るが，解く必要がない．①，②をみたす $\boldsymbol{x}$ を $\boldsymbol{x}_1$ として，$\boldsymbol{x}_1$ が③をみたすことを示せば十分です」

「そんな手があるとは……，$\boldsymbol{x}_1$ は①，②をみたすから

$$(\boldsymbol{c}-\boldsymbol{b})\cdot\boldsymbol{x}_1=\boldsymbol{c}\cdot\boldsymbol{a}-\boldsymbol{a}\cdot\boldsymbol{b} \quad ①'$$

$$(\boldsymbol{a}-\boldsymbol{c})\cdot\boldsymbol{x}_1=\boldsymbol{a}\cdot\boldsymbol{b}-\boldsymbol{b}\cdot\boldsymbol{c} \quad ②'$$

この 2 式から③の $\boldsymbol{x}$ に $\boldsymbol{x}_1$ を代入した式を導けばよい．③の $\boldsymbol{x}$ の係数には $\boldsymbol{c}$ がないから，①′，②′ の左辺から $\boldsymbol{c}$ を消去すればよさそ

う．それには①′＋②′を…….

$$(\boldsymbol{a}-\boldsymbol{b})\cdot\boldsymbol{x}_1=\boldsymbol{c}\cdot\boldsymbol{a}-\boldsymbol{b}\cdot\boldsymbol{c}$$

両辺の符号をかえて

$$(\boldsymbol{b}-\boldsymbol{a})\cdot\boldsymbol{x}_1=\boldsymbol{b}\cdot\boldsymbol{c}-\boldsymbol{c}\cdot\boldsymbol{a}$$

これはあきらかに③の $\boldsymbol{x}$ に $\boldsymbol{x}_1$ を代入したもの．$\boldsymbol{x}_1$ は③をみたす．AL と BM の交点 H は CN 上にある」

×　　　　　×

「点 A $(\boldsymbol{x}_1)$ を通り，法線ベクトルが $\boldsymbol{h}$ の直線の方程式

$$\boldsymbol{h}\cdot(\boldsymbol{x}-\boldsymbol{x}_1)=0 \qquad ①$$

は，かきかえると $\boldsymbol{h}\cdot\boldsymbol{x}+(-\boldsymbol{h}\cdot\boldsymbol{x}_1)=0$，この式で $-\boldsymbol{h}\cdot\boldsymbol{x}_1$ は一定の実数であるから c で表すと

$$\boldsymbol{h}\cdot\boldsymbol{x}+c=0 \quad (\boldsymbol{h}\neq\boldsymbol{0}) \qquad ②$$

になるが，逆に②は……」

「逆に②は直線を表す」

「いや，それは分らない．証明してみないことには……」

「逆を証明するには，②が①の形にかきかえられることを示せばよいのです．②をみたす $\boldsymbol{x}$ の一つ値を $\boldsymbol{x}_1$ とすると $\boldsymbol{h}\cdot\boldsymbol{x}_1+c=0$，これを②からひくと

$$\boldsymbol{h}\cdot\boldsymbol{x}-\boldsymbol{h}\cdot\boldsymbol{x}_1=0,\quad \boldsymbol{h}\cdot(\boldsymbol{x}-\boldsymbol{x}_1)=0$$

②は点 A $(\boldsymbol{x}_1)$ を通り $\boldsymbol{h}$ に直交する直線を表す」

「厳しくいえば，君の証明は完全でない．君はあっさりと“②をみたす $\boldsymbol{x}$ の 1 つの値を $\boldsymbol{x}_1$”としたが，そのような $\boldsymbol{x}_1$ の存在を確認していない．もし $\boldsymbol{x}_1$ が存在しなかったら，君の結論は偽だ」

「存在の確認！　弱った」

「内積の定義に戻ってみると $\|\boldsymbol{h}\|\cdot\|\boldsymbol{x}\|\cos\theta+c=0$，これをみたす $\|\boldsymbol{x}\|$ と θ を1組求めればよい．$\theta=60^\circ$ とおいてみると，

$$\|\boldsymbol{h}\|\cdot\|\boldsymbol{x}\|+2c=0$$

$|\boldsymbol{h}\|\neq 0$ だから $\|\boldsymbol{x}\|=-\dfrac{2c}{\|\boldsymbol{h}\|}$，$c<0$ ならばこれをみたす $\|\boldsymbol{x}\|$ がある．$c>0$ のときは $\theta=120^\circ$ とおいて $\|\boldsymbol{x}\|=\dfrac{2c}{\|\boldsymbol{h}\|}$，$c=0$ のときは $\boldsymbol{x}=\boldsymbol{0}$ でよい．分りましたか」

「$c<0$ のときは，$\boldsymbol{h}$ と 60° の角をなし，大きさが $-\dfrac{2c}{\|h\|}$ のベクトルを $\boldsymbol{x}_1$ とし，$c>0$ のときは $\boldsymbol{h}$ と 120° の角をなし，大きさが $\dfrac{2c}{\|h\|}$ のベクトルを $\boldsymbol{x}_1$ とする．さらに $c=0$ のとき $\boldsymbol{0}$ を $\boldsymbol{x}_1$ とすれば，この $\boldsymbol{x}_1$ は②をみたす．こういうことでしょう」

「そう．これで②をみたす $\boldsymbol{x}$ の値の存在が確認された．したがって君の結論の正しいことも……」

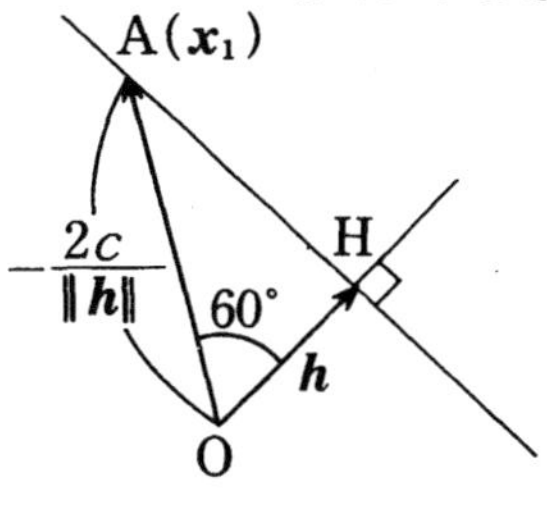

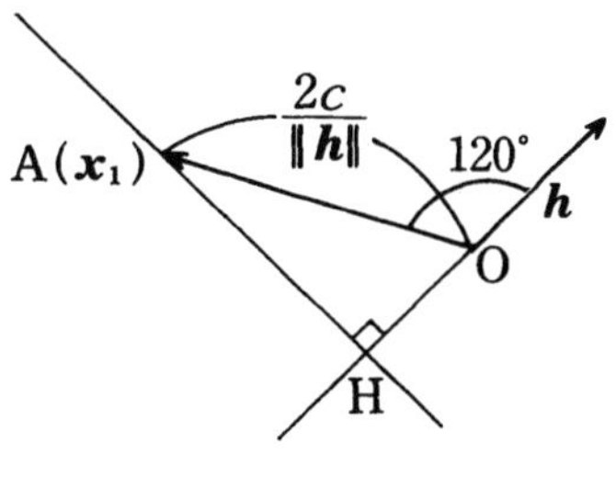

定理 10　（ｉ）点 $\mathrm{A}(\boldsymbol{x}_1)$ を通り，法線ベクトルが $\boldsymbol{h}$ の直線

$$\boldsymbol{h}\cdot(\boldsymbol{x}-\boldsymbol{x}_1)=0$$

（ii）次の方程式は，つねに法線ベクトルが $\boldsymbol{h}$ の直線を表す．

$$\boldsymbol{h}\cdot\boldsymbol{x}+c=0 \quad (\boldsymbol{h}\neq\boldsymbol{0},\ c\text{ は実数})$$

「これらを直線の方程式の**内積型**というのです」
「こんな方程式にも応用があるのですか」
「実例をみれば分る」

例 26　2 点 A($\boldsymbol{a}$)，B($\boldsymbol{b}$) からの距離の平方の差が一定，すなわち $\mathrm{AP}^2-\mathrm{BP}^2=k^2$（一定）をみたす点 P の軌跡を求めよ．

解　P の座標を $\boldsymbol{x}$ とすると $\overrightarrow{\mathrm{AP}}=\boldsymbol{x}-\boldsymbol{a}$，$\overrightarrow{\mathrm{BP}}=\boldsymbol{x}-\boldsymbol{b}$ であるから

$$(\boldsymbol{x}-\boldsymbol{a})\cdot(\boldsymbol{x}-\boldsymbol{a})-(\boldsymbol{x}-\boldsymbol{b})\cdot(\boldsymbol{x}-\boldsymbol{b})=k^2$$
$$2(\boldsymbol{b}-\boldsymbol{a})\cdot\boldsymbol{x}+\|\boldsymbol{a}\|^2-\|\boldsymbol{b}\|^2-k^2=0$$

$\|\boldsymbol{a}\|^2-\|\boldsymbol{b}\|^2-k^2=2c$ とおくと

$$(\boldsymbol{b}-\boldsymbol{a})\cdot\boldsymbol{x}+c=0$$

求める軌跡は $\overrightarrow{\mathrm{AB}}=\boldsymbol{b}-\boldsymbol{a}$ に垂直な 1 つの直線である．

×　　　　　×

「内積型は成分に分解するとどうなるだろうか．はじめに

$$\boldsymbol{h}\cdot(\boldsymbol{x}-\boldsymbol{x}_1)=0$$

で $\boldsymbol{x}=(x,y)$，$\boldsymbol{x}_1=(x_1,y_1)$，$\boldsymbol{h}=(a,b)$ とおいてごらん」
「やさしい．$(a,b)\cdot(x-x_1,y-y_1)=0$

$$a(x-x_1)+b(y-y_1)=0$$」

「次に $\boldsymbol{h}\cdot\boldsymbol{x}+\boldsymbol{c}=0$ で……」
「$(a,b)\cdot(x,y)+c=0$

$$ax + by + c = 0$$

おや，直線の方程式の一般形が」

「当然の結果です」

定理 21　(i) 点 $\mathrm{A}(x_1, y_1)$ を通り，法線ベクトルが (a, b) である直線の方程式は

$$a(x - x_1) + b(y - y_1) = 0$$

(ii) 直線の方程式はつねに次の方程式で表され，逆にこの形の方程式は，つねに1つの直線を表す．

$$ax + by + c = 0 \qquad (a, b) \neq (0, 0)$$

「これらの方程式の応用は，高校でいやというほどやりました」

「では先へ急ぐ」

4　ヘッセの標準形

「原点 O から直線 g に下した垂線の足を H とすると，g は OH の向きと長さで定まる」

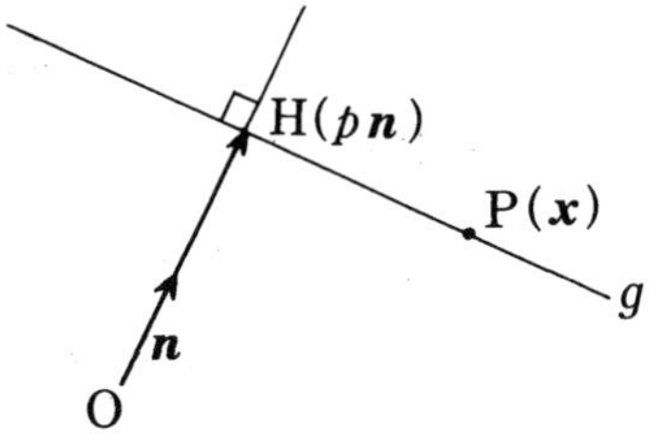

「矢線 $\overrightarrow{\mathrm{OH}}$ で定まるといってもよいですね」

「これに目をつけて g の方程式を導きたい」

「$\overrightarrow{\mathrm{OH}} = \boldsymbol{h}$ と抽くと g は点 $\mathrm{H}(\boldsymbol{h})$ を通って $\boldsymbol{h}$ 自身に垂直だから

$$\boldsymbol{h} \cdot (\boldsymbol{x} - \boldsymbol{h}) = 0, \quad \boldsymbol{h} \cdot \boldsymbol{x} - \|\boldsymbol{h}\|^2 = 0$$

となりますが」

「もっと簡単な式にかえるには，法線ベクトルとして単位ベクトル $\boldsymbol{n}$ を選んで $\boldsymbol{h}$ を $\boldsymbol{n}$ で表せばよい．$\boldsymbol{h} = p\boldsymbol{n}$ とおいたとすると」

「$\boldsymbol{g}$ は $\mathrm{H}(p\boldsymbol{n})$ を通って $\boldsymbol{n}$ に垂直だから

$$\boldsymbol{n} \cdot (\boldsymbol{x} - p\boldsymbol{n}) = 0, \quad \boldsymbol{n} \cdot \boldsymbol{x} - p = 0$$

おや，予想外に簡単な式」

「これを**ヘッセの方程式，ヘッセの標準形**などというのです」

定理 22　原点 O から直線 g に下した垂線の足を H，法線ベクトルを $\boldsymbol{n}(\|\boldsymbol{n}\| = 1)$，$\overrightarrow{\mathrm{OH}} = p\boldsymbol{n}$ とおくと，$\boldsymbol{g}$ の方程式は

$$\boldsymbol{n} \cdot \boldsymbol{x} - p = 0 \qquad \text{（ヘッセの方程式）}$$

「法線ベクトル $\boldsymbol{n}$ の向きは $\overrightarrow{\mathrm{OH}}$ の向きと同じ？」

「必ずしもそうではないね．もし $\boldsymbol{n}$ の向きを，$\overrightarrow{\mathrm{OH}}$ と同じにとれば $\mathrm{OH} = p$ で，$\overrightarrow{\mathrm{OH}}$ と反対にとれば $\mathrm{OH} = -p$ です」

「$\boldsymbol{n}$ の向きを $\overrightarrow{\mathrm{OH}}$ と同じにとると定めては？」

「その約束は，一見，合理的なようで，実際はそうでない」

「どうして？」

「直線 g と原点 O の位置関係の不明なときに困る」

「名案がないのですか．$\boldsymbol{n}$ の向きを一意に定める……」

「g に方向ベクトル $\boldsymbol{a}$ が与えてあれば可能です．$\boldsymbol{a}$ の向きを．$+90^\circ$ 回転した向きに $\boldsymbol{n}$ の向きをとることに定めておけばよい」

「$(\boldsymbol{a},\ \boldsymbol{n})$ が正系になるようにですね」

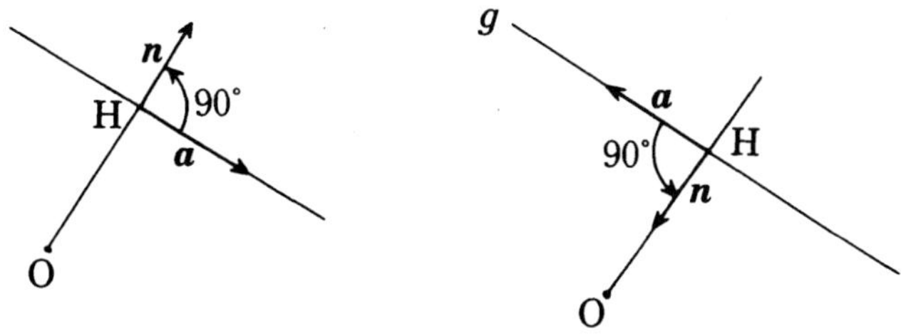

「そういえば簡単．一般に法線ベクトル $\boldsymbol{h}$ を（$\boldsymbol{a}$，$\boldsymbol{h}$）が正系となるように選ぶことに定める」

「$\boldsymbol{a}$ が与えられておれば $\boldsymbol{h}$ の向きが定まり，$\boldsymbol{h}$ が与えられておれば $\boldsymbol{a}$ の向きが定まるとは，おくアイデア」

×　　　　×

「ヘッセの標準形を成分で表わしてほしい」

「$\boldsymbol{x}=(x,y)$，法線ベクトルを $\boldsymbol{n}=(l,m)$ とおいて $\boldsymbol{n}\cdot\boldsymbol{x}-p=0$ に代入すればよいから

$$lx+my-p=0$$

ただし，$\boldsymbol{n}$ は単位ベクトルだから $l^2+m^2=1$」

「この式から，一般の方程式 $ax+by+c=0$ をヘッセの標準形にかえるヒントが得られよう．実例で……」

例 27　直線 $-2x+y+7=0$ をヘッセの標準形にかえよ．

解法のリサーチ

「この式から直線の法線ベクトルは $(-2,1)$」

「なぜですか」

「$\boldsymbol{h}=(-2,1)$，$\boldsymbol{x}=(x,y)$ とおくと $\boldsymbol{h}\cdot\boldsymbol{x}=-2x+y$ だから，この方程式は $\boldsymbol{h}\cdot\boldsymbol{x}+7=0$……あきらかに $\boldsymbol{h}$ が法線ベクトル」

「しかし，与えられた方程式は，両辺の符号をかえた $2x-y-7=0$ と同値……この式でみると法線ベクトルは $(2,-1)$ ですよ」

「そこが，いままでと違うところ．ベクトルによって直線に向きをつけたときは，方程式の両辺の符号をかえたりしてはいけないのだ．$-2x+y+7=0$ と $2x-y-7=0$ は，直線に向きをつけたときは別のものです」

「うっかり，変形できませんね」

「法線ベクトル $(-2,1)$ と同じ向きの単位ベクトルは

$$\boldsymbol{n}=\frac{\boldsymbol{h}}{\|\boldsymbol{h}\|}=\left(-\frac{2}{\sqrt{5}},\ \frac{1}{\sqrt{5}}\right)$$

法線ベクトルが，この $\boldsymbol{n}$ になるようにすればよい．それには？」

「もとの方程式の両辺を $\sqrt{5}$ で割って

$$-\frac{2}{\sqrt{5}}x+\frac{1}{\sqrt{5}}y+\frac{7}{\sqrt{5}}=0$$

例 28　原点 O を通らない直線 g がある．O から g に下した垂線の足を H とし，$\mathrm{OH}=p$，OH が x 軸となす角を θ とする．g のヘッセの標準形を求めよ．

解　g の法線ベクトルは

$$\boldsymbol{n}=(\cos\theta,\sin\theta)$$

であるから，求める方程式は

$$x\cos\theta+y\sin\theta=p$$

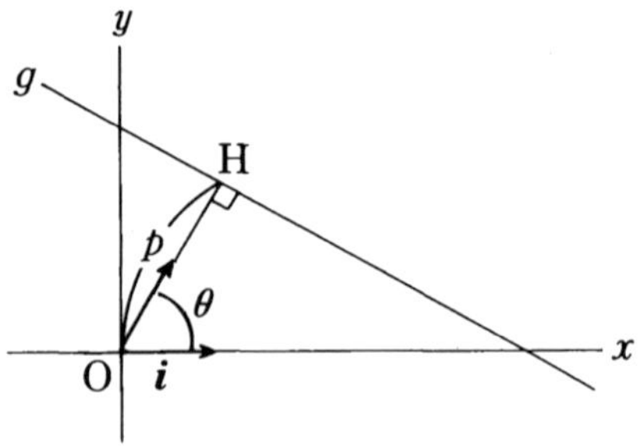

5　直線と点の距離

「直線の方向ベクトルと法線ベクトルを正系に選ぶ約束の効果が，まだ分りません」

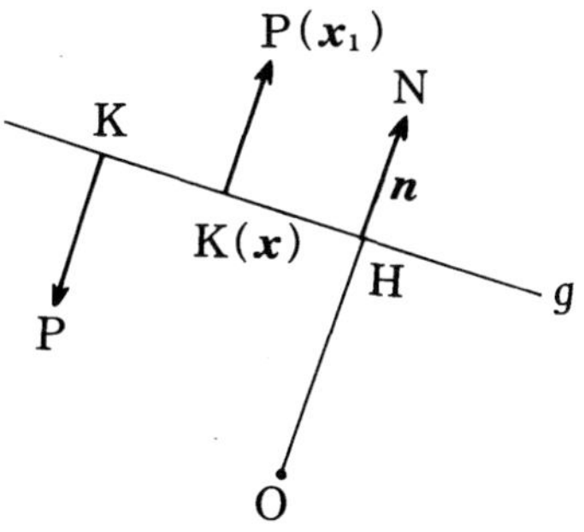

「それが本当に分るのは，直線と点の距離を求めるときです」

「それを早く知りたい」

「直線 g のヘッセの標準形を

$$\boldsymbol{n}\cdot\boldsymbol{x}-p=0 \quad (\|\boldsymbol{n}\|=1)$$

としておこう．この直線 g から点 $\mathrm{P}(\boldsymbol{x}_1)$ までの距離を求めるとしよう．P から g に下した垂線の足を K とすると，KP が求める距離になるが，さてどうするか」

「ベクトルの応用だから，矢線 $\overrightarrow{\mathrm{KP}}$ を考えればよさそう．K の座標を $\boldsymbol{x}$ とすると $\overrightarrow{\mathrm{KP}}=\boldsymbol{x}_1-\boldsymbol{x}$……しかし，KP を求めるのは難しいですね」

「$\overrightarrow{\mathrm{KP}}$ と $\boldsymbol{n}$ は共線ですよ．共線は内積で表すことができた」

「思い出しました．向きが同じか反対かによって場合分け．

(1) $\overrightarrow{\mathrm{KP}}$ が $\boldsymbol{n}$ と同じ向きのとき

$$\boldsymbol{n}\cdot\overrightarrow{\mathrm{KP}}=\|\boldsymbol{n}\|\cdot\mathrm{KP}=\mathrm{KP}$$

(2) $\overrightarrow{\mathrm{KP}}$ が $\boldsymbol{n}$ と反対向きのとき

$$\boldsymbol{n}\cdot\overrightarrow{\mathrm{KP}}=-\|\boldsymbol{n}\|\cdot\mathrm{KP}=-\mathrm{KP}$$

$\overrightarrow{\mathrm{KP}}=\mathbf{0}$ のときは，簡単で $\mathrm{KP}=0$」

「KP を求めるには $\boldsymbol{n}\cdot\overrightarrow{\mathrm{KP}}$ の正体を知ればよい．$\overrightarrow{\mathrm{KP}}=\boldsymbol{x}_1-\boldsymbol{x}$ を代入してごらん」「$\boldsymbol{n}\cdot\overrightarrow{\mathrm{KP}}=\boldsymbol{n}\cdot(\boldsymbol{x}_1-\boldsymbol{x})=\boldsymbol{n}\cdot\boldsymbol{x}_1-\boldsymbol{n}\cdot\boldsymbol{x}$……$\boldsymbol{n}\cdot\boldsymbol{x}$ が不明」

「$\boldsymbol{x}$ は K の座標で，K は直線 g 上にある」

「そうか，分った．$\boldsymbol{x}$ は g の方程式をみたすから $\boldsymbol{n}\cdot\boldsymbol{x}=p$，これ

を代入して $\boldsymbol{n}\cdot\overrightarrow{\mathrm{KP}}=\boldsymbol{n}\cdot\boldsymbol{x}_1-p$，分ったことをまとめます．

$$\boldsymbol{n}\cdot\boldsymbol{x}_1-p=\begin{cases}\mathrm{KP} & (\overrightarrow{\mathrm{KP}}\text{ は }\boldsymbol{n}\text{ と同じ向き}) \cdots\cdots① \\ 0 & (\mathrm{P}\text{ は }\boldsymbol{g}\text{ 上にある}) \cdots\cdots② \\ -\mathrm{KP} & (\overrightarrow{\mathrm{KP}}\text{ は }\boldsymbol{n}\text{ と反対向き}) \cdots\cdots③\end{cases}$$

絶対値をとれば

$$\mathrm{KP}=|\boldsymbol{n}\boldsymbol{x}_1-p|$$

とまとめられるが……」

「ベクトルは有向量……絶対値をとるよりは，距離に符号をつけて絶対値を避けたいね．面積のときと同じように……」

「それなら簡単です．直線 g と点 P の距離を，①のときは正，③のときは負ときめればよい」

「その符号をつけた距離を**有向距離**と呼ぶことにしよう．表す記号もほしいから $d(g,\mathrm{P})$ を用いることにすると

$$d(g,\mathrm{P})=\boldsymbol{n}\cdot\boldsymbol{x}-p$$

となって，すべての場合が総括される」

「法線ベクトル $\boldsymbol{n}$ を上から引いておけば……有向距離の符号は見やすいですね．$\boldsymbol{n}$ のある側で正で，反対側では負」

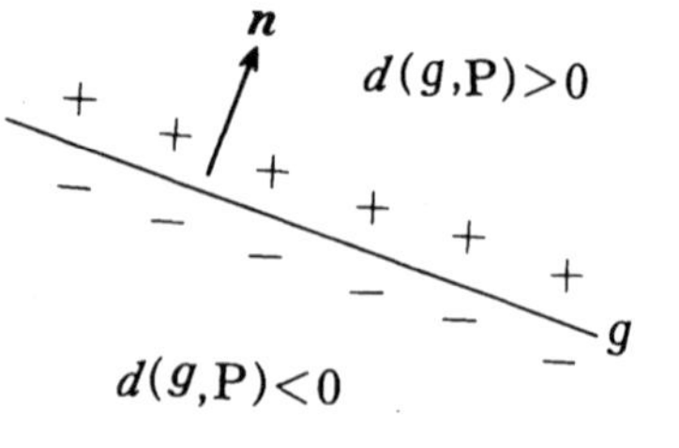

「法線ベクトル $\boldsymbol{n}$ の代りに方向ベクトル $\boldsymbol{a}$ を与えられていることもあるが」

「$(\boldsymbol{a},\ \boldsymbol{n})$ を正系にとってあれば，$\boldsymbol{a}$ の方向に進むとき，g の左側では正で，右側では負」

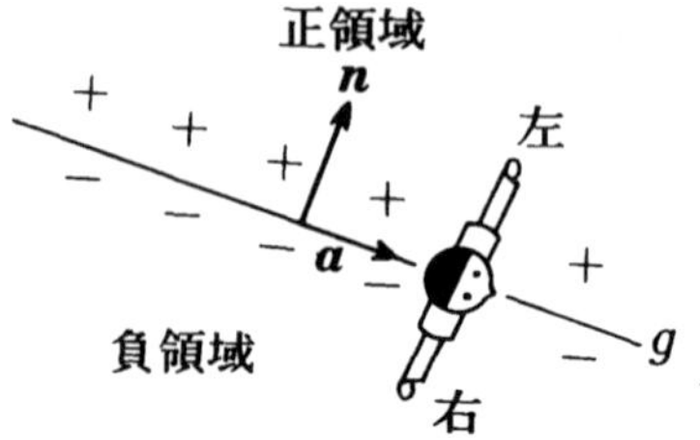

「これで分ったでしょう．正系を強調した意図が……」

「$d(g, \mathrm{P}) = \boldsymbol{n}\boldsymbol{x}_1 - p$ だから，
$d(g, \mathrm{P})$ の符号は $\boldsymbol{n} \cdot \boldsymbol{x}_1 - p$ の符号と同じ．式 $\boldsymbol{n} \cdot \boldsymbol{x} - p$ の正領域，負領域とピッタリ一致……いや，心にくいほど，うまくできてますね」

定理 23 単位法線ベクトルが $\boldsymbol{n}$ の直線 $\boldsymbol{g}$ の方程式を $\boldsymbol{n}\boldsymbol{x} - \boldsymbol{p} = 0$ とすると，g と点 $\mathrm{P}(\boldsymbol{x}_1)$ との有向距離は，次の式で与えられる．

$$d(g, \mathrm{P}) = \boldsymbol{n} \cdot \boldsymbol{x}_1 - p$$

「簡単な応用からはじめよう」

例 29 点 $\mathrm{P}(-10, 15)$ から直線 $g : 4x - 3y + 20 = 0$ までの距離を求めよ．

解 与えられ方程式の両辺を $\sqrt{4^2 + (-3^2)} = 5$ で割って

$$f(x, y) = \frac{4}{5}x - \frac{3}{5}y + 4 = 0$$

よって，$\left(\frac{4}{5}, -\frac{3}{5}\right)$ を法線ベクトルに選んだとき有効距離は

$$d(g, \mathrm{P}) = f(-10, 15) = -13$$

求める距離は

$$|d(g, \mathrm{P})| = 13$$

例 30 次の方程式で与えられる 2 直線の交角の二等分線の方程式を求めよ．ただし，$\boldsymbol{n}_1$，$\boldsymbol{n}_2$ は単位ベクトルで共線でない．

$$g_1 : \boldsymbol{n}_1 \cdot \boldsymbol{x} - p_1 = 0 \quad \boldsymbol{g}_2 : \boldsymbol{n}_2 \cdot \boldsymbol{x} - p_2 = 0$$

解法のリサーチ

「角の二等分線は，角の 2 辺から等距離にある点の軌跡だ」

「2 直線の交角の二等分線は 2 つあるが……」

「その 2 つをどのようにして区別するかが要点」

「法線ベクトル $\boldsymbol{n}_1$，$\boldsymbol{n}_2$ を線上から引いて見分ける」

「もちろん，それでもよいが，$\boldsymbol{n}_1$，$\boldsymbol{n}_2$ に対応して定めた方向ベクトル $\boldsymbol{a}_1$，$\boldsymbol{a}_2$ を用いれば見やすい」

「交点から $\boldsymbol{a}_1$，$\boldsymbol{a}_2$ をひくと，これらのベクトルのなす角およびその対頂角の内部の点 P($\boldsymbol{x}$) では $d(g_1, \mathrm{P})$ と $d(g_2, \mathrm{P})$ は異符号したがって，これらの角の二等分線上では……」

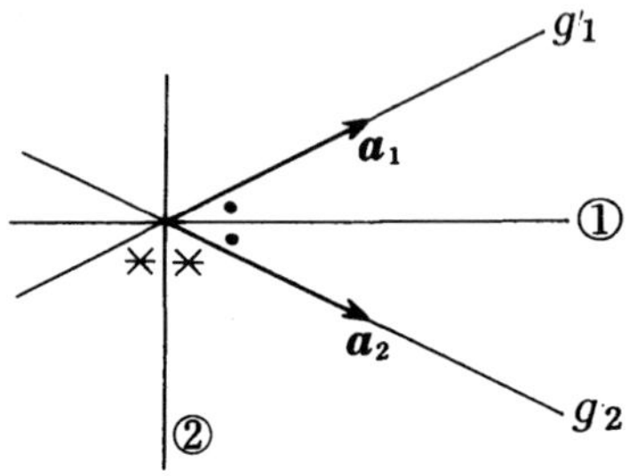

「分った．$d(g_1, \mathrm{P}) + d(g_2, \mathrm{P}) = 0$

$$\boldsymbol{n}_1 \cdot \boldsymbol{x} - p_1 + \boldsymbol{n}_2 \cdot \boldsymbol{x} - p_2 = 0$$

$$(\boldsymbol{n}_1 + \boldsymbol{n}_2)\boldsymbol{x} - (p_1 + p_2) = 0 \qquad ①$$

補角の二等分線は同様にして

$$(\boldsymbol{n}_1 - \boldsymbol{n}_2)\boldsymbol{x} - (p_1 - p_2) = 0 \qquad ②$$

6　3 直線の共点条件

「3 直線が 1 点で交わる場合が度々ありますね．三角形でみると，3 つの中線，3 つの垂線，3 辺の垂直二等分線など．これを一気に証明する定理があったら痛快なのだが……」

「実は，その痛快な定理があるのだ．ただし，3 つの直線の方程式が分っている場合です」

「ぜひ，それを……」

定理 24　3 直線の方程式 $f_i = a_i x + b_i y + c_i = 0 (i = 1, 2, 3)$ に次の条件をみたす $\lambda_1, \lambda_2, \lambda_3$ があるならば，3 直線は 1 点を共有するか，または，すべて平行である．

$$\begin{cases} \text{任意の } x, y \text{ について } \lambda_1 f_1 + \lambda_2 f_2 + \lambda_3 f_3 = 0 \\ \lambda_1,\ \lambda_2,\ \lambda_3 \text{ は 0 でない実数} \end{cases}$$

「平行の場合があっては困りますね」

「それがあるからおもしろいのだ，平行の場合の起きないことが分っておれば，1 点で交わる場合だけになる」

証明のリサーチ

「証明を簡単にするため内積を用いよう．$\boldsymbol{x} = (x, y)$，$\boldsymbol{h}_i = (\boldsymbol{a}_i, b_i)$ と表しておけば，3 つの方程式は

$$f_1(\boldsymbol{x}) = \boldsymbol{h}_1 \cdot \boldsymbol{x} + c_1 = 0 \qquad ①$$

$$f_2(\boldsymbol{x}) = \boldsymbol{h}_2 \cdot \boldsymbol{x} + c_2 = 0 \qquad ②$$

$$f_3(\boldsymbol{x}) = \boldsymbol{h}_3 \cdot \boldsymbol{x} + c_3 = 0 \qquad ③$$

とかける．直線①と②の関係は交わるか，平行かのいずれか」

「一致する場合もありますが」

「それは平行の場合に含めてある」

「定理の中の“すべて平行”も同じ意味？」

「そうです．はじめに，直線①と②が交わるとき．その交点を $\mathrm{P}(\boldsymbol{x}_0)$ とすると $\boldsymbol{x}_0$ は①，②をみたすから

$$f_1(\boldsymbol{x}_0) = 0, \quad f_2(\boldsymbol{x}_0) = 0 \qquad ④$$

ところが仮定によると

$$\lambda_1 f_1(\boldsymbol{x}) + \lambda_2 f_2(\boldsymbol{x}) + \lambda_3 f_3(\boldsymbol{x}) = 0 \qquad ⑤$$

は任意の $\boldsymbol{x}$ に対して成り立つのだから $\boldsymbol{x}_0$ のときも成り立つ.

$$\lambda_1 f_1(\boldsymbol{x}_0) + \lambda_2 f_2(\boldsymbol{x}_0) + \lambda_3 f_3(\boldsymbol{x}_0) = 0$$

④を代入すると　　　　$\lambda_3 f_3(\boldsymbol{x}_0) = 0$

λ_3 は 0 でないから　　　　$f_3(\boldsymbol{x}_0) = 0$

この式は直線③も点 $\mathrm{P}(\boldsymbol{x}_0)$ を通ることを表している」

「なるほど，3 直線は 1 点を共有する」

「次に，直線①と②が平行のとき．平行の条件は？」

「法線ベクトル $\boldsymbol{h}_1$，$\boldsymbol{h}_2$ が共線」

「それを式で表せば？」

「$\boldsymbol{h}_1 = k\boldsymbol{h}_2$ をみたす実数 k がある」

「さて，次が問題……⑤に①，②，③を代入すると

$$(\lambda_1 \boldsymbol{h}_1 + \lambda_2 \boldsymbol{h}_2 + \lambda_3 \boldsymbol{h}_3) \cdot \boldsymbol{x} + (\lambda_1 c_1 + \lambda_2 c_2 + \lambda_3 c_3) = 0$$

これはすべての $\boldsymbol{x}$ について成り立つことから

$$\lambda_1 \boldsymbol{h}_1 + \lambda_2 \boldsymbol{h}_2 + \lambda_3 \boldsymbol{h}_3 = \boldsymbol{0}$$

これに $\boldsymbol{h}_1 = k\boldsymbol{h}_2$ を代入してかきかえると

$$\boldsymbol{h}_3 = \left(-\frac{\lambda_1 k + \lambda_2}{\lambda_3}\right)\boldsymbol{h}_2$$

この式は何を表す」

「$\boldsymbol{h}_2$ と $\boldsymbol{h}_3$ は共線，つまり直線②と③は平行なこと」

「そう．これで 3 直線はすべて平行になることが証明された」

×　　　　　　　　×

「証明の苦労は，定理の応用によってむくいられる」

「そんな応用をぜひ……」

例 31　三角形 ABC の 3 辺 BC，CA，AB の垂直二等分線は 1 点で交わることを証明せよ.

解　原点を任意にとり，A，B，C の座標をそれぞれ $\boldsymbol{a}$，$\boldsymbol{b}$，$\boldsymbol{c}$ とすると，BC の中点 D の座標は $\dfrac{\boldsymbol{b}+\boldsymbol{c}}{2}$，したがって辺 BC の垂直二等分線の方程式は

$$(\boldsymbol{b}-\boldsymbol{c})\cdot\left(\boldsymbol{x}-\frac{\boldsymbol{b}+\boldsymbol{c}}{2}\right)=0$$

$$f_1=2(\boldsymbol{b}-\boldsymbol{c})\cdot\boldsymbol{x}-\boldsymbol{b}\cdot\boldsymbol{b}+\boldsymbol{c}\cdot\boldsymbol{c}=0 \qquad ①$$

$\boldsymbol{a}$，$\boldsymbol{b}$，$\boldsymbol{c}$ をサイクリックにいれかえて，CA，AB の垂直二等分線の方程式は

$$f_2=2(\boldsymbol{c}-\boldsymbol{a})\cdot\boldsymbol{x}-\boldsymbol{c}\cdot\boldsymbol{c}+\boldsymbol{a}\cdot\boldsymbol{a}=0 \qquad ②$$

$$f_3=2(\boldsymbol{a}-\boldsymbol{b})\cdot\boldsymbol{x}-\boldsymbol{a}\cdot\boldsymbol{a}+\boldsymbol{b}\cdot\boldsymbol{b}=0 \qquad ③$$

①，②，③を加光ると，$\boldsymbol{x}$ に関係なく

$$f_1+f_2+f_3=0$$

しかも，3 直線①，②，③は平行になる場合が起きないから，1 点で交わる．

練習問題—4

23　点 $\mathrm{A}(-3,8)$ と次の直線上の点 P との距離の最小値を求めよ．また，そのときの P の座標を求めよ．

$$g:\begin{cases} x=1+2t \\ y=-5+t \end{cases}$$

24　直線 $\boldsymbol{x}=\boldsymbol{x}_1+t\boldsymbol{n}(\|\boldsymbol{n}\|=1)$ 上の点 P と点 $\mathrm{A}(\boldsymbol{x}_0)$ との距離の最小値を求めよ．また，そのときの P の座標を求めよ．

25　2 直線 $a_1x+b_1y+c_1=0$，$a_2x+b_2y+c_2=0$ について次の問に答えよ．

(1) 2 つのベクトル $\boldsymbol{a}_1$，$\boldsymbol{a}_2$ が共線である条件は $D(\boldsymbol{a}_1,\boldsymbol{a}_2)=0$ である．これを用いて，2 直線が平行の条件を求めよ．

(2) 2 つのベクトル $\boldsymbol{a}_1$，$\boldsymbol{a}_2$ が直交する条件は $\boldsymbol{a}_1\cdot\boldsymbol{a}_2=0$ である．これを用いて，2 直線が直交する条件を求めよ．

26　2 点 $\mathrm{A}_1(x_1,y_1)$，$\mathrm{A}_2(x_2,y_2)$ を通る直線の方程式は，次の式で表されることを示せ．

$$\begin{vmatrix} x & y & 1 \\ x_1 & y_1 & 1 \\ x_2 & y_2 & 1 \end{vmatrix}=0$$

27　2 直線 $a_1x+b_1y+c_1=0$，$a_2x+b_2y+c_2=0$ のなす角を θ とするとき，$\cos\theta$ を求めよ．

28　原点と直線 $ax+by+c=0$ との距離を求めよ．

29　$f_1=a_1x+b_1y+c_1=0$，$f_2=a_2x+b_2y+c_2=0$ のとき，方程式 $\lambda_1f_1+\lambda_2f_2=0\ (\lambda_1\lambda_2\neq 0)$ はどのような直線を表すか．

30　3 点 $\mathrm{A}(\boldsymbol{a})$，$\mathrm{B}(\boldsymbol{b})$，$\mathrm{C}(\boldsymbol{c})$ を頂点とする三角形において，次の問に答えよ．

(1) A を通り BC に直交する直線の方程式を求めよ．

(2) 定理 24 を用いて，3 つの垂線は 1 点で交わることを示せ．

31　3 点 $\mathrm{A}(\boldsymbol{a})$，$\mathrm{B}(\boldsymbol{b})$，$\mathrm{C}(\boldsymbol{c})$ を頂点とする三角形の辺 BC，CA，AB の中点をそれぞれ L，M，N とする．

(1) 中線 AL の方程式は，有向面積を用いて

$$D(\boldsymbol{x}, \boldsymbol{b}+\boldsymbol{c}-2\boldsymbol{a})+D(\boldsymbol{c}, \boldsymbol{a})-D(\boldsymbol{a}, \boldsymbol{b})=0$$

と表されことを示せ.

(2) この方程式を用いて，3 つの中線は 1 点で交わることを示せ.

32　△ABC の 3 辺 BC，CA，AB の方向ベクトルを $\overrightarrow{\mathrm{BC}}=\boldsymbol{a}$，$\overrightarrow{\mathrm{CA}}=\boldsymbol{b}$，$\overrightarrow{\mathrm{AB}}=\boldsymbol{c}$ と定め，3 辺のヘッセの標準形をそれぞれ

$$\boldsymbol{n}_1 \cdot \boldsymbol{x}-p_1=0,\ \boldsymbol{n}_2 \cdot \boldsymbol{x}-p_2=0,\ \boldsymbol{n}_3 \cdot \boldsymbol{x}-p_3=0$$

とおく.

(1) 内角 A の二等分線の方程式を求めよ.

(2) 外角 A の二等分線の方程式を求めよ.

(3) 3 つの内角の二等分線は 1 点で交わることを示せ.

(4) 内角 A と外角 B，C の二等分線は 1 点で交わることを示せ.

§5. 二次曲線

1　座標軸を動かす

「座標平面上のどのような直線む方程式

$$ax + by + c = 0$$
$$(a,\ b \text{ の少くとも 1 つは 0 でない})$$

で表された．これは x，y につかいの一次方程式です．高校では，曲線の方程式も学んだ．そのうち簡単なものを振り返ってみたい」

「2 次関数 $y = ax^2 + bx + c$ のグラフは?」

「放物線……軸が y 軸に平行な……」

「この関数を表す式は移項して整理すると

$$ax^2 + bx - y + c = 0$$

となって，x，y の 2 次方程式．次に 1 次の分数関数

$$y = \frac{ax + b}{cx + d}$$

のグラフは？」

「直角双曲線……2 つの漸近線が座標軸に平行な……」

「この関数を表す式も分母を払ってから整理すると

$$cxy - ax + dy - b = 0$$

となって，x，y の 2 次方程式です．このほかに円を習ったろう．その方程式は？」

「中心が (a, b) で半径が r の円の方程式は

$$(x - a)^2 + (y - b)^2 = r^2$$

かきかえると

$$x^2 + y^2 + px + qy + c = 0$$

これも x，y の二次方程式……」

「このほかにも，方程式が二次のものを習ったでしょう」

「楕円と双曲線……

$$\frac{x^2}{a^2}+\frac{y^2}{b^2}=1, \quad \frac{x^2}{a^2}-\frac{y^2}{b^2}=1$$

習ったのは，この標準形だけ」

「x，y の二次方程式はいろいろあったが，総括すれば

$$ax^2+2hxy+by^2+2gx+2fy+c=0$$

と表される」

「整理の仕方……2 次の項，1 次の項，定数項の順に並べたことは分るのですが……係数を表す文字の選び方が不可解！」

「無理もなかろう．こんな天下りの出し方では……この表し方の妙味は，後で分ると思うが，当座の解説を……．この式が同次式になるように z を補ってごらんよ」

「z を適当につけるのですか」

「どの項も 2 次になるように……」

$$ax^2+2hxy+by^2+2gxz+2fyz+cz^2=0$$

「これでいいですか」

「それを，さらに 2 乗の項とその他に分けると

$$ax^2+by^2+cz^2+2fyz+2gzx+2hxy=0$$

謎の一部分が解けませんか」

「なるほど．文字の順序は $a \to b \to c$，$f \to g \to h$，まともになりましたね．しかし，f，g，h の前に 2 をつけるのが分らない」

「それはね．$2yz$ を $yz+zy$ とみるのです．ほかにも理由はあるが，それはあとで……」

×　　　　　　　　×

「見方を逆転させよう．先の一次方程式は必ず直線を表した．では，二次方程式はどんな曲線を表すだろうか．これが，次の中心課題です．どんな曲線かを知るには曲線を移動させるか，座標軸を移動させることによって，方程式を簡単な形にかえればよい」

「方程式が簡単ならば，どんな曲線か分るから……」

「そう」

「僕は曲線の移動を習ったが，座標軸の移動は習わなかった」

「君のは天動説みたいなもの．地動説でゆきたいね．曲線はそのままに置いて，座標軸だけを動かす」

「どんな移動ですか」

「曲線の形をみるのには，平行移動と回転があれば十分です」

「その移動の式から願います」

定理 25　平行移動で原点を $O_0\,(x_0, y_0)$ へ移したとき，点 P のもとの座標を (x, y)，新しい座標軸に対する座標を (u, v) とすると

$$\begin{cases} x = u + x_0 \\ y = v + y_0 \end{cases}$$

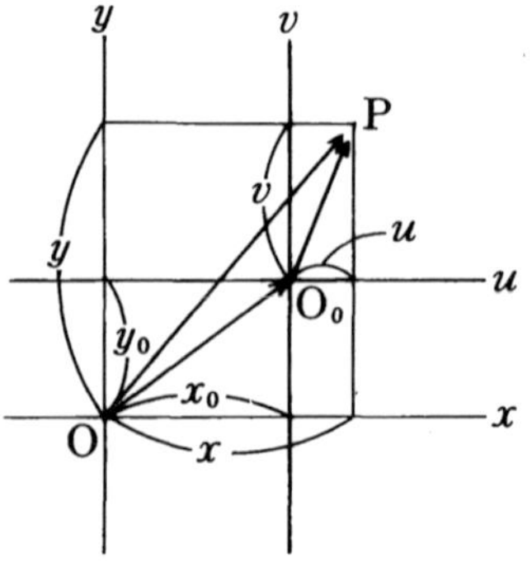

「図をみれば分る．証明というほどのものではない」

「ベクトルを使ってみます．

$$\overrightarrow{OP} = \overrightarrow{OO_0} + \overrightarrow{O_0P}$$

$$(x, y) = (x_0, y_0) + (u, v)$$

$$(x, y) = (x_0 + u, y_0 + v)$$

成分に分けて

$$x = x_0 + u, \quad y = y_0 + v.$$

これなら，証明らしいでしょう」

定理 26 原点の回りに角 θ だけ座標軸を回転したとき，点 P のもとの座標を (x, y)，新しい座標軸に対する座標を (u, v) とすると

$$\begin{cases} x = u\cos\theta - v\sin\theta \\ y = u\sin\theta + v\cos\theta \end{cases}$$

（証明） $\mathrm{OP} = r$，OP が u 軸となす角を α とすると，OP が x 軸となす角は $\theta + \alpha$ であるから

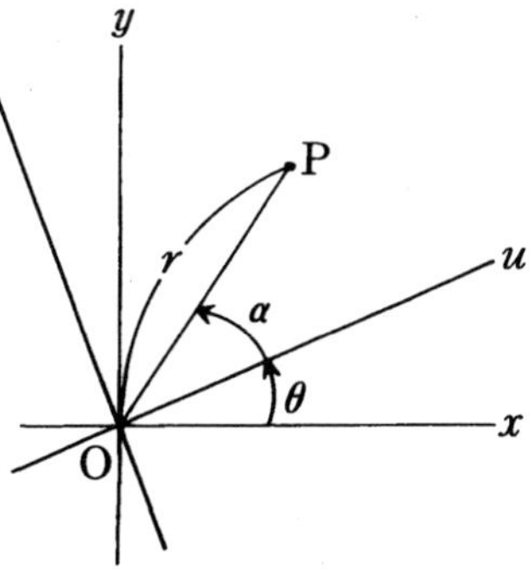

$$\begin{cases} x = r\cos(\theta + \alpha) \\ y = r\sin(\theta + \alpha) \end{cases}$$

加法定理によって右辺をかきかえると

$$\begin{cases} x = r\cos\theta\cos\alpha - r\sin\theta\sin\alpha \\ y = r\sin\theta\cos\alpha + r\cos\theta\sin\alpha \end{cases}$$

ところが $u = r\cos\alpha$，$v = r\sin\alpha$ であるから

$$\begin{cases} x = u\cos\theta - v\sin\theta \\ y = u\sin\theta + v\cos\theta \end{cases}$$

× ×

「この証明は加法定理に頼らないと無理ですか」

「いや，そうでもないだろう」

「せっかく，ベクトルを学んで来たというのに……ベクトル不在では物足りないですが」

「願いをかなえたいなら基底の利用を……」

「基底？」

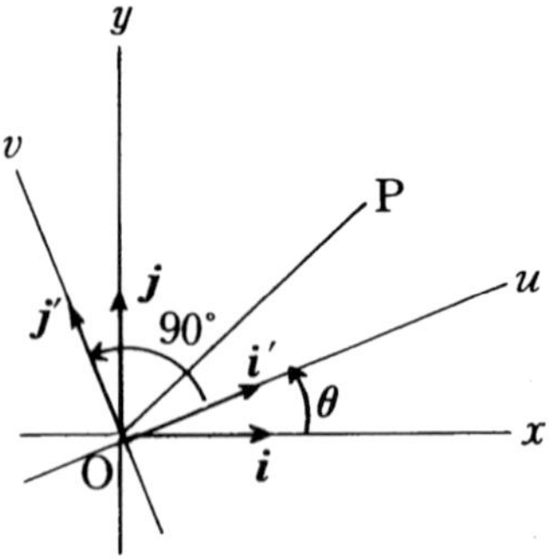

「高校では**基本ベクトル**というらしいね．座標を定める単位ベクトルのことです．x 軸，y 軸上の基本ベクトルを $\boldsymbol{i}$，$\boldsymbol{j}$ とすると

$$\overrightarrow{\mathrm{OP}} = x\boldsymbol{i} + y\boldsymbol{j}$$

次に u 軸，v 軸上の基本ベクトルを $\boldsymbol{i}'$，$\boldsymbol{j}'$ とすると

$$\overrightarrow{\mathrm{OP}} = u\boldsymbol{i}' + v_{\boldsymbol{j}'}$$

この 2 式から

$$x\boldsymbol{i} + y\boldsymbol{j} = u\boldsymbol{i}' + v_{\boldsymbol{j}'} \qquad ①$$

期待のもてる式が現れた」

「x，y と u，v の関係を導くには，$\boldsymbol{i}$，$\boldsymbol{j}$ と $\boldsymbol{i}'$，$\boldsymbol{j}'$ の関係を導けばよいですね．

$\boldsymbol{i}'$ の成分は（$\cos\theta$，$\sin\theta$）

$\boldsymbol{j}'$ は $\boldsymbol{i}'$ の向きを $+90°$ かえたものだから（$-\sin\theta$，$\cos\theta$）

そこで，i，j で表すと

$$\begin{cases} \boldsymbol{i}' = \boldsymbol{i}\cos\theta + \boldsymbol{j}\sin\theta \\ \boldsymbol{j}' = -\boldsymbol{i}\sin\theta + \boldsymbol{j}\cos\theta \end{cases}$$

これを①に代入し，右辺を整理すると

$$x\boldsymbol{i} + y\boldsymbol{i} = (u\cos\theta - v\sin\theta)\boldsymbol{i} + (u\sin\theta + v\cos\theta)\boldsymbol{j}$$

$$\begin{cases} x = u\cos\theta - v\sin\theta \\ y = u\sin\theta + v\cos\theta \end{cases}$$

ついにできた．これならベクトルにふさわしい証明．満足です」

×　　　　　　　　×

「簡単な応用を一題」

例 32　座標軸を 45° 回転すると，直角双曲線の方程式 $xy = k$ はどんな方程式にかわるか.

解　点 (x, y) の新しい座標を (u, v) とすると

$$\begin{cases} x = u\cos 45^\circ - v\sin 45^\circ = \dfrac{u-v}{\sqrt{2}} \\ y = u\sin 45^\circ + v\cos 45^\circ = \dfrac{u+v}{\sqrt{2}} \end{cases}$$

これを $xy = k$ に代入して

$$\frac{u-v}{\sqrt{2}} \cdot \frac{u+v}{\sqrt{2}} = k \quad \therefore \quad u^2 - v^2 = 2k$$

2　具体例で探る

「2 次方程式の表す曲線を調べるときがきました」

「最初から一般の場合に当るのは暴挙」

「身のほどを知れ，ですか」

「いや，1 歩後退 2 歩前進です．具体例で一般の場合を解決する道を探りたい」

例 33　次の 2 次方程式はどんな曲線を表すか.

$$x^2 + xy + y^2 - 8x - 7y + 18 = 0 \qquad ①$$

解法のリサーチ

「座標軸の平行移動が先？　それとも回転が？」

「やさしい方が先．やさしいのは平行移動．原点を点 (x_0, y_0) にうつしたとすると

$$\begin{cases} x = u + x_0 \\ y = v + y_0 \end{cases}$$

これを①に代入し，u，v について整理してごらん」

「$(u+x_0)^2+(u+x_0)(v+y_0)+(v+y_0)^2-8(u+x_0)$

$$-7(v+y_0)+18=0$$

いや，やっかいな計算」

「そこは頭の使いよう．式を眺めて，特徴をつかむ．2 次の項の係数はもとのままだから

$$u^2+uv+v^2+(\quad)u+(\quad)v+(\quad)=0 \qquad ②$$

（　）の中を 1 つ 1 つ求めれば気が楽です」

「なるほど“困難は分割せよ”ですね．

u の係数 $=2x_0+y_0-8$

v の係数 $=x_0+2y_0-7$

定数項 $=x_0^2+x_0y_0+{y_0}^2-8x_0-7y_0+18$

おや，定数項は，もとの式の x，y を x_0，y_0 で置きかえたもの」

「②を簡単にしたい．それには……」

「u と v の係数を 0 にすればよい」

「とはいっても，可能かどうか」

「$2x_0+y_0-8=0$，$x_0+2y_0-7=0$ をみたす x_0，y_0 があれは可能．解いてみると $x_0=3$，$y_0=2$，このとき定数項は -1 であるから②は

$$u^2+uv+v^2-1=0 \qquad ③$$

かなり簡単になった」

「次は回転です」

「座標軸を θ だけ回転する．

$$\begin{cases} u = x\cos\theta - y\sin\theta \\ v = x\sin\theta + y\cos\theta \end{cases}$$

これを③に代入すると

$$(x\cos\theta - y\sin\theta)^2 + (x\cos\theta - y\sin\theta)(x\sin\theta + y\cos\theta)$$
$$+(x\sin\theta + y\cos\theta)^2 - 1 = 0$$

いや，これは一層やっかい．困難を分割せよ，でいってみる．

$$x^2\text{の係数} = 1 + \cos\theta\sin\theta$$
$$y^2\text{の係数} = 1 - \cos\theta\sin\theta$$
$$xy\text{の係数} = \cos^2\theta - \sin^2\theta$$

さて，どれを 0 にするか……」

「楕円；双曲線などの標準形には xy の項がなかった」

「そうか．xy の係数を 0 にすればよい．$\cos^2\theta - \sin^2\theta = 0$ とおくと $\tan^2\theta = 1$，$\tan\theta = \pm 1; \theta = 180^\circ \times n \pm 45^\circ$

「θ の値は 1 つ分れば十分」

「そうであった．$\theta = 45^\circ$ とすると x^2 の係数は $\dfrac{3}{2}$ で y^2 の係数は $\dfrac{1}{2}$，そこで最後の方程式は

$$\frac{3}{2}x^2 + \frac{1}{2}y^2 - 1 = 0 \quad 3x^2 + y^2 = 2$$

この曲線は楕円です」

×　　　　×

「いつもこの調子にうまくゆく保証はない．第 2 の具体例に挑戦……」

例 34　次の方程式はどんな曲線を表すか．

$$x^2 + 2xy + y^2 - 2x + 2y + 1 = 0$$

解法のリサーチ

「先の例にならい，最初に平行移動を……$x=u+x_0$，$y=v+y_0$ を代入すると

$$u^2+2uv+v^2+()u+()v+()=0$$

この式の u，v の係数を 0 にしたい．それには

$$u\text{の係数}=2u_0+2v_0-2=0$$
$$v\text{の係数}=2u_0+2v_0+2=0$$

をみたす u_0，v_0 を求めればよい．2 式の差をとると

$$-4=0$$

おや，解がない．予期しない障害が現れた」

「平行移動はダメでも，回転が残っている．いちかばちか，とにかく回転の式

$$\begin{cases} x=u\cos\theta-v\sin\theta \\ y=u\sin\theta+v\cos\theta \end{cases}$$

を代入してみたら……」

「これを，もとの式に……考えただけでもうんざりします」

「教訓があった．“困難を分析せよ”いや，この場合は“困難は分割される”です」

「それ，どういう意味ですか」

「代入するのは u，v の同次式ですよ」

「そうか．分った．2 次の部分は 2 次へ，1 次の部分は 1 次へ，定数は定数へうつるとは……」

$$\boxed{u^2+2uv+v^2}\ \boxed{-2u+2v}\ \boxed{+1}=0$$
$$\Downarrow\qquad\qquad\Downarrow\qquad\qquad\Downarrow$$
$$\boxed{(\ )u^2+(\ )uv+(\ )v^2}\ \boxed{+(\ )u+(\ )v}\ \boxed{+(\ )}=0$$

「この特徴を見捨てておく手はないね．目標は xy の係数を 0 にすること……必要なのは 2 次の部分」

「なるほど，2 次の部分だけを計算すればよい．

$$x^2 = (u\cos\theta - v\sin\theta)^2$$

$$2xy = 2(u\cos\theta - v\sin\theta)(u\sin\theta + v\cos\theta)$$

$$y^2 = (u\sin\theta + v\cos\theta)^2$$

uv の係数を拾い出して 0 とおくと

$$2\cos^2\theta - 2\sin^2\theta = 0 \quad \tan\theta = \pm 1$$

前と同様に θ の値は 1 つあれば十分……$\theta = 45^\circ$ を選ぶと

$$x = \frac{u-v}{\sqrt{2}}, \quad y = \frac{u+v}{\sqrt{2}}$$

これをもとの式に代入して

$$2u^2 + \sqrt{2}v + 1 = 0$$

放物線です」

「平行移動で標準形を導き，けじめをつけたいね」

「かきかえると $v + \dfrac{1}{\sqrt{2}} = -\sqrt{2}u^2$，ここで $u = x$，$v = y - \dfrac{1}{\sqrt{2}}$ を代入して $y = -\sqrt{2}x^2$」

×　　　　　　　×

「2 つの例は，ともに 2 次方程式なのに変形の順が違いますね．

第 1 の例　　平行移動 ⟶ 回転

第 2 の例　　回転 ⟶ 平行移動

この違いの源は？」

「第 2 の例の式をよく眺めてごらん．2 次の部分を……」

「分った．平方式です」

$$(x+y)^2 - 2x + 2y + 1 = 0$$

「この特徴が物をいうのだ，これはかきかえると

$$2\left(\frac{x}{\sqrt{2}}+\frac{y}{\sqrt{2}}\right)^2-2x+2y+1=0$$

（　）の中が x に変るような回転を作るのはやさしい」

「$\sqrt{2}$ で割ったわけは？」

「x，y の係数が $\cos\theta$ と $\sin\theta$ になるように，それには 2 つの係数の平方の和が 1 になればよいから」

「なるほど $\left(\frac{1}{\sqrt{2}}\right)^2+\left(\frac{1}{\sqrt{2}}\right)^2=1$」

「そこで，式を 1 つ補って次の回転を考えるのです」

$$\begin{cases} \dfrac{x}{\sqrt{2}}+\dfrac{y}{\sqrt{2}}=u \\ -\dfrac{x}{\sqrt{2}}+\dfrac{y}{\sqrt{2}}=v \end{cases} \xrightarrow[x,y\text{ について解く}]{} \begin{cases} x=\dfrac{u-v}{\sqrt{2}} \\ y=\dfrac{u+v}{2} \end{cases}$$

「おや，前に求めた回転と同じ！」

「当然の結果ですよ」

3　初等的に方程式を変える

「x，y の 2 次方程式の表す図形を一括して**二次曲線**という．具体例で知ったことを手がかりとして，この曲線を調べたい」

「2 次曲線の分類ですか．目標は……」

「それを，行列，行列式などの知識によらず，初等的にやろうという野心です」

$$ax^2+2hxy+by^2+2gx+2fy+c=0 \qquad ①$$

「第 1 の例にならい，最初に平行移動 $x=u+x_0$，$y=v+y_0$ をやってみます．2 次の部分は変らないから

$$au^2+2huv+bv^2+2(\ )\,u+2(\ )v+\gamma=0 \qquad ②$$

u の係数と v の係数を 0 にしたい．それには

$$\begin{cases} u\text{の係数} = ax_0 + hy_0 + g = 0 \\ v\text{の係数} = hx_0 + by_0 + f = 0 \end{cases} \qquad ③$$

この連立方程式をみたす x_0，y_0 を求めればよい」

「求めるといってみても，求まらないことだってありますが」

「$ab - h^2 \neq 0$ ならば，必ず 1 組ある．式 $ab - h^2$ の値が，今後の運命を決するカギを握っている感じです」

$ab - h^2 \neq 0$ のとき

「x_0，y_0 を実際に求めておこう」

$$x_0 = \frac{bg - fh}{ab - h^2}, \quad y_0 = \frac{af - gh}{ab - h^2} \qquad ④$$

「②で未知なのは定数項 γ……この値を求めておかねば……」

「γ はもとの式の左辺に x_0，y_0 を代入したもの

$$\gamma = ax_0^2 + 2hx_0y_0 + by_0^2 + 2gx_0 + 2fy_0 + c$$

これに④を代入……おそろしい計算」

「アイデア賞でゆきたい．③の応用を考えては……」

「③をね．上の式をかきかえてみます．

$$\gamma = (\underbrace{ax_0 + hy_0 + g}_{\text{ここは } 0})x_0 + (\underbrace{hx_0 + by_0 + f}_{\text{ここも } 0})y_0 + gx_0 + fy_0 + c$$

これはうまい．

$$\begin{aligned}\gamma = gx_0 + fy_0 + c &= g\frac{bg - fh}{ab - h^2} + f\frac{af - gh}{ab - h^2} + c \\ &= \frac{abc + 2fgh - af^2 - bg^2 - ch^2}{ab - h^2}\end{aligned}$$

求めることは求めたが，こんな式では……」

「大きい式は箱詰めでゆきたい」

「箱詰！？」

「数学で箱詰めとは……文字で置きかえることだ．

小箱 δ を用意して　$\delta = ab - h^2$

大箱 Δ を用意して　$\Delta = abc + 2fgh - af^2 - bg^2 - ch^2$

とおくと

$$\gamma = \frac{\Delta}{\delta}$$

となって気分さわやか．平行移動で簡単にした方程式は

$$au^2 + 2huv + bv^2 + \gamma = 0 \quad \left(\gamma = \frac{\Delta}{\delta}\right) \qquad ⑤$$

箱詰めの効用……分ってほしいね」

「次の関門は回転で簡単にすること．回転の式

$$\begin{cases} u = x\cos\theta - y\sin\theta \\ v = x\sin\theta + y\cos\theta \end{cases}$$

を代入……定数項は変らないから

$$a'x^2 + 2h'xy + b'y^2 + \gamma = 0$$

とおける．目標は xy の係数を 0 にすること．h' を求めると

$$\begin{aligned} h' &= (b-a)\cos\theta\sin\theta + h\left(\cos^2\theta - \sin^2\theta\right) \\ &= \frac{b-a}{2}\sin 2\theta + h\cos 2\theta \end{aligned}$$

これを 0 にする θ の値は

$$a \neq b \text{ のとき } \tan 2\theta = \frac{2h}{a-b},\quad a = b \text{ のとき } \cos 2\theta = 0$$

から定まる．その角 θ だけ回転すると

$$a'x^2 + b'y^2 + \gamma = 0 \qquad ⑥$$

これなら，曲線の種類をみるのはわけない，楕円か双曲線」

「γ が 0 だったら 2 直線……くわしいことは，あとで調べたい．とにかく，この方程式は x，y を $-x$，$-y$ で置きかえても変らない

から原点に関して点対称……このようにある点について対称な曲線を**有心曲線**というのです．有心でないのは**無心曲線**……」

「二次曲線では $\delta \neq 0$ のとき有心で，$\delta = 0$ のときは有心でない……つまり無心？」

「お粗末．ある命題が真でも，その裏命題は必ずしも真でない．$\delta = 0$ の場合は未解決……それは後に……」

×　　　　×

「回転角 θ がきまれば $\cos\theta$，$\sin\theta$ もきまり，a'，b' もきまり，⑥の式が求まりますが」

「決る，求まるといった可能性だけでは……⑥の正体はつかめない．せめて a'，b' の符号の見分け方を……値もズバリ分るなら最高……」

「a'，b' を別々に求めようとするから無理らしい．pair で……これなら僕にも……高校仕込みの定石……a'，b' を根とする二次方程式を作るのです」

「その“からめ手”気に入った．それには a'，b'，h' の式から θ を消去し，もとの式の 2 次の項の係数 a，h，b で表すことを工夫すればよいだろう」

「とにかく，a'，b'，h' の式を用意しよう．

$$a' = a\cos^2\theta + b\sin^2\theta + 2h\sin\theta\cos\theta \qquad ⑥$$

$$b' = a\sin^2\theta + b\cos^2\theta - 2h\sin\theta\cos\theta \qquad ⑦$$

$$h' = h\left(\cos^2\theta - \sin^2\theta\right) - (a-b)\sin\theta\cos\theta \qquad ⑧$$

はじめに a' と b' の和……⑥と⑦をたすと，プラス，マイナスで消えて，その上 $\cos^2\theta + \sin^2\theta = 1$ が役に立つから

$$a' + b' = a + b \qquad ⑨$$

これは予想外の結果です．次に a' と b' の積……これは手ごわい」

「その前に，求めた等式に新鮮な解釈を……」

「新鮮な解釈！？」

「**不変量**としてみるのです」「$a+b$ の値は回転によって不変」

「そう，読めますね」

「次に，$a'b'$ を作っても θ は消えない」

「$a'b'$ とは a，b のはかに h も含まれている．ということは，第 2 の不変量があるとすれば，a，b，h の式ではないかという予想が立つわけだ．$a'+b'$ を作ったついでに，$a'-b'$ を作ってみよう．

$$a'-b'=(a-b)\left(\cos^2\theta-\sin^2\theta\right)+4h\sin\theta\cos\theta$$

2 倍角で表わせば簡単

$$a'-b'=(a-b)\cos 2\theta+2h\sin 2\theta$$

一方 h' を 2 倍すれば

$$2h'=-(a-b)\sin 2\theta+2h\cos 2\theta$$

この 2 式ならば θ が消去される」

「分った．平方して加える．

$$(a'-b')^2+4h'^2=(a-b)^2+4h^2 \tag{⑩}$$

第 2 の不変量が求まった」

「第 1 の不変量と組合せると簡単な不変量に変る．⑨の平方から⑩をひくと

$$4a'b'-4h'^2=4ab-4h^2$$
$$a'b'-h'^2=ab-h^2$$

$\delta=ab-h^2$ は不変量であることが分った．定理としてまとめておこう」

定理 26　2 次式 $ax^2+2hxy+by^2+\cdots\cdots$ に座標軸の回転の式を代入したものを $a'x^2+2h'xy+b'y^2+\cdots\cdots$ とすると

$$a+b=a'+b',\quad ab-h^2=a'b'-h'^2$$

すなわち $a+b$，$ab-h^2$ は回転で不変な量である．

×　　　　　　×

「僕のねらった式からそれた」

「いやいや，これでよいのだ．h' が 0 の場合だから」

「そうであった．

$$a'+b'=a+b,\quad a'b'=ab-h^2$$

a'，b' を根とする 2 次方程式は

$$\lambda^2-(a+b)\lambda+ab-h^2=0$$

この 2 根を α，β とすると，もとの二次方程式は

$$\alpha x^2+\beta y^2+\gamma=0\quad\left(\gamma=\frac{\Delta}{\delta}\right)$$

さわやかな結論です．定理としたい」

定理 28　2 次式 $ax^2+2hxy+by^2+2gx+2fy+c$ に座標軸の回転の式を代入したものが $\alpha x^2+\beta y^2+2g'x+2f'y+c$ となったとすると，α，β は次の 2 次方程式の根である．

$$\lambda^2-(a+b)\lambda+ab-h^2=0$$

「この方程式の名は**固有方程式**です．さっそく応用を……」

例 35　次の二次方程式はどんな曲線を表すか.

$$3x^2 - 4xy + 6y^2 = 1$$

解　$a = 3$，$b = 6$，$h = -2$ であるから $a + b = 9$，$ab - h^2 = 14$，固有方程式は $\lambda^2 - 9\lambda + 14 = 0$

これを解いて $\lambda = 2$，7，座標軸の回転によって，もとの式は

$$2x^2 + 7y^2 = 1$$

にかえられる．この式の表す曲線は楕円である．

×　　　　　　　　×

$ab - h^2 = 0$ のとき

「$ab - h^2 = 0$ の場合は，平行移動によって 1 次の部分を消せなかった」

「君の判断は甘いね．x_0，y_0 の値を定める連立方程式は不能か不定の場合．不定ならば原点を移す位置 (x_0, y_0) は無数にある．とにかく，不可能な場合が起きるのだから，平行移動はあきらめて，回転へ直行しようということです」

「$ab - h^2 = 0$ だから，方程式 $\lambda^2 - (a + b)\lambda + ab - h^2 = 0$ は

$$\lambda^2 - (a + b)\lambda = 0$$

$$\lambda = a + b, 0$$

回転によって方程式は

$$(a + b)x^2 + 2g'x + 2f'y + c = 0 \qquad ①$$

に変る．結論が出た，放物線です」

「軽率ですよ．$f' = 0$ のことがありうる．$a + b = 0$ のことも」

「$a+b=0$ とすると $ab-h^2=0$ から b を消去して $a^2+b^2=0$, $a=h=0$, $b=0$, もとの方程式は2次だから，この場合は起きない．ところで f' と g' は正体不明です」

「f', g' 知るには回転角 θ が必要……θ を定める式へもどってみる．y^2 と xy の係数は0だから

$$y^2 \text{ の係数} = a\sin^2\theta - 2h\sin\theta\cos\theta + b\cos^2\theta = 0 \qquad ①$$

$$xy \text{ の係数} = -h\sin^2\theta - (a-b)\sin\theta\cos\theta + h\cos^2\theta = 0 \qquad ②$$

$a=b=0$ とすると $ab=h^2$ から $h=0$ となって矛盾．a, b の少くとも一方は0でない．たとえば $a \neq 0$ の場合を調べてみる．①，②を $\tan\theta$ についての方程式にかえたい．$\cos\theta=0$ とすると①で $a=0$ となるから $\cos\theta \neq 0$, ①，②を $\cos^2\theta$ でわって

$$a\tan^2\theta - 2h\tan\theta + b = 0 \qquad ③$$

$$h\tan^2\theta + (a-b)\tan\theta - h = 0 \qquad ④$$

この2式をみたす $\tan\theta$ を求めればよい．③から

$$\tan\theta = \frac{h \pm \sqrt{h^2-ab}}{a} = \frac{h}{a}$$

これを④に代入してみると

$$\frac{h^3}{a^2} + (a-b)\frac{h}{a} - h = \frac{h}{a^2}\left(ab + (a-b)a - a^2\right) = 0$$

④をみたす．求める回転角は $\tan\theta = \dfrac{h}{a}$ をみたす θ であることがわかった」

「g', f' を求めてみます．

$$g' = f\sin\theta + g\cos\theta$$

$$f' = f\cos\theta - g\sin\theta$$

$\tan\theta = \dfrac{h}{a}$ を用いて $\sin\theta$ と $\cos\theta$ を消去すればよい……しかしそれが……」

「平方すれば可能．分母に $\cos^2\theta + \sin^2\theta$ を補って

$$f'^2 = \frac{(f\cos\theta - g\sin\theta)^2}{\cos^2\theta + \sin^2\theta} = \frac{(f - g\tan\theta)^2}{1 + \tan^2\theta}$$
$$= \frac{(af - gh)^2}{a^2 + h^2} = \frac{a^2f^2 + g^2h^2 - 2afgh}{a^2 + h^2}$$

h^2 を ab で置きかえると，うまい，a が約せて

$$f'^2 = \frac{af^2 + bg^2 - 2fgh}{a + b}$$

もとの式の係数で表された」

「分子は Δ に関係がありそうですよ」

$$\Delta = abc + 2fgh - af^2 - bg^2 - ch^2$$

$ab = h^2$ を代入すると最初と最後の項が消えて……f'^2 の分子……いや分子の符号をかえたもの

$$f'^2 = \frac{-\Delta}{a + b} \qquad ⑤$$

いや，素晴しい成果……」

「g' を求めることが残っている」

「f' と同様に平方して……」

「その必要はなさそう．g' と f' の式は……平方して加えると θ が消去されて

$$g'^2 + f'^2 = g^2 + f^2 \qquad ⑥$$

第 3 の不変量がみつかった」

「不変量！？」

「1次式 $gx+fy$ に回転の式

$$\begin{cases} x = u\cos\theta - v\sin\theta \\ y = u\sin\theta + v\cos\theta \end{cases}$$

を代入したものを $g'x+f'y$ とすると⑥が成り立つのだ」

「なるほど，g^2+f^2 は回転で不変な量ですね」

「⑤と⑥から g' も求まり，①の曲線も分ることになった」

4　二次曲線の分類

「いままでに分ったことを総動員すれば，二次曲線はすべて分類できそうですね」

「そのとき，主役を果すのが不変量であろうという予想も立つ．$\delta \neq 0$ のときからはじめよう」

$$ax^2+2hxy+by^2+2gx+2fy+c=0 \qquad ①$$

I　$\delta \neq 0$ のとき

「分っていることを整理します．①は平行移動と回転で，

$$\alpha X^2+\beta Y^2=-\gamma \quad \left(\gamma=\frac{\Delta}{\delta}\right) \qquad ②$$

とかきかえられた．α，β は2次方程式

$$\lambda^2-(a+b)\lambda+\delta=0$$

の2根であった．この2根の符号は δ と $a+b$ とで定まる．$\delta<0$ のときは α と β は異符号だから②は双曲線」

「慎重に，$\gamma=0$ すなわち $\Delta=0$ のこともある」

「そうか $\Delta \neq 0$ ならば双曲線で，$\Delta=0$ ならば2直線」

「②は $Y=\pm\sqrt{-\dfrac{\alpha}{\beta}}X$ となるのだから交わる2直線です」

$\Delta \neq 0$ のとき

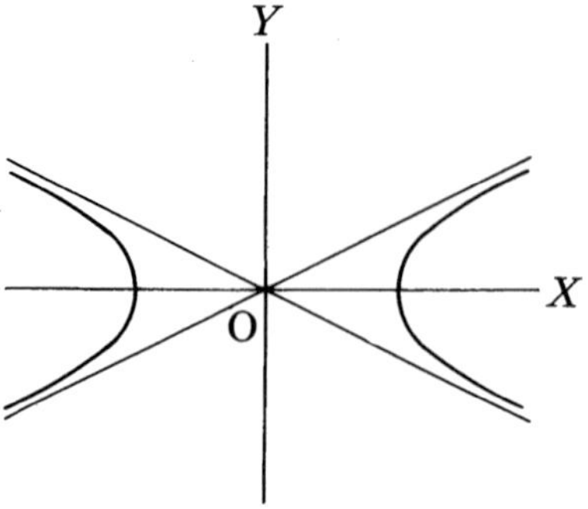

$\Delta = 0$ のとき

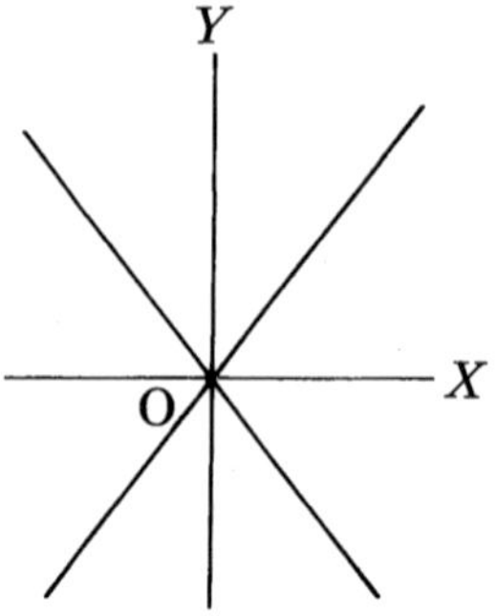

「次に，$\delta > 0$ のときは，α と β は同符号で，その符号は $a+b$ の符号できまる．②がどんな曲線かは α，β と γ との符号の関係できまる．最初に $\Delta = 0$ のときを済しておきたい．このとき②は

$$(\text{正の数})\ X^2 + (\text{正の数})\ Y^2 = 0$$

となるから，$X = 0$，$Y = 0$，1つの点を表す．　$\Delta \neq 0$ のときは…？」

「かきかえると見やすい．

$$\frac{\alpha}{-\Delta}X^2 + \frac{\beta}{-\Delta}Y^2 = \frac{1}{\delta} > 0$$

X^2，Y^2 の係数が正か負かによって運命が定まる．正になるのは α と Δ が異符号，つまり $a+b$ と Δ が異符号のときで，このとき楕円……そこで $\delta > 0$ のときは，3つの場合に整理される．

$(a+b)\Delta < 0$ のとき……楕円

$(a+b)\Delta > 0$ のとき……図形がない

$\Delta = 0$ のとき……1点

図をかいてみよう」

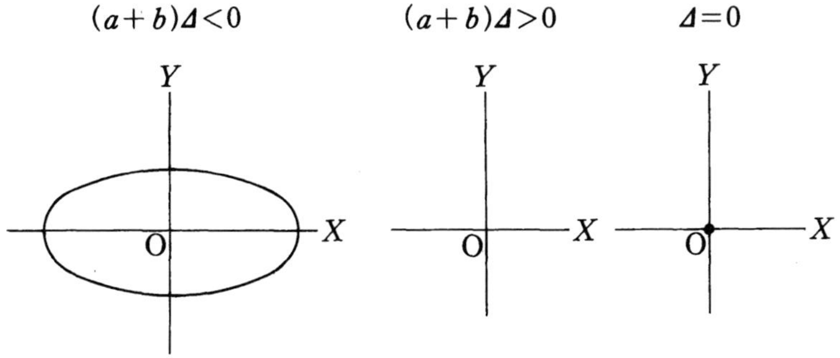

II　$\delta=0$ のとき

「残りは $\delta=0$ の場合．分っていることの整理から…….①は回転のみによって

$$(a+b)u^2+2g'u+2f'v+c=0 \quad (a+b\neq 0) \tag{③}$$

にかきかえられた．そして

$$f'^2=-\frac{\Delta}{a+b}, \quad f'^2+g'^2=f^2+g^2$$

$\Delta\neq 0$ のときは $f'\neq 0$ となるから③は放物線です」

「高校で学んだように，平行移動によって

$$2f'Y=(a+b)X^2$$

の形にかえられる」「$\Delta=0$ のときは $f'=0$ だから③は

$$(a+b)u^2+2g'u+c=0 \tag{④}$$

平行な 2 直線です」

「結論はあっと慎重に……かきかえて……」

$$\left(u-\frac{g'}{a+b}\right)^2=\frac{f^2+g^2-(a+b)c}{(a+b)^2}$$

平行移動によって $X^2 = \dfrac{D}{(a+b)^2}$，$D = f^2 + g^2 - (a+b)c$，$D > 0$ ならば平行な 2 直線，$D = 0$ ならば重なった 2 直線，$D < 0$ ならば図形がない」

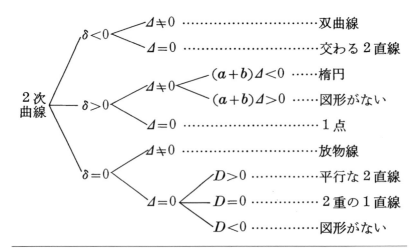

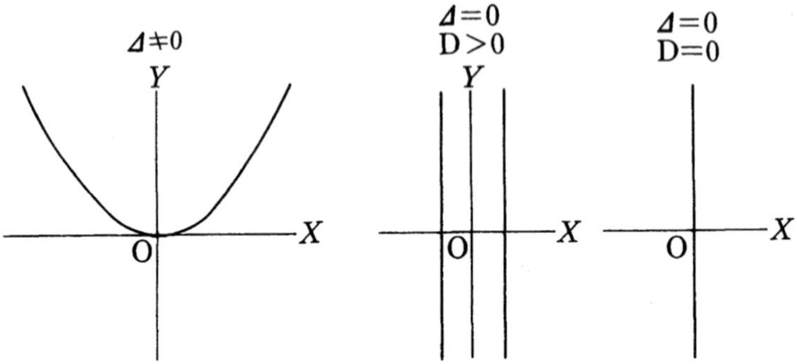

「すべて場合を総括して定理としよう」

定理 29　二次曲線：$ax^2 + 2hxy + by^2 + 2gx + 2fy + c = 0$

$\Delta = abc + 2fgh - af^2 - bg^2 - ch^2$,　$\delta = ab - h^2$

$D = f^2 + g^2 - (a+b)c$

2 次曲線
- $\delta < 0$
  - $\Delta \neq 0$ ……………………………双曲線
  - $\Delta = 0$ ……………………………交わる 2 直線
- $\delta > 0$
  - $\Delta \neq 0$
    - $(a+b)\Delta < 0$ ……楕円
    - $(a+b)\Delta > 0$ ……図形がない
  - $\Delta = 0$ ……………………………1 点
- $\delta = 0$
  - $\Delta \neq 0$ ……………………………放物線
  - $\Delta = 0$
    - $D > 0$ ……………平行な 2 直線
    - $D = 0$ ……………2 重の 1 直線
    - $D < 0$ ……………図形がない

「二次曲線のうち曲線らしいのは $\Delta \neq 0$ のときですね」

「この場合の 3 つの曲線を**固有二次曲線**という．どの固有二次曲線になるかは δ の符号で分る．

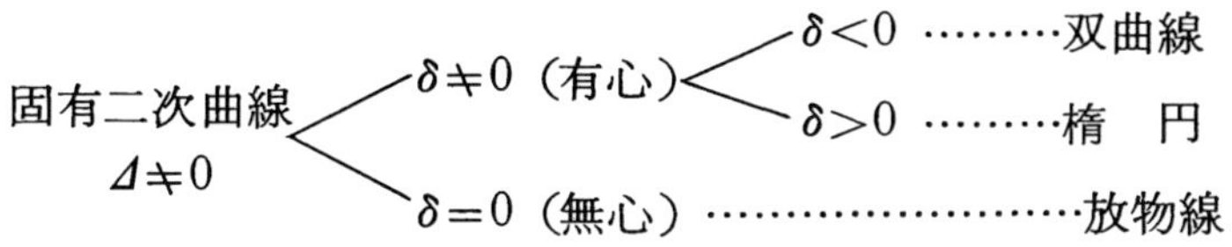

それから，双曲線の退化したのが交わる 2 直線，楕円の退化したのが 1 点，放物線の退化したのが平行な 2 直線，それがさらに退化して 2 重の 1 直線になる，といった見方があってもよい」

「定理をズバリ使ってみたくなった」

「問題を探してみるよ」

例 36　次の二次方程式はどんな図形を表すか．

(1)　$x^2 - 2xy + 3y^2 - 6x + 10y - 7 = 0$

(2)　$16x^2 + 24xy + 9y^2 - 10x - 10y + 5 = 0$

(3)　$2x^2 - xy - y^2 + 2x + 7y - 12 = 0$

(4)　$4x^2 + 12xy + 9y^2 + 4x + 6y - 3 = 0$

解　定理と同じ文字を用いる．

(1)　$a = 1, h = -1, \quad b = 3, g = -3, f = 5, c = -7$

$\delta = 1 \cdot 3 - (-1)^2 = 2 > 0$

$\Delta = 1 \cdot 3 \cdot (-7) + 2 \cdot 5 \cdot (-3)(-1) - 1 \cdot 5^2 - 3 \cdot (-3)^2$

$\quad -(-7) \cdot (-1)^2 = -36$

$a + b = 4, \quad \therefore \quad (a+b)\Delta < 0$　　　　楕円

(2)　$a = 16, \quad h = 12, \quad b = 9, \quad g = -5, \quad f = -5, \quad c = 5$

$\delta = 16 \cdot 9 - 12^2 = 0$

$\Delta = 16 \cdot 9 \cdot 5 + 2 \cdot (-5)(-25) \cdot 12 - 16 \cdot (-5)^2 - 9 \cdot (-5)^2 - 5 \cdot 12^2$

$= 25 \cdot 95 \neq 0$ 放物線

(3) $a = 2, h = -\dfrac{1}{2},\quad b = -1,\quad g = 1,\quad f = \dfrac{7}{2}, c = -12$

$\delta = 2(-1) - \left(-\dfrac{1}{2}\right)^2 = -\dfrac{9}{4} < 0$

$\Delta = 2(-1)(-12) + 2 \cdot \dfrac{7}{2} \cdot 1 \cdot \left(-\dfrac{1}{2}\right) - 2\left(\dfrac{7}{2}\right)^2 - (-1) \cdot 1^2$

$-(-12)\left(-\dfrac{1}{2}\right)^2 = 0$ 交わる 2 直線

(4) $a = 4,\quad h = 6,\quad b = 9,\quad g = 2,\quad f = 3, c = -3$

$\delta = 4 \cdot 9 - 6^2 = 0$

$\Delta = 4 \cdot 9(-3) + 2 \cdot 3 \cdot 2 \cdot 6 - 4 \cdot 3^2 - 9 \cdot 2^2 - (-3) \cdot 6^2 = 0$

$D = 3^2 + 2^2 - (4 + 9)(-3) = 52 > 0$ 平行な 2 直線

5　行列でエレガントに

「いままでの調べ方は初等代数の範囲で，計算は楽でなかった．計算のもっと簡単な方法を探ってみたい」

「行列や行列式ならば期待がもてそうですが」

「それには，x，y についての 2 次式を行列で表さなければならない．最初から一般の 2 次式は無理であろう．2 次の同次式の場合から…….

$$ax^2 + 2hxy + by^2 = x(ax + hy) + y(hx + by)$$

$$= \begin{pmatrix} x & y \end{pmatrix} \begin{pmatrix} ax + hy \\ hx + by \end{pmatrix} = \begin{pmatrix} x & y \end{pmatrix} \begin{pmatrix} a & h \\ h & b \end{pmatrix} \begin{pmatrix} x \\ y \end{pmatrix}$$

ここで列ベクトル $\begin{pmatrix} x \\ y \end{pmatrix}$ を $\boldsymbol{x}$ で表せば，行ベクトル $\begin{pmatrix} x & y \end{pmatrix}$ は $\boldsymbol{x}$ に転置を行ったものだから ${}^t\boldsymbol{x}$ で表される．さらに，残りの行列

$$\begin{pmatrix} a & h \\ h & b \end{pmatrix}$$

を A で表すと ${}^t\boldsymbol{x}A\boldsymbol{x}$ となって簡単」

$$ax^2+2hxy+by^2={}^t\boldsymbol{x}A\boldsymbol{x} \qquad ①$$

「行列で，こんなに簡単に表されるとは意外．一般の 2 次式にも似た表し方がありそうですね．サルまねで……

$$\begin{aligned}&ax^2+2hxy+by^2+2gx+2fy+c\\&=x(ax+hy+g)+y(hx+by+f)+(gx+fy+c)\\&=\begin{pmatrix}x & y & 1\end{pmatrix}\begin{pmatrix}ax+hy+g\\hx+by+f\\gx+fy+c\end{pmatrix}\end{aligned}$$

この式は，さらに

$$\begin{pmatrix}x & y & 1\end{pmatrix}\begin{pmatrix}a & h & g\\h & b & f\\g & f & c\end{pmatrix}\begin{pmatrix}x\\y\\1\end{pmatrix}$$

へんなベクトルが現れた．第 3 成分が 1 の……．表す文字に迷いますね．$\boldsymbol{x}$ に 1 を追加したものだから $\boldsymbol{x}$ に縁のある記号を……」

「君の考えを生かし $\boldsymbol{x}$ の右隣りの $\boldsymbol{y}$ を用いよう」

「3 次の行列のほうは 2 次の行列 A の右隣りの B を

$$\begin{pmatrix}x\\y\\1\end{pmatrix}=\boldsymbol{y},\quad \begin{pmatrix}a & h & g\\h & b & f\\g & f & c\end{pmatrix}=\left(\begin{array}{cc|c}\multicolumn{2}{c|}{\multirow{2}{*}{A}} & g\\ & & f\\\hline g & f & c\end{array}\right)=B$$

これと転置を組合せて ${}^t\boldsymbol{y}B\boldsymbol{y}$ ····· サルまねが成功した」

$$ax^2+2hxy+by^2+2gx+2fy+c={}^t\boldsymbol{y}B\boldsymbol{y} \qquad ②$$

×　　　　　　　　×

「次に，座標軸の移動も行列で表さないと……」

「それなら自信があります．平行移動は

$$\begin{cases} x = u + x_0 \\ y = v + y_0 \end{cases} \longrightarrow \begin{pmatrix} x \\ y \end{pmatrix} = \begin{pmatrix} u \\ v \end{pmatrix} + \begin{pmatrix} x_0 \\ y_0 \end{pmatrix}$$

原点のまわりの回転は

$$\begin{cases} x = u\cos\theta - v\sin\theta \\ y = u\sin\theta + v\cos\theta \end{cases} \longrightarrow \begin{pmatrix} x \\ y \end{pmatrix} = \begin{pmatrix} \cos\theta & -\sin\theta \\ \sin\theta & \cos\theta \end{pmatrix} \begin{pmatrix} u \\ v \end{pmatrix}$$

$\begin{pmatrix} u \\ v \end{pmatrix} = \boldsymbol{u}$, $\begin{pmatrix} x_0 \\ y_0 \end{pmatrix} = \boldsymbol{x}_0$, $\begin{pmatrix} \cos\theta & -\sin\theta \\ \sin\theta & \cos\theta \end{pmatrix} = R$ とおいて

$$\text{平行移動} \quad \boldsymbol{x} = \boldsymbol{u} + \boldsymbol{x}_0 \qquad ③$$

$$\text{回　　転} \quad \boldsymbol{x} = R\boldsymbol{u} \qquad ④$$

2 式は形の違うのが気になるが……」

「③を④の形にかえるのはやさしい．

$$\begin{cases} x = 1\cdot u + 0\cdot v + x_0\cdot 1 \\ y = 0\cdot u + 1\cdot v + y_0\cdot 1 \end{cases} \longrightarrow \begin{pmatrix} x \\ y \end{pmatrix} = \begin{pmatrix} 1 & 0 & x_0 \\ 0 & 1 & y_0 \end{pmatrix} \begin{pmatrix} u \\ v \\ 1 \end{pmatrix}$$

だいぶ，似た形になった．ここまで来たら，$\boldsymbol{x}$ にも 1 を補って $\boldsymbol{y}$ に直したくなる．それには移動の式に $1 = 1$ を追加すればよい．

$$\begin{cases} x = 1\cdot u + 0\cdot v + x_0\cdot 1 \\ y = 0\cdot u + 1\cdot v + y_0\cdot 1 \\ 1 = 0\cdot u + 0\cdot v + 1\cdot 1 \end{cases} \longrightarrow \begin{pmatrix} x \\ y \\ 1 \end{pmatrix} = \begin{pmatrix} 1 & 0 & x_0 \\ 0 & 1 & y_0 \\ 0 & 0 & 1 \end{pmatrix} \begin{pmatrix} u \\ v \\ 1 \end{pmatrix}$$

$\boldsymbol{u}$ に 1 を補ったものは $\boldsymbol{v}$ で表すことにすると $\boldsymbol{y} = (\quad)\boldsymbol{v}$……」

「回転の式も，これに合せないと②と結びつかないが……」

「じゃ，もっと一般化し，平行移動に回転を合成したもの

$$\begin{cases} x = u\cos\theta - v\sin\theta + x_0 \\ y = u\sin\theta + v\cos\theta + y_0 \end{cases}$$

を $\boldsymbol{y} = (\quad)\boldsymbol{v}$ の形に直しておこう．$1=1$ を追加して

$$\begin{cases} x = u\cos\theta - v\sin\theta + 1\cdot x_0 \\ y = u\sin\theta + v\cos\theta + 1\cdot y_0 \\ 1 = u\cdot 0 + v\cdot 0 + 1\cdot 1 \end{cases}$$

$$\longrightarrow \begin{pmatrix} x \\ y \\ 1 \end{pmatrix} = \begin{pmatrix} \cos\theta & -\sin\theta & x_0 \\ \sin\theta & \cos\theta & y_0 \\ 0 & 0 & 1 \end{pmatrix} \begin{pmatrix} u \\ v \\ 1 \end{pmatrix}$$

3 次正方行列の部分は R と縁があるから，前にならい，その右隣りの S で表せば

$$\boldsymbol{y} = S\boldsymbol{v} \qquad ⑤$$

これで座標軸の移動の行列による表現も終った」

×　　　　×

「次の目標は？」

「疑問の余地なく，不変量の証明ですね．Δ，δ，$a+b$ など」

「いま，はっと気付いた．δ は A 行列式で，Δ は B の行列式ですね．$\delta = |A|$，$\Delta = |B|$」

「君の着眼を生かせば δ と Δ が不変量であることは簡単に証明ができそうだ．2 次の同次式 ${}^t\boldsymbol{x}A\boldsymbol{x}$ に回転の式 $\boldsymbol{x} = R\boldsymbol{u}$ を代入したものは

$${}^t(R\boldsymbol{u})A(R\boldsymbol{u}) = {}^t\boldsymbol{u}\,({}^tRAR)\,\boldsymbol{u}$$

右辺の（　）の中を A' とおこう．すなわち $A' = {}^tRAR$，ほしいのは行列式 $|A'|$，$|A|$ の関係だから，両辺の行列式を作ると

$$|A'| = |{}^tRAR|$$

$$|A'| = |{}^tR| \cdot |A| \cdot |R|$$

ところが $|{}^tR| = |R| = \cos^2\theta + \sin^2\theta = 1$ だから

$$|A'| = |A| \quad \text{すなわち} \quad \delta' = \delta$$

$\delta = |A| = ab - h^2$ は不変量であることが，あっさり証明された」

「さらに，この証明で……A，R，$\boldsymbol{x}$，$\boldsymbol{u}$ をそれぞれ B，S，$\boldsymbol{y}$，$\boldsymbol{v}$ で置きかえれば Δ の場合の証明になりますね．念のため……${}^t\boldsymbol{y}B\boldsymbol{y}$ に平行と回転を合成した式 $\boldsymbol{y} = S\boldsymbol{v}$ を代入すると，

$${}^t(S\boldsymbol{v})B(S\boldsymbol{v}) = {}^t\boldsymbol{v}\,({}^tSBS)\,\boldsymbol{v}$$

右辺の式の（　）の中を B' とると

$$B' = {}^tSBS$$

両辺の行列式を作って

$$|B'| = |{}^tSBS| = |tS| \cdot |B| \cdot |S|$$

この式で $|{}^tS| = |S| =$……？」

「分りませんか．S を第 3 行について展開してごらん」

「分った．$|S| = |R| = 1$，$|{}^tS| = 1$

$$|B'| = |B| \quad \text{すなわち} \quad \Delta' = \Delta$$

いや，すばらしい結果です」

×　　　　×

「残りの不変量 $a+b$ は，簡単な式なのに……証明の糸口がみつからない」

「前に，こんな方程式があった．

$$\lambda^2 - (a+b)\lambda + ab - h^2 = 0$$

$a+b$，$ab-h^2$ が不変量ならば，2 次式

$$\varphi(\lambda)=\lambda^2-(a+b)\lambda+ab-h^2$$

は**不変式**になる．だから，逆に考えて，この式が不変式であることを示せばよいことになった」

「この式は行列式で表される．

$$\varphi(\lambda)=(a-\lambda)(b-\lambda)-h^2=\begin{vmatrix} a-\lambda & h \\ h & b-\lambda \end{vmatrix}$$

この先が問題です」

「行列にもどってみればよいでしょう．

$$\begin{pmatrix} a-\lambda & h \\ h & b-\lambda \end{pmatrix}=\begin{pmatrix} a & h \\ h & b \end{pmatrix}-\begin{pmatrix} \lambda & 0 \\ 0 & \lambda \end{pmatrix}=\begin{pmatrix} a & h \\ h & b \end{pmatrix}-\lambda\begin{pmatrix} 1 & 0 \\ 0 & 1 \end{pmatrix}$$

2 次の単位行列を E で表すと，この式は $A-\lambda E$ と表されるから

$$\varphi(\lambda)=|A-\lambda E|$$

これが不変式であることを示すには

$$|A'-\lambda E|=|A-\lambda E| \qquad ⑥$$

を示せばよいことになった」「$\Gamma A'={}^tRAR$ だから

$$|{}^tRAR-\lambda E|=|A-\lambda E|$$

を示せばよいですね」

「${}^tR$ と R の関係をみなければならない．

$${}^tRR=\begin{pmatrix} \cos\theta & \sin\theta \\ -\sin\theta & \cos\theta \end{pmatrix}\begin{pmatrix} \cos\theta & -\sin\theta \\ \sin\theta & \cos\theta \end{pmatrix}=\begin{pmatrix} 1 & 0 \\ 0 & 1 \end{pmatrix}=E$$

糸口がつかめた．

$$\begin{aligned}|{}^tRAR-\lambda E| &= |{}^tRAR-\lambda {}^tRR| = |{}^tR(A-\lambda E)R| \\ &= |{}^tR|\cdot|A-\lambda E|\cdot|R| = |{}^tRR|\cdot|A-\lambda E| = |A-\lambda E|\end{aligned}$$

この計算を逆にたどって⑥へ

$$|A'-\lambda E| = |A-\lambda E|$$

$$\lambda^2-(a'+b')\lambda+a'b'-h'^2 = \lambda^2-(a+b)\lambda+ab-h^2$$

λ は変数だから

$$a'+b'=a+b,\quad a'b'-h'^2=ab-h^2$$

2 つの不変量が一気に導かれた」

定理 30　次の③を①に代入した式を②とする．

$$①\ {}^t\begin{pmatrix}x\\y\\1\end{pmatrix}\begin{pmatrix}a&h&g\\h&b&f\\g&f&c\end{pmatrix}\begin{pmatrix}x\\y\\1\end{pmatrix} \longrightarrow ②\ {}^t\begin{pmatrix}u\\v\\1\end{pmatrix}\begin{pmatrix}a'&h'&g'\\h'&b'&f'\\g'&f'&c'\end{pmatrix}\begin{pmatrix}u\\v\\1\end{pmatrix}$$

代入

$$③\begin{cases}x=u\cos\theta-v\sin\theta+x_0\\y=u\sin\theta+v\cos\theta+y_0\end{cases}$$

このとき，次の等式が成り立つ．

$$a'+b'=a+b$$

$$\begin{vmatrix}a'&h'\\h'&b'\end{vmatrix}=\begin{vmatrix}a&h\\h&b\end{vmatrix}\qquad \begin{vmatrix}a'&h'&g'\\h'&b'&f'\\g'&f'&c'\end{vmatrix}=\begin{vmatrix}a&h&g\\h&b&f\\g&f&c\end{vmatrix}$$

$$\begin{vmatrix}a'-\lambda&h'\\h'&b'-\lambda\end{vmatrix}=\begin{vmatrix}a-\lambda&h\\h&b-\lambda\end{vmatrix}$$

例 37　次の方程式はどんな図形を表すか．標準形を求めよ．

$$x^2+4xy-2y^2+8x-20y-32=0$$

解　$B=\begin{pmatrix}1 & 2 & 4\\ 2 & -2 & -10\\ 4 & -10 & -32\end{pmatrix}$　$A=\begin{pmatrix}1 & 2\\ 2 & -2\end{pmatrix}$

$\delta=|A|=-6,\quad \Delta=|B|=-36$

$\Delta\neq 0$，$\delta<0$ であるから双曲線である．その標準形を

$$\alpha u^2+\beta v^2+\gamma=0$$

とおくと，不変式によって

$$\begin{vmatrix}\alpha-\lambda & 0\\ 0 & \beta-\lambda\end{vmatrix}=\begin{vmatrix}1-\lambda & 2\\ 2 & -2-\lambda\end{vmatrix}$$

$$(\lambda-\alpha)(\lambda-\beta)=\lambda^2+\lambda-6$$

α，β は $\lambda^2+\lambda-6=0$ の 2 根である．　$\therefore\alpha=2$，$\beta=-3$

次に不変量から

$$\begin{vmatrix}\alpha & 0 & 0\\ 0 & \beta & 0\\ 0 & 0 & \gamma\end{vmatrix}=\Delta,\ \alpha\beta\gamma=\Delta\quad\therefore\quad\gamma=\frac{\Delta}{\alpha\beta}=6$$

よって求める標準形は $2u^2-3v^2+6=0$

$$\frac{u^2}{3}-\frac{v^2}{2}=-1$$

練習問題—5

33　(1) 2 点 A($\boldsymbol{a}$)，B($\boldsymbol{b}$) を結ぶ線分を直径とする円のベクトル方程式を求めよ．

(2) $\boldsymbol{a}=(x_1,y_1)$，$\boldsymbol{b}=(x_2,y_2)$，$\boldsymbol{x}=(x,y)$ とおいて，(1) で導いた方程式を成分で表せ．

34 (1) 2 点 $\mathrm{A}(\boldsymbol{a})$，$\mathrm{B}(\boldsymbol{b})$ からの距離の比が $m:n(m,n>0,m\neq n)$ である点 $\mathrm{P}(\boldsymbol{x})$ の軌跡は円であることを示せ．(**アポロニウスの円**)

(2) AB を $m:n$ に内分する点 $\mathrm{C}(\boldsymbol{c})$，$m:n$ に外分する点を $\mathrm{D}(\boldsymbol{d})$ とおくと，CD は (1) の円の直径であることを示せ．

35 3 点 $\mathrm{A}(\boldsymbol{a})$，$\mathrm{B}(\boldsymbol{b})$，$\mathrm{C}(\boldsymbol{c})$ からの距離の平方の和が一定値 k^2 に等しい点 $\mathrm{P}(\boldsymbol{x})$ の軌跡は何か．

36 (1) 中心が $\mathrm{C}(\alpha,\beta)$ で半径が r の円の方程式を求めよ．

(2) 2 次方程式 $ax^2+2hxy+by^2+2gx+2fy+c=0$ が円を表すための条件を求めよ．

37 3 点 $\mathrm{A}(-1,1)$，$\mathrm{B}(2,0)$，$\mathrm{C}(3,3)$ を通る円の方程式を求めよ．

38 $f_i=a_ix^2+2h_ixy+b_iy^2+2g_ix+2f_iy+c_i=0\ (i=1,2)$ のとき，方程式 $\lambda_1f_1+\lambda_2f_2=0$ は，2 つの 2 次曲線が交わるとき，その交点を通る 2 次曲線または直線であることを示せ．ただし $\lambda_1\lambda_2\neq0$ とする．

39 2 つの円がある．

$$f_1=x^2+y^2-6y-1=0,\quad f_2=x^2+y^2-12x+11=0$$

(1) 2 円の交点の座標を求めよ．

(2) 2 円の交点を通る直線の方程式を求めよ．

(3) 2 円の交点を通り，さらに点 $(5,2)$ を通る円を求めよ．

40　円 $f(\boldsymbol{x})=\boldsymbol{x}\cdot\boldsymbol{x}+2\boldsymbol{a}\cdot\boldsymbol{x}+c=0$ がある．点 $\mathrm{P}(\boldsymbol{x}_1)$ を通る任意の直線 $\boldsymbol{x}=\boldsymbol{x}_1+t\boldsymbol{n}(\|\boldsymbol{n}\|=1)$ が 2 円と交わる点の t の値を t_1，t_2 とするとき，t_1t_2 を点 P のこの円に関する方べきという．

(1) $t_1t_2=f(\boldsymbol{x}_1)$ であることを証明せよ．

(2) 2 つの円 $f_1(\boldsymbol{x})=0$，$f_2(\boldsymbol{x})=0$ に関する方べきの等しい点の軌跡を 2 円の根軸という．根軸の方程式を求めよ．

(3) 3 つの円 $f_1(\boldsymbol{x})=0$，$f_2(\boldsymbol{x})=0$，$f_2(\boldsymbol{x})=0$ の 2 つずつの根軸は 1 点で交わるか，または，すべて平行であることを示せ．

41　2 次曲線 $x^2+2xy-3y^2-4x+4y+1=0$ について

(1) 双曲線であることを示せ．

(2) 中心の座標を求めよ．

(3) 漸近線の方程式を求めよ．

(4) 対称軸の方程式を求めよ．

42　関数 $f(x)=\dfrac{px^2+qx+r}{ax+b}(ap\neq 0)$ のグラフはどんな二次曲線か．

43　楕円 $ax^2+2hxy+by^2=1$ がある．原点 O で直交する 2 直線が楕円と交わる点を A，B とし，O から AB に下した垂線の足を H とするとき，OH は一定であることを示せ．

44　4 つの直線を $f_i=a_ix+b_iy+c_i(i=1,2,3,4)$ とする．λ，μ が 0 でない実数のとき，方程式 $\lambda f_1f_2+\mu f_8f_4=0$ はどんな 2 次曲線か．

45　2 つの直線 $y=mx$，$y=-mx$ がある．次の軌跡を求めよ．

(1) 2 直線からの距離の積が 1 に等しい点の軌跡．

(2) 2 直線からの距離の平方の和が 1 に等しい点の軌跡．

(3) 2 直線からの距離の平方の差が 1 に等しい点の軌跡.

46 2 次曲線 $f(x, y) = ax^2 + 2hxy + by^2 - 1 = 0$ 上の点 (x_1, y_1) における接線の方程式は $ax_1x + h(xy_1 + x_1y) + by_1y = 1$ であることを証明せよ.

§6. 空間の矢線ベクトル

1　平面のときとどう違うか

「いままでは平面の上にあるベクトルのみを考えてきた．それを空間へ拡張したい」

「拡張しても，今までと大きな差はなさそう．でも，全く同じという自信もないです」

「自信をつけるため，演算とその法則を振り返ってみよう．加法の定義の図は三角形……三角形はつねに１つの平面上にあるから，空間へ拡張しても同じ」

「実数倍の定義は１直線上の図で済んだから，なおさら……」

「次に，加法と実数倍に関する法則は？」

「どの証明も１つの平面上の図で……」

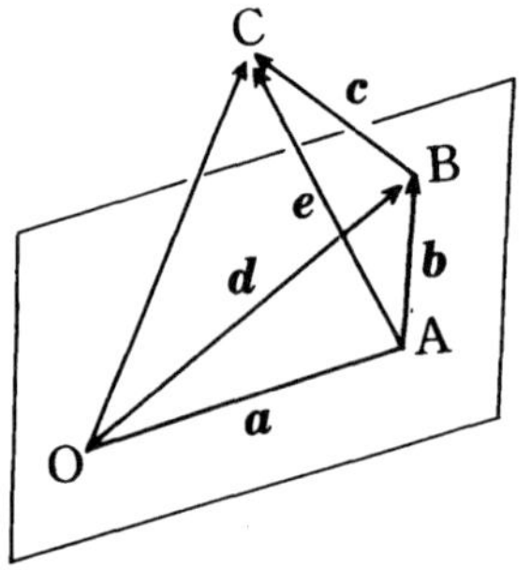

「いや，結合法則の場合は例外ですよ．この場合はベクトルが３つですからね」

「そうか．$\overrightarrow{\mathrm{OA}}=\boldsymbol{a}$ と $\overrightarrow{\mathrm{AB}}=\boldsymbol{b}$ は１つの平面上にあるが $\overrightarrow{\mathrm{BC}}=\boldsymbol{c}$ は，その平面からとび出すことがありますね」

「4 点 O，A，B，C が 4 面体の頂点になる場合です」

「しかし，図がそうなったとしても，証明に支障はないですね．

$$(\boldsymbol{a}+\boldsymbol{b})+\boldsymbol{c}=\boldsymbol{d}+\boldsymbol{c}=\overrightarrow{\mathrm{OC}}$$

$$\boldsymbol{a}+(\boldsymbol{b}+\boldsymbol{c})=\boldsymbol{a}+\boldsymbol{e}=\overrightarrow{\mathrm{OC}}$$

ごらんのとおり，等しい」

「これで安心．矢線ベクトルは空間へ拡張しても，加法，実数倍はそのままで……法則もすべて同様……」

「矢線ベクトルの抱擁力には驚く」

×　　　　×

「次に，内積を検討しよう」

「内積の定義……の図も 2 つのベクトルの作る三角形で説明できた．だから空間になっても同じこと」

「内積の法則は？」

「内積の法則で，3 つのベクトルが現れるのは分配法則だけ．これは，ちょっと用心しないとあぶないですね．この図で，$\boldsymbol{a}$ と $\boldsymbol{b}$ は 1 つの平面上にあるが，$\boldsymbol{c}$ がこの平面上にあるとは限らない」

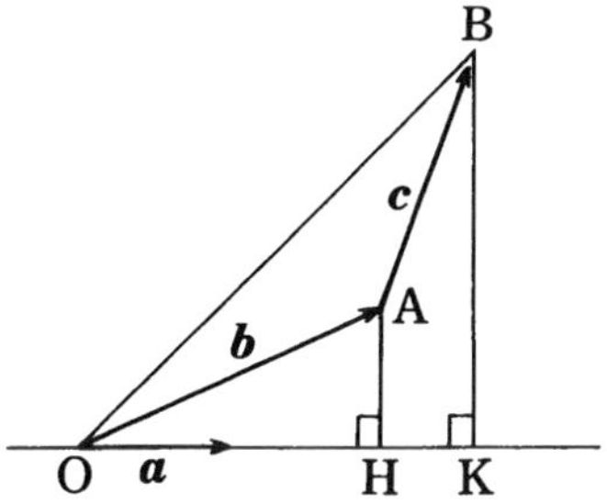

「それは要するに，$\overrightarrow{\mathrm{AB}}$ とその正射影 $\overrightarrow{\mathrm{HK}}$ とがねじれの位置にある場合……のときにも，内積と正射影の関係が成り立つかどうかを検討すればよいわけだ」

「内積と正射影の関係というと？」

「忘れましたか．ベクトル $\boldsymbol{b}$ のベクトル $\boldsymbol{a}$ 上への正射影を $\boldsymbol{b}'$ としたとき

$$\boldsymbol{b}' = \frac{\boldsymbol{a}\cdot\boldsymbol{b}}{\|\boldsymbol{a}\|^2}\boldsymbol{a}$$

この等式のこと……」

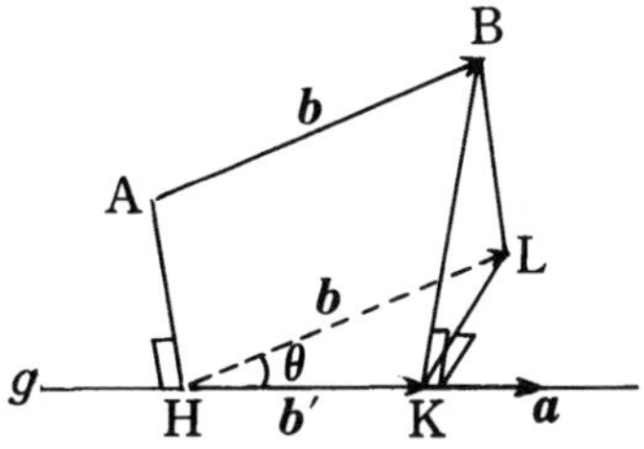

「$\boldsymbol{a}$，$\boldsymbol{b}$ がねじれの位置にあってもこれが成り立つことを証明できれば，分配法則は成り立ちますね」

「そういうことです．A，B から $\boldsymbol{a}$ の定める直線 g に下した垂線の足をそれぞれ H，K としよう」

「へんな図！？　AH と BK は平行にならないのですか」

「しっかりしなさい．g と AB はねじれの位置．平行になるはずがないですよ．$\boldsymbol{b}$ を $\boldsymbol{b}'$ へ近づけるため，$\boldsymbol{b}$ に等しく $\overrightarrow{\mathrm{HL}}$ を作り，K と L を結んでみよう．LK が g に垂直になれば万事解決だ」

「LK が g に垂直？」

「四角形 AHLB は平行四辺形だから BL//AH，これと AH ⊥ g と

から BL $\perp g$，これと BK $\perp g$ とから……平面 BKL は g に垂直だ」

「平面 BKL が g に垂直ならば，その平面上の LK は g に垂直ですね」

「これで，$\overrightarrow{\mathrm{HK}}$ は $\overrightarrow{\mathrm{HL}}$ の正射影であることが分った」

「じゃ，これから先は平面のときの証明と同じことで，先の等式が導かれる」

「この等式があれば，分配法則の証明は支障ない．もう一度やってみますか」

「いえ．結構です．あとでノートを読み返してみます」

「では，分ったことを確認しておこう」

定理 31　空間の矢線ベクトルにおいても，加法，実数倍，内積に関するすべての法則が平面の場合と同様に成り立つ．

「法則が同じならば，計算も全く同じようにできる．なんの不安もなしに……」

2　ベクトルの共面条件

「平面上では，2 つのベクトル $\boldsymbol{a}$，$\boldsymbol{b}$ は共線かどうかということが重要であった．$\boldsymbol{a}$，$\boldsymbol{b}$ が共線というのは？」

「1 点 O から $\boldsymbol{a}$，$\boldsymbol{b}$ に等しく矢線 $\overrightarrow{\mathrm{OA}}$，$\overrightarrow{\mathrm{OB}}$ を作ったとき，これらの矢線が 1 つの直線上にあること．これを否定した，共線でない場合には 3 点 O，A，B は三角形を作った」

「空間でみると，3 点 O，A，B が三角形を作ることは，3 点 O，A，B を通る平面が 1 つだけあること……つまり……2 つの矢線 $\overrightarrow{\mathrm{OA}}$，$\overrightarrow{\mathrm{OB}}$ は 1 平面 π を定める」

「第 3 のベクトル $\boldsymbol{c}$ を追加し……それに等しく $\overrightarrow{\mathrm{OC}}$ を作ると，$\overrightarrow{\mathrm{OC}}$

は平面 π 上にあるかどうかが問題ですね」

「それが共面という関係です．空間では重要だから，定義をはっきりさせておこう．3つのベクトル $\boldsymbol{a}$，$\boldsymbol{b}$，$\boldsymbol{c}$ が与えられたとき，1点Oをとり，3つの矢線

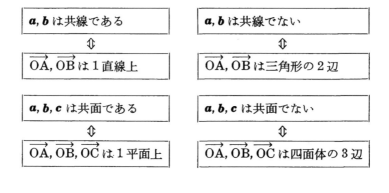

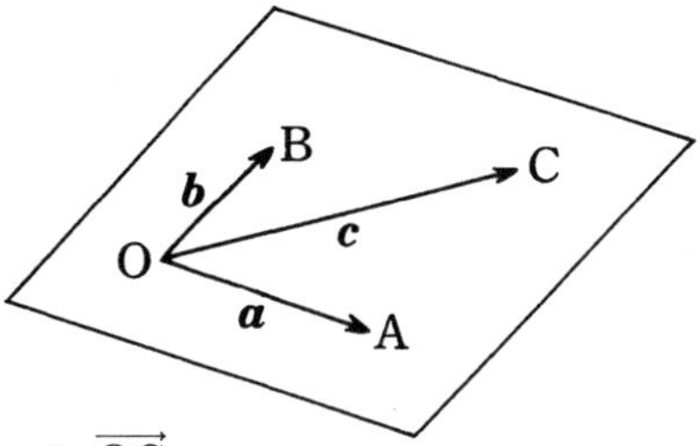

$$\overrightarrow{\mathrm{OA}} = \boldsymbol{a}, \overrightarrow{\mathrm{OB}} = \boldsymbol{b}, \overrightarrow{\mathrm{OC}} = \boldsymbol{c}$$

を作る．これらの3つの矢線が1つの平面上にあるとき，$\boldsymbol{a}$，$\boldsymbol{b}$，$\boldsymbol{c}$ は**共面**であるというのです」

「共面は分った．共面でないときは，4点O，A，B，Cは四面体の頂点になりますね」

「共線と共面との……この見事な類似．対比させ……認識を深めたい」

$\boldsymbol{a}, \boldsymbol{b}$ は共線である	$\boldsymbol{a}, \boldsymbol{b}$ は共線でない
$\Updownarrow$	$\Updownarrow$
$\overrightarrow{\mathrm{OA}}, \overrightarrow{\mathrm{OB}}$ は1直線上	$\overrightarrow{\mathrm{OA}}, \overrightarrow{\mathrm{OB}}$ は三角形の2辺
$\boldsymbol{a}, \boldsymbol{b}, \boldsymbol{c}$ は共面である	$\boldsymbol{a}, \boldsymbol{b}, \boldsymbol{c}$ は共面でない
$\Updownarrow$	$\Updownarrow$
$\overrightarrow{\mathrm{OA}}, \overrightarrow{\mathrm{OB}}, \overrightarrow{\mathrm{OC}}$ は1平面上	$\overrightarrow{\mathrm{OA}}, \overrightarrow{\mathrm{OB}}, \overrightarrow{\mathrm{OC}}$ は四面体の3辺

×　　×

「共線には共線条件があって，度々応用した．共面にも共面条件があるでしょう．それを知りたい」

「3つのベクトル $\boldsymbol{a}$，$\boldsymbol{b}$，$\boldsymbol{c}$ のうち，たとえば $\boldsymbol{a}$ と $\boldsymbol{b}$ が共線だったら，$\boldsymbol{a}$，$\boldsymbol{b}$，$\boldsymbol{c}$ が共面になることは自明．したがって応用上重要なのは，$\boldsymbol{a}$，$\boldsymbol{b}$ が共線でないときです．そのときの定理をあげ，証明へ」

定理 32　$\boldsymbol{a}$，$\boldsymbol{b}$ が共線でないとき

$$\boldsymbol{a},\ \boldsymbol{b},\ \boldsymbol{c}\ \text{は共面である} \iff \begin{cases} \boldsymbol{c} = h\boldsymbol{a} + k\boldsymbol{b}\ \text{をみたす} \\ \text{実数}\ h,\ k\ \text{がある.} \end{cases}$$

証明のリサーチ

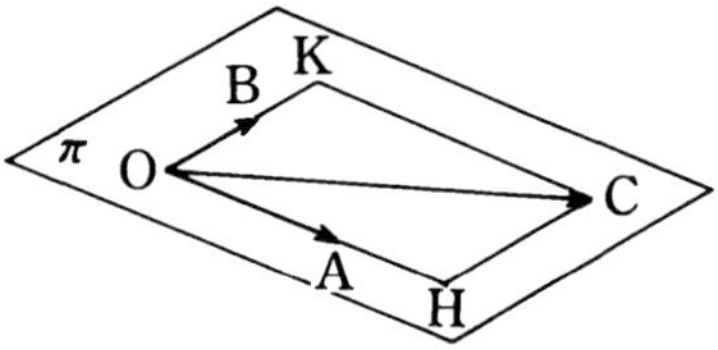

「とにかく，1点Oをとり，$\boldsymbol{a}$，$\boldsymbol{b}$，$\boldsymbol{c}$ に等しい矢線 $\overrightarrow{\mathrm{OA}}$，$\overrightarrow{\mathrm{OB}}$，$\overrightarrow{\mathrm{OC}}$ を作る．証明は $\Longrightarrow$ から手をつけよう」

「$\boldsymbol{a}$，$\boldsymbol{b}$ は共線でないのだから $\overrightarrow{\mathrm{OA}}$ と $\overrightarrow{\mathrm{OB}}$ は1つの平面を定める場合ですね」

「その平面に π と名づけよう．$\boldsymbol{a}$，$\boldsymbol{b}$，$\boldsymbol{c}$ は共面だから OC は π 上にある．C から OB，OA に平行線をひいて OA，OB と交わる点を H，K とすれば……」

「それは前にやった．平面上の座標の設定で…….

$$\boldsymbol{c} = \overrightarrow{\mathrm{OC}} = \overrightarrow{\mathrm{OH}} + \overrightarrow{\mathrm{OK}} = h\boldsymbol{a} + k\boldsymbol{b}$$

新味のない証明です」

「$\overrightarrow{\mathrm{OH}}$ は $\boldsymbol{a}$ と共線で，$\boldsymbol{a} \neq 0$ だから $\overrightarrow{\mathrm{OH}} = h\boldsymbol{a}$ をみたす実数 h がある．$\overrightarrow{\mathrm{OK}} = k\boldsymbol{b}$ についでも同様，というように……押えるところは押えてほしかった．次の $\Longleftarrow$ の証明で新味を……」

「$\boldsymbol{c} = h\boldsymbol{a} + k\boldsymbol{b}$ であったとすると……？？」

「こんなもので行詰りとは珍味．逆手に出ては……」

「逆手？」

「前には $\overrightarrow{\mathrm{OC}}$ が π 上にあることから h，k を求めた．こんどは，h，k をもとに $\overrightarrow{\mathrm{OC}}$ を作る……」

「分った．矢線 $\overrightarrow{\mathrm{OH}} = h\boldsymbol{a}$ を作ると，H は直線 OA 上にある．矢

線 $\overrightarrow{\mathrm{OK}} = k\boldsymbol{b}$ を作ると K は直線 OB 上にある．ここで平行四辺形 OHCK を作れば C は平面 π 上にあって，$\overrightarrow{\mathrm{OC}} = h\boldsymbol{a} + k\boldsymbol{b}$ であるから $\overrightarrow{\mathrm{OC}} = \boldsymbol{c}$，したがって $\boldsymbol{a}$，$\boldsymbol{b}$，$\boldsymbol{c}$ は共面」

例 38 四角錐 O-ABCD の底辺 ABCD は平行四辺形である．OA を 1 : 2 に分ける点を P，OB，OD の中点をそれぞれ Q，R とするとき，4 点 P，Q，C，R は同じ平面上にあることを示せ．

解 3 つの矢線 $\overrightarrow{\mathrm{PQ}}$，$\overrightarrow{\mathrm{PR}}$，$\overrightarrow{\mathrm{PC}}$ が共面であることを示せばよい．

A を原点にとり $\mathrm{O}(\boldsymbol{a})$，$\mathrm{B}(\boldsymbol{b})$，$\mathrm{D}(\boldsymbol{c})$ とおくと

$$\mathrm{P}\left(\frac{2}{3}\boldsymbol{a}\right),\ \mathrm{Q}\left(\frac{\boldsymbol{a}+\boldsymbol{b}}{2}\right),\ \mathrm{R}\left(\frac{\boldsymbol{a}+\boldsymbol{c}}{2}\right),\ \mathrm{C}(\boldsymbol{b}+\boldsymbol{c})$$

となるから

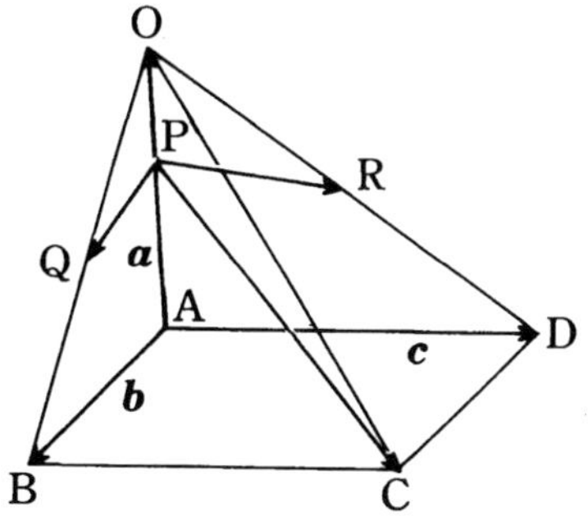

$$\overrightarrow{\mathrm{PQ}} = \frac{\boldsymbol{a}+\boldsymbol{b}}{2} - \frac{2\boldsymbol{a}}{3} = \frac{3\boldsymbol{b}-\boldsymbol{a}}{6}$$

$$\overrightarrow{\mathrm{PR}} = \frac{\boldsymbol{a}+\boldsymbol{c}}{2} - \frac{2\boldsymbol{a}}{3} = \frac{3\boldsymbol{c}-\boldsymbol{a}}{6}$$

$$\overrightarrow{\mathrm{PC}} = \boldsymbol{b}+\boldsymbol{c} - \frac{2\boldsymbol{a}}{3} = \frac{3\boldsymbol{b}+3\boldsymbol{c}-2\boldsymbol{a}}{3}$$

$$\therefore\quad \overrightarrow{\mathrm{PC}} = 2\overrightarrow{\mathrm{PQ}} + 2\overrightarrow{\mathrm{PR}}$$

よって $\overrightarrow{\mathrm{PC}}$ は $\overrightarrow{\mathrm{PQ}}$，$\overrightarrow{\mathrm{PR}}$ の定める平面の上にある．

× ×

「2 つのベクトル $\boldsymbol{a}$，$\boldsymbol{b}$ が共線でないときは

$$p\boldsymbol{a} + q\boldsymbol{b} = 0 \text{ ならば } p = q = 0$$

であった．これから推測すると，3 つのベクトル $\boldsymbol{a}$，$\boldsymbol{b}$，$\boldsymbol{c}$ が共面でないときは

$$p\boldsymbol{a} + q\boldsymbol{b} + r\boldsymbol{c} = \boldsymbol{0} \text{ ならば } p = q = \boldsymbol{r} = 0$$

となりそうですが」

「君のアナロジーは素晴しい」

定理 33 $\boldsymbol{a}$, $\boldsymbol{b}$, $\boldsymbol{c}$ が共面でないとき

$$p\boldsymbol{a}+q\boldsymbol{b}+r\boldsymbol{c}=\boldsymbol{0} \text{ ならば } p=q=r=0$$

「直接証明が無理でも，背理法という手が残っている」

「結論の否定は“p, q, r の少くとも 1 つは 0 でない”これから矛盾を導けばよいですね．たとえば $r \neq 0$ とすると

$$p\boldsymbol{a}+q\boldsymbol{b}+r\boldsymbol{c}=\boldsymbol{0} \text{ から } \boldsymbol{c}=\left(-\frac{p}{r}\right)\boldsymbol{a}+\left(-\frac{q}{r}\right)\boldsymbol{b}$$

これはうまい．定理 32 が使えて $\boldsymbol{a}$, $\boldsymbol{b}$, $\boldsymbol{c}$ は共面……矛盾」

「軽率，定理 32 を読み返してごらん」

「しまった．定理は条件つきであった．$\boldsymbol{a}$, $\boldsymbol{b}$ は共線でないという……」

「だから，場合を分けねば……」

「$\boldsymbol{a}$, $\boldsymbol{b}$ が共線のとき……$\boldsymbol{a}$, $\boldsymbol{b}$, $\boldsymbol{c}$ が共面であることは自明．$\boldsymbol{a}$, $\boldsymbol{b}$ が共線でないとき……定理 32 によって……$\boldsymbol{a}$, $\boldsymbol{b}$, $\boldsymbol{c}$ は共面．どちらの場合にも矛盾」

例 39 4 面体 ABCD の辺 AB，CB，AD をそれぞれ 2 : 1，1 : 1，1 : 2 に分ける点を P，Q，S とする．平面 PQS が CD と交わる点を R とするとき，RR をどんな比に分けるか．

解　D を原点にとって，A，B，C の座標をそれぞれ $\boldsymbol{a}$，$\boldsymbol{b}$，$\boldsymbol{c}$ とすると

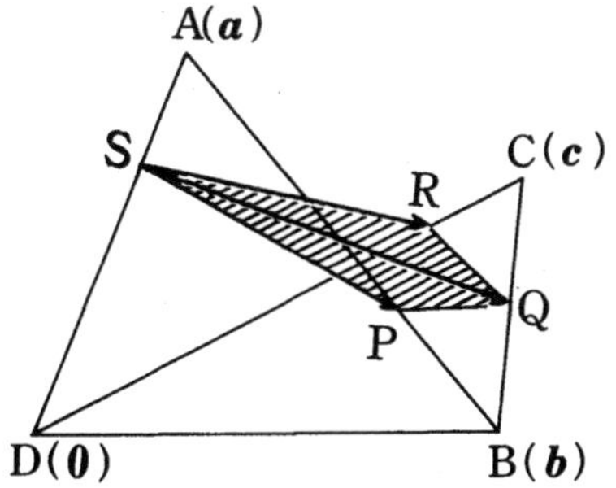

$$\mathrm{P}\left(\frac{\boldsymbol{a}+2\boldsymbol{b}}{3}\right),\mathrm{Q}\left(\frac{\boldsymbol{b}+\boldsymbol{c}}{2}\right)$$
$$\mathrm{S}\left(\frac{2}{3}\boldsymbol{a}\right)$$

となる．R の座標を $m\boldsymbol{c}$ とおくと，3 つのベクトル

$$\overrightarrow{\mathrm{SP}}=\frac{\boldsymbol{a}+2\boldsymbol{b}}{3}-\frac{2\boldsymbol{a}}{3}=\frac{2\boldsymbol{b}}{3}-\frac{\boldsymbol{a}}{3}$$
$$\overrightarrow{\mathrm{SQ}}=\frac{\boldsymbol{b}+\boldsymbol{c}}{2}-\frac{2a}{3},\quad \overrightarrow{\mathrm{SR}}=m\boldsymbol{c}-\frac{2}{3}\boldsymbol{a}$$

は共面であるから

$$m\boldsymbol{c}-\frac{2}{3}\boldsymbol{a}=h\left(\frac{2\boldsymbol{b}}{3}-\frac{\boldsymbol{a}}{3}\right)+k\left(\frac{\boldsymbol{b}+\boldsymbol{c}}{2}-\frac{2\boldsymbol{a}}{3}\right)$$
$$\therefore\quad \left(\frac{h+2k-2}{3}\right)\boldsymbol{a}-\left(\frac{4h+3k}{6}\right)\boldsymbol{b}+\left(\frac{2m-k}{2}\right)\boldsymbol{c}=\boldsymbol{0}$$

この式において $\boldsymbol{a}$，$\boldsymbol{b}$，$\boldsymbol{c}$ は共面でないから

$$h+2k-2=0,\quad 4h+3k=0,\quad 2m-k=0$$

これを解いて $m=\dfrac{4}{5}$，$h=-\dfrac{6}{5}$，$k=\dfrac{8}{5}$
よって $\overrightarrow{\mathrm{DR}}=\dfrac{4}{5}\boldsymbol{c}$，$\overrightarrow{\mathrm{RC}}=\dfrac{1}{5}\boldsymbol{c}$，$\mathrm{CR}:\mathrm{RD}=1:5$

3　空間に座標を作る

「空間に座標を作る準備が整った」

「平面の場合にならうだけで……やさしい．平面の場合は 2 つのベクトルがあればよかったが空間では 3 つ必要です」

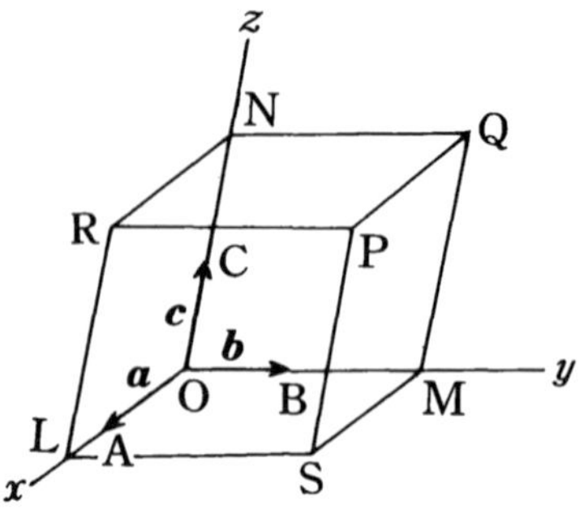

「ベクトルの個数のほかに重要なことが……平面のときは共線でない2つのベクトル，空間では共面でない3つのベクトル……」

「共面でない3つのベクトル $\boldsymbol{a}$, $\boldsymbol{b}$, $\boldsymbol{c}$ を選んで，1点Oから3つの矢線 $\overrightarrow{\mathrm{OA}}=\boldsymbol{a}$, $\overrightarrow{\mathrm{OB}}=\boldsymbol{b}$, $\overrightarrow{\mathrm{OC}}=\boldsymbol{c}$ を作り……これらの矢線の定める直線に x 軸，y 軸，z 軸の名をつける．次に，空間の任意の点Pから3つの軸に平行線をひき，yz 平面，zx 平面……」

「一気に平行六面体を作るほうがやさしい」

「Pから yz, zx, xy 平面に平行な平面を作るのですか」

「そう．そうすれば平行六面体ができる．それをPQNR-SMOLとしよう」

「僕の方法よりも，この方法がやさしいわけは……」

「平行六面体の性質，すなわち6つの面が平行四辺形であることが，簡単明快な1つの定理から導かれるからです」

「簡単明快な定理というと……」

「立体幾何で習ったでしょう．“平行な2平面を他の平面で切った切口は平行である”というのを……」

「思い出しました．その定理を用いて6つの面が平行四辺形になることを示すのはやさしい．面が平行四辺形ならばPQはSM, LO, RNに平行で等しい．その他の辺についても同様……そこで

$$\overrightarrow{\mathrm{OP}}=\overrightarrow{\mathrm{OL}}+\overrightarrow{\mathrm{LS}}+\overrightarrow{\mathrm{SP}}=\overrightarrow{\mathrm{OL}}+\overrightarrow{\mathrm{OM}}+\overrightarrow{\mathrm{ON}}$$

$\boldsymbol{a}\neq 0$ で，$\overrightarrow{\mathrm{OL}}$ は $\boldsymbol{a}$ と共線だから $\overrightarrow{\mathrm{OL}}=x\boldsymbol{a}$ をみたす実数 x が1つだけある．同様にして $\overrightarrow{\mathrm{OM}}=y\boldsymbol{b}$, $\overrightarrow{\mathrm{ON}}=z\boldsymbol{c}$ となるから

$$\overrightarrow{\mathrm{OP}}=x\boldsymbol{a}+y\boldsymbol{b}+z\boldsymbol{c}$$

P の**座標**は (x, y, z) と……」

× ×

「$\overrightarrow{\mathrm{OP}} = \boldsymbol{x}$ とおけば $\boldsymbol{x}$ は点 P の位置ベクトルで

$$\boldsymbol{x} = (x, y, z)$$

と表すことも平面の場合と同じ．x，y，z をベクトル $\boldsymbol{x}$ の**成分**ということも．平面上のベクトルでは成分が 2 つであったが，空間のベクトルでは成分は 3 つ，違うのはそこだけ」

「平面のベクトルにならって，x を $\boldsymbol{x}$ **成分**，y を $\boldsymbol{y}$ **成分**，z を $\boldsymbol{z}$ **成分**という？」

「もちろん．しかし，一般化のためには**第 1 成分**，**第 2 成分**，**第 3 成分**というのがよいですね」

「ベクトルの演算を成分で行うことは，平面の場合に第 3 成分を追加するだけですね」

「同じことの繰返しになるが，復習のつもりでやってみるのも無駄ではなかろう．$\boldsymbol{x}_1 = (x_1, y_1, z_1)$，$\boldsymbol{x}_2 = (x_2, y_2, z_2)$ として，加法と実数倍を……」

「やさしい．　$\boldsymbol{x}_1 = x_1\boldsymbol{a} + y_1\boldsymbol{b} + z_1\boldsymbol{c}$,　　$\boldsymbol{x}_2 = x_2\boldsymbol{a} + y_2\boldsymbol{b} + z_2\boldsymbol{c}$ だから

$$\begin{aligned}\boldsymbol{x}_1 + \boldsymbol{x}_2 &= (x_1\boldsymbol{a} + y_1\boldsymbol{b} + z_1\boldsymbol{c}) + (x_2\boldsymbol{a} + y_2\boldsymbol{b} + z_2\boldsymbol{c}) \\ &= (x_1 + x_2)\,\boldsymbol{a} + (y_1 + y_2)\,\boldsymbol{b} + (z_1 + z_2)\,\boldsymbol{c} \\ \boldsymbol{x}_1 + \boldsymbol{x}_2 &= (x_1 + x_2, y_1 + y_2, z_1 + z_2)\end{aligned}$$

実数倍も同様にして

$$k\boldsymbol{x}_1 = (kx_1, ky_1, kz_1)$$

ついでに内積もやってみます．

$$\boldsymbol{x}_1 \cdot \boldsymbol{x}_2 = (x_1\boldsymbol{a} + y_1\boldsymbol{b} + z_1\boldsymbol{c})\,(x_2\boldsymbol{a} + y_2\boldsymbol{b} + z_2\boldsymbol{c})$$

$$
\begin{aligned}
&= x_1 x_2 (\boldsymbol{a} \cdot \boldsymbol{a}) + y_1 y_2 (\boldsymbol{b} \cdot \boldsymbol{b}) + z_1 z_2 (\boldsymbol{c} \cdot \boldsymbol{c}) \\
&\quad + (y_1 z_2 + y_2 z_1)\,\boldsymbol{b} \cdot \boldsymbol{c} + (z_1 x_2 + z_2 x_1)\,\boldsymbol{c} \cdot \boldsymbol{a} \\
&\quad + (x_1 y_2 + x_2 y_1)\,\boldsymbol{a} \cdot \boldsymbol{b}
\end{aligned}
$$

おや，これ以上どうにもならない．平面の場合から考えて……

$$
\boldsymbol{x}_1 \cdot \boldsymbol{x}_2 = x_1 x_2 + y_1 y_2 + z_1 z_2
$$

となるはずなのに……」

「重要なことを忘れていますよ．予想した式になるのは $\boldsymbol{a}$，$\boldsymbol{b}$，$\boldsymbol{c}$ が単位ベクトルで……しかも 2 つずつ直交する場合だ」

「そうか，座標でみると，直交座標の場合！」

×　　　　　　×

「ベクトルの文字をかえよう．$\boldsymbol{i}$，$\boldsymbol{j}$，$\boldsymbol{k}$ は単位ベクトルで，2 つずつ直交するものとする．これらを $\boldsymbol{a}$，$\boldsymbol{b}$，$\boldsymbol{c}$ の代りに選んで，座標を作れば直交座標になる」

「$\boldsymbol{i}$，$\boldsymbol{j}$，$\boldsymbol{k}$ は単位ベクトルであることから

$$
\boldsymbol{i} \cdot \boldsymbol{i} = \|\boldsymbol{i}\|^2 = 1,\ \boldsymbol{j} \cdot \boldsymbol{j} = \|\boldsymbol{j}\|^2 = 1,\quad \boldsymbol{k} \cdot \boldsymbol{k} = \|\boldsymbol{k}\|^2 = 1
$$

2 つずつ直交することから

$$
\boldsymbol{j} \cdot \boldsymbol{k} = \boldsymbol{k} \cdot \boldsymbol{j} = 0,\ \boldsymbol{k} \cdot \boldsymbol{i} = \boldsymbol{i} \cdot \boldsymbol{k} = 0,\ \boldsymbol{i} \cdot \boldsymbol{j} = \boldsymbol{j} \cdot \boldsymbol{i} = 0
$$

これがあれば問題ない．やり直してみます．

$$
\begin{aligned}
\boldsymbol{x}_1 \cdot \boldsymbol{x}_2 &= (x_1 \boldsymbol{i} + y_1 \boldsymbol{j} + z_1 \boldsymbol{k})\,(x_2 \boldsymbol{i} + y_2 \boldsymbol{j} + z_2 \boldsymbol{k}) \\
&= (x_1 x_2)\,\boldsymbol{i} \cdot \boldsymbol{i} + (y_1 y_2)\,\boldsymbol{j} \cdot \boldsymbol{j} + (z_1 z_2)\,\boldsymbol{k} \cdot \boldsymbol{k} \\
&\quad + (y_1 z_2 + y_2 z_1)\,\boldsymbol{j} \cdot \boldsymbol{k} + (z_1 x_2 + z_2 x_1)\,\boldsymbol{k} \cdot \boldsymbol{i} \\
&\quad + (x_1 y_2 + x_2 y_1)\,\boldsymbol{i} \cdot \boldsymbol{j} \\
\boldsymbol{x}_1 \cdot \boldsymbol{x}_2 &= x_1 x_2 + y_1 y_2 + z_1 z_2
\end{aligned}
$$

内積に限って，直交座標でないとこうはならない．盲点ですね」

「盲点というほどでもない．直交座標ばかり用いていると，平行座標との違いに気付かないのだ」

×　　　　　　　　　　×

「いままでの理論はベクトル $\boldsymbol{i}$，$\boldsymbol{j}$，$\boldsymbol{k}$ の相互の位置に関係がなかった．しかし，後で体積を求めようとすると，それが……」

「相互の位置関係……？」

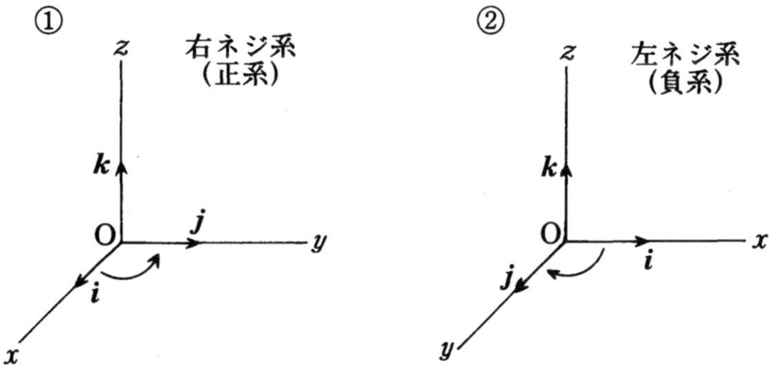

「空間では2通り考えられる．図解しないと無理かな．$\boldsymbol{i}$ と $\boldsymbol{j}$ のなす角に $\boldsymbol{i}$ から $\boldsymbol{j}$ へ向きをつければはっきりするだろう．2の図の違いが……」

「違うことは分るのですが，うまく説明できない」

「ネジをあてはめてみるとよいですね．普通のネジは，時計の針と同じ向きに回すと前方へすすむ．$\boldsymbol{i}$ から $\boldsymbol{j}$ へ回したとき，ネジの進む向きが $\boldsymbol{k}$ の向きと一致するのは……①と②のどちら？」

「こうですね．こう回したとき $\boldsymbol{k}$ の向きに進むのは……①です」

「そう．①です．②は時計の針と反対に回したときに $\boldsymbol{k}$ の向きに進む．この2つを区別するため，①を**右ネジ系**，②を**左ネジ系**というのです．①を**正系**，②を**負系**ということもある」

「座標軸は必ず正系にとる？」

「定めておかないと理論の展開に支障をきたす．とくに有向量を取扱うときに．それで，正系が慣用になった．市販のネジがすべて右ネジ系であるように……」

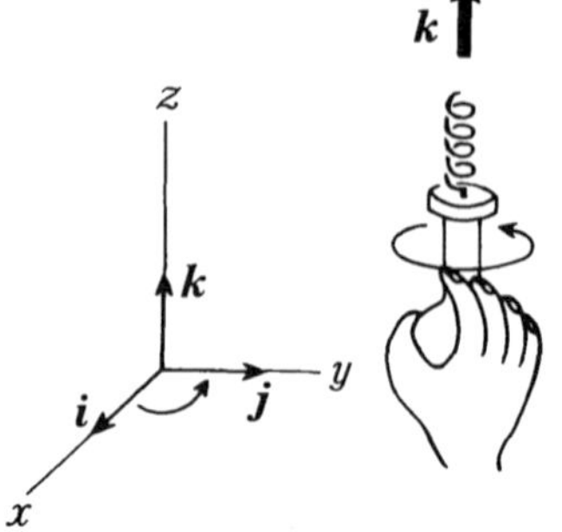

4　有向体積と内積

「平面上で面積に正負の符号をつけたように，空間では体積に正負の符号をつけたい」

「平面上では $(\boldsymbol{a},\ \boldsymbol{b})$ が正系のとき，$\boldsymbol{a},\ \boldsymbol{b}$ の作る平行四辺形の面積を正とした．これにならうと，空間では $(\boldsymbol{a},\ \boldsymbol{b},\ \boldsymbol{c})$ が正系のとき，$\boldsymbol{a},\ \boldsymbol{b},\ \boldsymbol{c}$ の作る平行六面体の体積を正ときめることになりそう」

「君の予想が自然です．任意の3つのベクトルを $\boldsymbol{a},\ \boldsymbol{b},\ \boldsymbol{c}$ としたとき，1点Oから矢線 $\overrightarrow{\mathrm{OA}}=\boldsymbol{a},\ \overrightarrow{\mathrm{OB}}=\boldsymbol{b},\ \overrightarrow{\mathrm{OC}}=\boldsymbol{c}$ をつくると，$\boldsymbol{a},\ \boldsymbol{b},\ \boldsymbol{c}$ が共面でないならば3つの矢線は平行六面体を作る．この平行六面体の普通の体積を V として，これに次の約束で符号をつけたものは $D(\boldsymbol{a},\boldsymbol{b},\boldsymbol{c})$ で表し，**有向体積**と呼ぶことにするのです」

$$D(\boldsymbol{a},\boldsymbol{b},\boldsymbol{c})=\begin{cases} V\cdots\cdots\cdots(\boldsymbol{a},\boldsymbol{b},\boldsymbol{c})\ \text{が正系のとき} \\ -V\cdots\cdots(\boldsymbol{a},\boldsymbol{b},\boldsymbol{c})\ \text{が負系のとき} \\ 0\cdots\cdots\cdots(\boldsymbol{a},\boldsymbol{b},\boldsymbol{c})\ \text{が共面のとき} \end{cases}$$

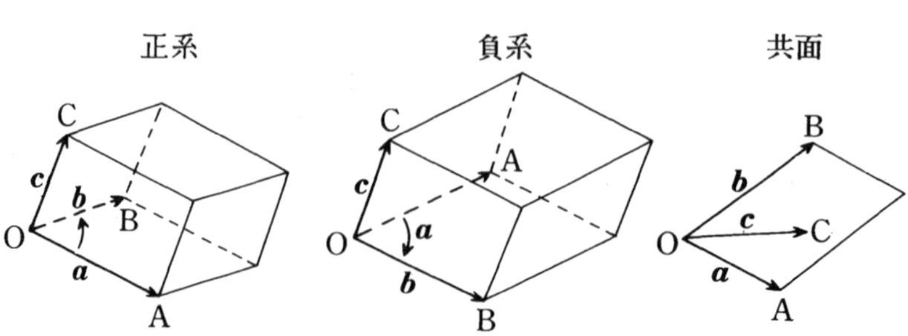

×　　　　　　　　　×

「有向体積を考えた効用のゴールとスタートは？」

「最終目標は成分で表すことで……その準備は内積で表すこと」

「内積？　ベクトルは3つある．どのベクトルの内積ですか」

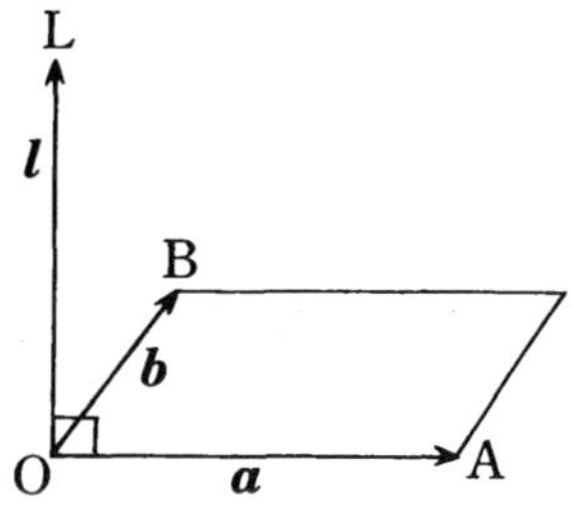

「そこが難関．平面上の有向面積 $D(\boldsymbol{a},\ \boldsymbol{b})$ の場合を思い出してみよう．$\boldsymbol{a}$ に直交し，大きさが $\|\boldsymbol{a}\|$ のベクトル $\boldsymbol{l}$ を，$(\boldsymbol{a},\boldsymbol{l})$ が正系になるように作った．そしたら

$$D(\boldsymbol{a},\boldsymbol{b})=\boldsymbol{l}\cdot\boldsymbol{b}$$

となって内積と結びついた」

「それと同じことを空間で？」

「そっくり同じとはいかないですね．空間では $\boldsymbol{a}$ に直交する向きは無数にあって定まらない．だからストレートなサルまねは成功しない．面積は長さと長さの積であるが，体積は……」

「体積は……面積と長さの積です」

「解決のカギは，そこです」

「分りませんね．この程度のヒントでは……」

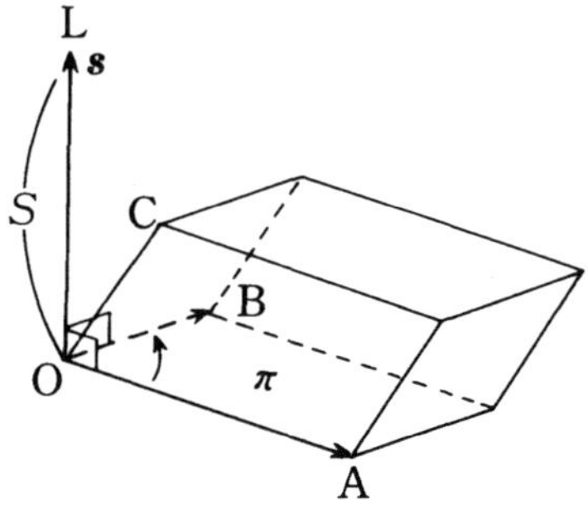

「無理もない．$\boldsymbol{a}$，$\boldsymbol{b}$ の作る平行四辺形の面積 S を大きさにもつベクトル $\boldsymbol{s}$ を作るのです」

「$\boldsymbol{s}$ の向きは $\boldsymbol{a}$，$\boldsymbol{b}$ に直交するようにですか」

「$\boldsymbol{a}$，$\boldsymbol{b}$ に直交する向きは2つ」

「そうか．分った．$(\boldsymbol{a},\boldsymbol{b},\boldsymbol{s})$ が正系になるように $\boldsymbol{s}$ の向きを選ぶ．こうすれば $\boldsymbol{s}$ は1つだけ定まりますね」

「$\boldsymbol{s}$の作り方を整理しておこう」

$$\boldsymbol{s}\begin{cases}\text{（i）大きさは}\boldsymbol{a},\ \boldsymbol{b}\text{の作る平行四辺形の面積}S\\ \text{（ii）向きは}\boldsymbol{a},\ \boldsymbol{b}\text{に直交し，}(\boldsymbol{a},\boldsymbol{b},\boldsymbol{s})\text{は正系}\end{cases}$$

「$D(\boldsymbol{a},\boldsymbol{b})=\boldsymbol{l}\cdot\boldsymbol{b}$から予想して$D(\boldsymbol{a},\boldsymbol{b},\boldsymbol{c})=\boldsymbol{s}\cdot\boldsymbol{c}$？」
「君の予想を確めようではないか」

定理 34　2つのベクトル$\boldsymbol{a}$，$\boldsymbol{b}$に対し，上の約束でベクトル$\boldsymbol{s}$を作れば，次の等式がつねに成り立つ．

$$D(\boldsymbol{a},\boldsymbol{b},\boldsymbol{c})=\boldsymbol{s}\cdot\boldsymbol{c}$$

証明のリサーチ

「最初に，トリビアルな場合を解決し，気を楽にしよう」

「トリビアルな場合というと$\boldsymbol{a}$，$\boldsymbol{b}$，$\boldsymbol{c}$が，共面の場合ですね．このときは，有向体積の定義から

$$D(\boldsymbol{a},\boldsymbol{b},\boldsymbol{c})=0$$

一方，$\boldsymbol{s}\cdot\boldsymbol{c}$は，$\boldsymbol{s}$，$\boldsymbol{c}$の少くとも一方が$\boldsymbol{0}$ならば0，$\boldsymbol{s}$，$\boldsymbol{c}$がともに$\boldsymbol{0}$でないならば……．$\boldsymbol{s}\neq\boldsymbol{0}$から$S\neq 0$……$\boldsymbol{a}$，$\boldsymbol{b}$は共線でなく……$\boldsymbol{a}$，$\boldsymbol{b}$の定める平面上に$\boldsymbol{c}$があるから$\boldsymbol{s}$と$\boldsymbol{c}$は直交……したがって$\boldsymbol{s}\cdot\boldsymbol{c}=0$……いずれにしても定理の等式は成り立つ」

「$\boldsymbol{a}$，$\boldsymbol{b}$，$\boldsymbol{c}$が共面でないときは，Cから$\boldsymbol{s}$の定める直線に下した垂線の足をHとして，$\mathrm{OH}=h$とおくと

$$V=Sh$$

$\boldsymbol{s}$と$\boldsymbol{c}$のなす角をθとすると，

$$\theta\text{が鋭角のときは}\ h=\|\boldsymbol{c}\|\cos\theta$$

$$\theta \text{ が鈍角のときは } -h = \|\boldsymbol{c}\| \cos \theta$$

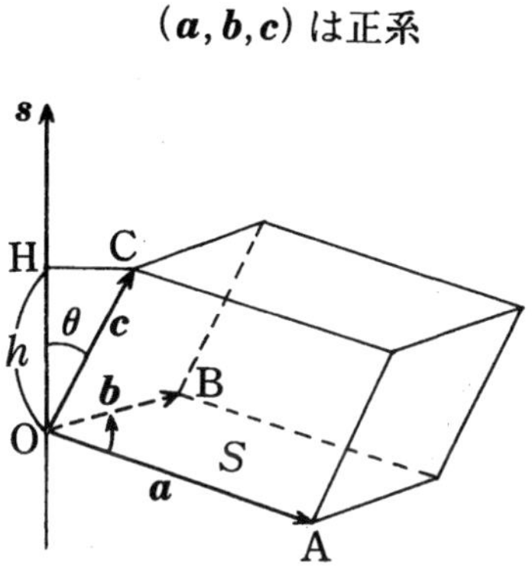

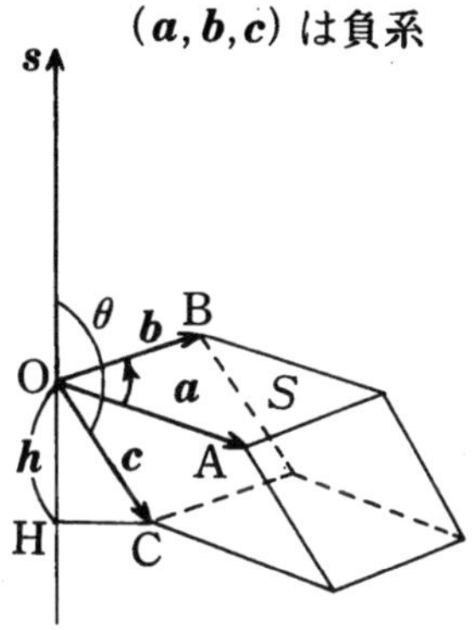

$\boldsymbol{a}$, $\boldsymbol{b}$ の定める平面を π とすると，θ が鋭角か鈍角かは，$\boldsymbol{s}$ と $\boldsymbol{c}$ が π の同側にあるか反対側にあるかによって定まる．それは……$(\boldsymbol{a}, \boldsymbol{b}, \boldsymbol{c})$ が正系か負系かの違いです．

$(\boldsymbol{a}, \boldsymbol{b}, \boldsymbol{c})$ が正系の場合は

$$D(\boldsymbol{a}, \boldsymbol{b}, \boldsymbol{c}) = V = Sh = \|\boldsymbol{s}\| \cdot \|\boldsymbol{c}\| \cos \theta$$

$(\boldsymbol{a}, \boldsymbol{b}, \boldsymbol{c})$ が負系の場合は

$$D(\boldsymbol{a}, \boldsymbol{b}, \boldsymbol{c}) = -V = S(-h) = \|\boldsymbol{s}\| \cdot \|\boldsymbol{c}\| \cos \theta$$

どちらの場合にも $D(\boldsymbol{a}, \boldsymbol{b}, \boldsymbol{c}) = \boldsymbol{s} \cdot \boldsymbol{c}$ が成り立つ」

×　　　　　　　×

「実に，簡単明快な公式ですね．内積の性質は分っているから，それを用いれば有向体積の性質が導かれそう」

「君の予想を確めたい」

定理 35　有向体積 $D(\boldsymbol{a},\boldsymbol{b},\boldsymbol{c})$ には次の性質がある．

（ｉ）$\boldsymbol{a}$，$\boldsymbol{b}$，$\boldsymbol{c}$ のどれか 2 つをいれかえれば符号だけ変る．

　$D(\boldsymbol{b},\boldsymbol{a},\boldsymbol{c})=-D(\boldsymbol{a},\boldsymbol{b},\boldsymbol{c})$ のように．　　　　　　　**（交代性）**

（ii）$D(\boldsymbol{a},\boldsymbol{b},\boldsymbol{c}+\boldsymbol{c}')=D(\boldsymbol{a},\boldsymbol{b},\boldsymbol{c})+D(\boldsymbol{a},\boldsymbol{b},\boldsymbol{c}')$

　$\boldsymbol{a}$，$\boldsymbol{b}$ についても同様．

（iii）$D(\boldsymbol{a},\ \boldsymbol{b},\ k\boldsymbol{c})=kD(\boldsymbol{a},\boldsymbol{b},\boldsymbol{c})$

　$\boldsymbol{a}$，$\boldsymbol{b}$ についても同様．

（ii），（iii）：**（線型性）**

証明のリサーチ

「（ｉ）は有向体積の定義によって明白」

「定義によって……？」

「$(\boldsymbol{a},\boldsymbol{b},\boldsymbol{c})$ の中の 2 つのベクトルをいれかえても平行六面体の体積はそのまま．しかし，正系は負系に，負系は正系にかわる」

「なるほど，そのとき有向体積は符号だけ変る」

「（ii）は $\boldsymbol{s}$ を用いて内積にかえれば，内積の分配法則そのもの

$$D(\boldsymbol{a},\boldsymbol{b},\boldsymbol{c}+\boldsymbol{c}')=\boldsymbol{s}\cdot(\boldsymbol{c}+\boldsymbol{c}')=\boldsymbol{s}\cdot\boldsymbol{c}+\boldsymbol{s}\cdot\boldsymbol{c}'$$
$$=D(\boldsymbol{a},\boldsymbol{b},\boldsymbol{c})+D(\boldsymbol{a},\boldsymbol{b},\boldsymbol{c}')$$

$\boldsymbol{a}$ の場合というのは $D(\boldsymbol{a}+\boldsymbol{a}',\boldsymbol{b},\boldsymbol{c})=D(\boldsymbol{a},\boldsymbol{b},\boldsymbol{c})+D(\boldsymbol{a}',\boldsymbol{b},\boldsymbol{c})$，さてこの証明は？」

「$\boldsymbol{a}+\boldsymbol{a}'$ と $\boldsymbol{c}$ をいれかえればよいです．符号は変るが……

$$D(\boldsymbol{a}+\boldsymbol{a}',\boldsymbol{b},\boldsymbol{c})=-D(\boldsymbol{c},\boldsymbol{b},\boldsymbol{a}+\boldsymbol{a}')$$
$$=-\{D(\boldsymbol{c},\boldsymbol{b},\boldsymbol{a})+D(\boldsymbol{c},\boldsymbol{b},\boldsymbol{a}')\}$$
$$=D(\boldsymbol{a},\boldsymbol{b},\boldsymbol{c})+D(\boldsymbol{a}',\boldsymbol{b},\boldsymbol{c})$$

$\boldsymbol{b}$ の場合も同様です」

「（iii）も（ii）にならって内積へ戻る」

「$D(\boldsymbol{a}, \boldsymbol{b}, k\boldsymbol{c}) = \boldsymbol{s} \cdot (k\boldsymbol{c}) = k(\boldsymbol{s} \cdot \boldsymbol{c}) = kD(\boldsymbol{a}, \boldsymbol{b}, \boldsymbol{c})$
$\boldsymbol{a}$ の場合も（ii）にならって

$$D(k\boldsymbol{a}, \boldsymbol{b}, \boldsymbol{c}) = -D(\boldsymbol{c}, \boldsymbol{b}, k\boldsymbol{a}) = -kD(\boldsymbol{c}, \boldsymbol{b}, \boldsymbol{a}) = kD(\boldsymbol{a}, \boldsymbol{b}, \boldsymbol{c})$$

$\boldsymbol{b}$ の場合も同様に……．内積の偉力，いや，ベクトル $\boldsymbol{s}$ の偉力が分った」

5 有向体積の成分表示

「有向体積をベクトルの成分で表す準備が完全に整った．

$$\boldsymbol{a} = (x_1, y_1, z_1),\ \boldsymbol{b} = (x_2, y_2, z_2),\ \boldsymbol{c} = (x_3, y_3, z_3)$$

この成分で $D(\boldsymbol{a}, \boldsymbol{b}, \boldsymbol{c})$ を表したい」

「$\boldsymbol{a} = x_1\boldsymbol{i} + y_1\boldsymbol{j} + z_1\boldsymbol{k}$ などを代入する？」

「その代入した式は線型性によって展開できるはず」

「やってみます．

$$\begin{aligned} &D\left(x_1\boldsymbol{i} + y_1\boldsymbol{j} + z_1\boldsymbol{k}, \boldsymbol{b}, \boldsymbol{c}\right) \\ =&x_1 D(\boldsymbol{i}, \boldsymbol{b}, \boldsymbol{c}) + y_1 D(\boldsymbol{j}, \boldsymbol{b}, \boldsymbol{c}) + z_1 D(\boldsymbol{k}, \boldsymbol{b}, \boldsymbol{c}) \end{aligned}$$

ここで，$\boldsymbol{b} = x_2\boldsymbol{i} + y_2\boldsymbol{j} + z_2\boldsymbol{k}$ を代入する」

「式を全部かくのは大変なこと．“困難は分割せよ”で行きたいものです」

「では，最初の項だけを

$$\begin{aligned} D(\boldsymbol{i}, \boldsymbol{b}, \boldsymbol{c}) &= D\left(\boldsymbol{i}, x_2\boldsymbol{i} + y_2\boldsymbol{j} + z_2\boldsymbol{k}, \boldsymbol{c}\right) \\ &= x_2 D(\boldsymbol{i}, \boldsymbol{i}, \boldsymbol{c}) + y_2 D(\boldsymbol{i}, \boldsymbol{j}, \boldsymbol{c}) + z_2 D(\boldsymbol{i}, \boldsymbol{k}, \boldsymbol{c}) \end{aligned}$$

ここで，さらに $\boldsymbol{c} = x_3\boldsymbol{i} + y_3\boldsymbol{j} + z_3\boldsymbol{k}$ を代入する．“困難は分割せよ”に従って最初の項だけを

$$D(\boldsymbol{i}, \boldsymbol{i}, \boldsymbol{c}) = D\left(\boldsymbol{i}, \boldsymbol{i}, x_3\boldsymbol{i} + y_3\boldsymbol{j} + z_3\boldsymbol{k}\right)$$

$$= x_3 D(\boldsymbol{i}, \boldsymbol{i}, \boldsymbol{i}) + y_3 D(\boldsymbol{i}, \boldsymbol{i}, \boldsymbol{j}) + z_3 D(\boldsymbol{i}, \boldsymbol{i}, \boldsymbol{k})$$

さて，もとの式はどうなることやら……」

「式は複雑でも，それを支配している原理は単純だ．たとえば

$D(\boldsymbol{i}, \boldsymbol{i}, \boldsymbol{i})$ の係数は……$x_1 x_2 x_3$

$D(\boldsymbol{i}, \boldsymbol{i}, \boldsymbol{j})$ の係数は……$x_1 x_2 y_3$

$D(\boldsymbol{i}, \boldsymbol{i}, \boldsymbol{k})$ の係数は……$x_1 x_2 z_3$

分りますかね．係数を見つける原理？　たとえば $D(\boldsymbol{j}, \boldsymbol{k}, \boldsymbol{i})$ の係数を求めてごらんよ」

「$\boldsymbol{i}$ の係数は $x_{(\quad)}$，$\boldsymbol{j}$ の係数は $y_{(\quad)}$，$\boldsymbol{k}$ の係数は $z_{(\quad)}$ だから

$D(\boldsymbol{j}, \boldsymbol{k}, \boldsymbol{i})$ の係数は……$y_{(\quad)} z_{(\quad)} x_{(\quad)}$

サフィックスの決定が残った……？」

「サフィックスは，どれをみても 1，2，3 の順」

「なんだ．燈台下暗しか．$y_1 z_2 x_3$，これで原理が分った．要するに，x，y，z のすべての順列を作って 1，2，3 を補えばよい」

「順列は順列でも……重複順列ですよ」

「じゃ，全体で，項の数は $3^3 = 27$，これはすごい」

「しかし，有向体積は，3 つのベクトルが共面ならば 0 だから $D(\boldsymbol{i}, \boldsymbol{i}, \boldsymbol{i})$，$D(\boldsymbol{k}, \boldsymbol{i}, \boldsymbol{k})$ のように，同ベクトルのあるものはすべて 0……結局残るのは $\boldsymbol{i}$，$\boldsymbol{j}$，$\boldsymbol{k}$ の順序をかえたものだけ」

「やれやれ，これで項数は $3! = 6$ で，6 個に過ぎない．それを全部，かいてみます．

$$\begin{aligned} D(\boldsymbol{a}, \boldsymbol{b}, \boldsymbol{c}) = & x_1 y_2 z_3 D(\boldsymbol{i}, \boldsymbol{j}, \boldsymbol{k}) + x_1 z_2 y_3 D(\boldsymbol{i}, \boldsymbol{k}, \boldsymbol{j}) \\ & + y_1 z_2 x_3 D(\boldsymbol{j}, \boldsymbol{k}, \boldsymbol{i}) + y_1 x_2 z_3 D(\boldsymbol{j}, \boldsymbol{i}, \boldsymbol{k}) \\ & + z_1 x_2 y_3 D(\boldsymbol{k}, \boldsymbol{i}, \boldsymbol{j}) + z_1 y_2 x_3 D(\boldsymbol{k}, \boldsymbol{j}, \boldsymbol{i}) \end{aligned}$$

まだ，相当な式……」

「$\boldsymbol{i}$，$\boldsymbol{j}$，$\boldsymbol{k}$ は単位ベクトルで 2 つずつ直交するから，これらの作る平行六面体は立方体で，体積は 1 ですよ」

「そうか，$D(\boldsymbol{i},\boldsymbol{j},\boldsymbol{k})$ はベクトルが正系だから値は 1．この $\boldsymbol{j}$ と $\boldsymbol{k}$ をいれかえたのが $D(\boldsymbol{i},\boldsymbol{k},\boldsymbol{j})$ だから値は -1，他も同様で

$$\begin{aligned} D(\boldsymbol{a},\boldsymbol{b},\boldsymbol{c}) &= x_1y_2z_3 - x_1z_2y_3 + y_1z_2x_3 \\ &\qquad - y_1x_2z_3 + z_1x_2y_3 - z_1y_2x_3 \end{aligned}$$

見覚えのある式が現れた」

「見覚えどころか……この式を知らないようでは，線型代数をやるのがおぼつかない．この式は 3 次の行列式を展開したものだ」

定理 36　$\boldsymbol{a}=(x_1,y_1,z_1)$，$\boldsymbol{b}=(x_2,y_2,z_2)$，$\boldsymbol{c}=(x_3,y_3,z_3)$ のとき，次の等式が成り立つ．

$$D(\boldsymbol{a},\boldsymbol{b},\boldsymbol{c}) = \begin{vmatrix} x_1 & y_1 & z_1 \\ x_2 & y_2 & z_2 \\ x_3 & y_3 & z_3 \end{vmatrix} = \begin{vmatrix} x_1 & x_2 & x_3 \\ y_1 & y_2 & y_3 \\ z_1 & z_2 & z_3 \end{vmatrix}$$

例 40　$\boldsymbol{a}=(1,1,1)$，$\boldsymbol{b}=(-1,1,1)$，$\boldsymbol{c}=(0,1,0)$ の作る平行六面体の有向体積を求めよ．

解

$$D(\boldsymbol{a},\boldsymbol{b},\boldsymbol{c}) = \begin{vmatrix} 1 & 1 & 1 \\ -1 & 1 & 1 \\ 0 & 1 & 0 \end{vmatrix} = -\begin{vmatrix} 1 & 1 \\ -1 & 1 \end{vmatrix} = -2$$

例 41　原点 O と点 A($\boldsymbol{a}$)，B($\boldsymbol{b}$)，C($\boldsymbol{c}$) を頂点とする四面体の体積を V とする．

(1) 右の等式を証明せよ.

(2) 1辺の長さが a の正四面体の体積を求めよ.

$$V^2 = \frac{1}{36}\begin{vmatrix} \boldsymbol{a}\cdot\boldsymbol{a} & \boldsymbol{a}\cdot\boldsymbol{b} & \boldsymbol{a}\cdot\boldsymbol{c} \\ \boldsymbol{b}\cdot\boldsymbol{a} & \boldsymbol{b}\cdot\boldsymbol{b} & \boldsymbol{b}\cdot\boldsymbol{c} \\ \boldsymbol{c}\cdot\boldsymbol{a} & \boldsymbol{c}\cdot\boldsymbol{b} & \boldsymbol{c}\cdot\boldsymbol{c} \end{vmatrix}$$

解 (1) $\boldsymbol{a} = (x_1, y_1, z_1)$, $\boldsymbol{b} = (x_2, y_2, z_2)$, $\boldsymbol{c} = (x_3, y_3, z_3)$ とし，これらの列ベクトルは ${}^t\boldsymbol{a}$, ${}^t\boldsymbol{b}$, ${}^t\boldsymbol{c}$ で表すことにすると，内積 $\boldsymbol{a}\cdot\boldsymbol{b}$ は行列の乗法によって $\boldsymbol{a}{}^t\boldsymbol{b}$ で表される．ここで

$$M = \begin{pmatrix} \boldsymbol{a} \\ \boldsymbol{b} \\ \boldsymbol{c} \end{pmatrix} = \begin{pmatrix} x_1 & y_1 & z_1 \\ x_2 & y_2 & z_2 \\ x_3 & y_3 & z_3 \end{pmatrix},\quad {}^tM = ({}^t\boldsymbol{a} \quad {}^t\boldsymbol{b} \quad {}^t\boldsymbol{c}) = \begin{pmatrix} x_1 & x_2 & x_3 \\ y_1 & y_2 & y_3 \\ z_1 & z_2 & z_3 \end{pmatrix}$$

とおくと，前のページの定理によって

$$D(\boldsymbol{a}, \boldsymbol{b}, \boldsymbol{c}) = |M| = |{}^tM|$$

$$\therefore\quad V^2 = \frac{1}{6}|M| \cdot \frac{1}{6}|{}^tM| = \frac{1}{36}|M{}^tM|$$

$$= \frac{1}{36}\left|\begin{pmatrix} \boldsymbol{a} \\ \boldsymbol{b} \\ \boldsymbol{c} \end{pmatrix}({}^t\boldsymbol{a} \quad {}^t\boldsymbol{b} \quad {}^t\boldsymbol{c})\right| = \frac{1}{36}\begin{vmatrix} \boldsymbol{a}{}^t\boldsymbol{a} & \boldsymbol{a}{}^t\boldsymbol{b} & \boldsymbol{a}{}^t\boldsymbol{c} \\ \boldsymbol{b}{}^t\boldsymbol{a} & \boldsymbol{b}{}^t\boldsymbol{b} & \boldsymbol{b}{}^t\boldsymbol{c} \\ \boldsymbol{c}{}^t\boldsymbol{a} & \boldsymbol{c}{}^t\boldsymbol{b} & \boldsymbol{c}{}^t\boldsymbol{c} \end{vmatrix}$$

$$= \frac{1}{36}\begin{vmatrix} \boldsymbol{a}\cdot\boldsymbol{a} & \boldsymbol{a}\cdot\boldsymbol{b} & \boldsymbol{a}\cdot\boldsymbol{c} \\ \boldsymbol{b}\cdot\boldsymbol{a} & \boldsymbol{b}\cdot\boldsymbol{b} & \boldsymbol{b}\cdot\boldsymbol{c} \\ \boldsymbol{c}\cdot\boldsymbol{a} & \boldsymbol{c}\cdot\boldsymbol{b} & \boldsymbol{c}\cdot\boldsymbol{c} \end{vmatrix}$$

(2) O-ABC を辺の長さ a の正四面体とすると $\boldsymbol{a}\cdot\boldsymbol{a} = \boldsymbol{b}\cdot\boldsymbol{b} = \boldsymbol{c}\cdot\boldsymbol{c} = a^2$, $\boldsymbol{a}\cdot\boldsymbol{b} = \boldsymbol{b}\cdot\boldsymbol{a} = \boldsymbol{b}\cdot\boldsymbol{c} = \cdots\cdots = a^2\cos 60^\circ = \dfrac{a^2}{2}$

$$V^2 = \frac{1}{36}\begin{vmatrix} a^2 & \dfrac{a^2}{2} & \dfrac{a^2}{2} \\ \dfrac{a^2}{2} & a^2 & \dfrac{a^2}{2} \\ \dfrac{a^2}{2} & \dfrac{a^2}{2} & a^2 \end{vmatrix} = \frac{a^6}{36\cdot 8}\begin{vmatrix} 2 & 1 & 1 \\ 1 & 2 & 1 \\ 1 & 1 & 2 \end{vmatrix} = \frac{a^6}{36\cdot 2}$$

$$\therefore\quad V=\frac{\sqrt{2}}{12}a^3$$

6　外積

「有向体積の式 $D(\boldsymbol{a},\boldsymbol{b},\boldsymbol{c})=\boldsymbol{s}\cdot\boldsymbol{c}$ の中のベクトル $\boldsymbol{s}$ の正体を知りたい．大きさと向きは分っているのに，成分が分っていません」

「$\boldsymbol{s}$ について分っていることを整理してみると

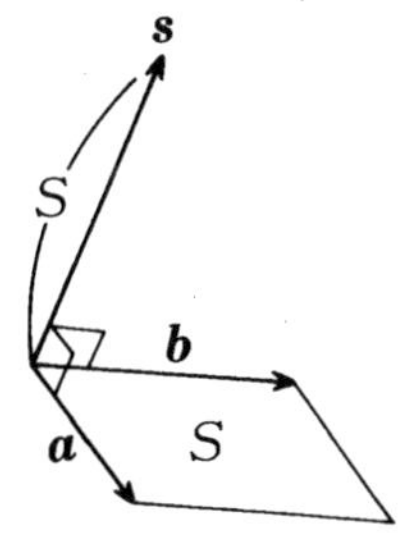

$\boldsymbol{s}$ の大きさ $\|\boldsymbol{s}\|=S$

$\boldsymbol{s}$ の向き $\begin{cases}\boldsymbol{a},\ \boldsymbol{b}\ \text{に直交する}\\(\boldsymbol{a},\boldsymbol{b},\boldsymbol{s})\ \text{は正系}\end{cases}$

大きさは分っているというよりは定義されているというべきか．S の値は求めて，はじめて分ったことになる」

「$\boldsymbol{a}$，$\boldsymbol{b}$ の成分が分れば S の値は分りますね．$\boldsymbol{a}=(x_1,y_1,z_1)$，$\boldsymbol{b}=(x_2,y_2,z_2)$ とすると

$$S=\|\boldsymbol{a}\|\times\|\boldsymbol{b}\|\times|\sin\theta|$$

$$\begin{aligned}\|\boldsymbol{s}\|^2=S^2=\|\boldsymbol{a}\|^2\|\boldsymbol{b}\|^2\left(1-\cos^2\theta\right)&=\|\boldsymbol{a}\|^2\|\boldsymbol{b}\|^2-(\boldsymbol{a}\cdot\boldsymbol{b})^2\\&=\left({x_1}^2+{y_1}^2+{z_1}^2\right)\left({x_2}^2+{y_2}^2+{z_2}^2\right)-\left(x_1x_2+y_1y_2+z_1z_2\right)^2\\&=\left(y_1z_2-y_2z_1\right)^2+\left(z_1x_2-z_2x_1\right)^2+\left(x_1y_2-x_2y_1\right)^2\end{aligned}$$

$\|\boldsymbol{s}\|$ はこの平方根のうち負でないもの」

「$\boldsymbol{s}$ の成分も同じ状況……定義はされているものの具体的には未知に等しい」

「$\boldsymbol{s}$ は $\boldsymbol{a}$，$\boldsymbol{b}$ に直交するのだから $\boldsymbol{s}=(x,y,z)$ とおいて，この成分を求めてみます．

$$\boldsymbol{a}\perp\boldsymbol{s}\ \text{から}\ \boldsymbol{a}\cdot\boldsymbol{s}=x_1x+y_1y+z_1z=0$$

$$\boldsymbol{b} \perp \boldsymbol{s} \text{ から } \boldsymbol{b} \cdot \boldsymbol{s} = x_2 x + y_2 y + z_2 z = 0$$

この 2 つを連立させて解いて

$$x = (y_1 z_2 - y_2 z_1)\, t, \quad y = (z_1 x_2 - z_2 x_1)\, t, \quad z = (x_1 y_2 - x_2 y_1)\, t$$

$\boldsymbol{s}$ が求まった」

「t を未定のままにしておくのですか」

「$\boldsymbol{s}$ の大きさの式を用いれば求まります.

$$\|\boldsymbol{s}\|^2 = \left\{ (y_1 z_2 - y_2 z_1)^2 + (z_1 x_2 - z_2 x_1)^2 + (x_1 y_2 - x_2 y_1)^2 \right\} t^2$$

これと前の結果とから $t^2 = 1$, $t = \pm 1$……おや, $\boldsymbol{s}$ の成分が 2 組求まってしまった」

「どちらが $\boldsymbol{s}$ の成分か. こら, 難問です」

「解決のカギを握るのは $(\boldsymbol{a}, \boldsymbol{b}, \boldsymbol{s})$ は正系という条件だろう……と予想できるのだが……」

× ×

「正系という条件を用いるには, 有向体積に戻ればよいだろう」

「有向体積は正系のとき正と定めてあるからですね」

「そうです. われわれは有向体積 $D(\boldsymbol{a}, \boldsymbol{b}, \boldsymbol{c})$ が成分によって 2 通り表されることを, すでに知っている. すなわち

$$\boldsymbol{s} \cdot \boldsymbol{c} = \begin{vmatrix} x_1 & y_1 & z_1 \\ x_2 & y_2 & z_2 \\ x_3 & y_3 & z_3 \end{vmatrix}$$

そこで, この右辺を展開して $\boldsymbol{s}$ の成分を探してはと考えた」

「僕には及びもつかないアイデア. 第 3 行について展開すればよいですね. やってみます.

$$\boldsymbol{s} \cdot \boldsymbol{c} = x_3 \begin{vmatrix} y_1 & z_1 \\ y_2 & z_2 \end{vmatrix} - y_3 \begin{vmatrix} x_1 & z_1 \\ x_2 & z_2 \end{vmatrix} + z_3 \begin{vmatrix} x_1 & y_1 \\ x_2 & y_2 \end{vmatrix}$$

$$= (y_1z_2 - y_2z_1)\,x_3 + (z_1x_2 - z_2x_1)\,y_3 + (x_1y_2 - x_2y_1)\,z_3$$

これはうまい．内積で表される．

$$\boldsymbol{s}\cdot\mathbf{c} = (y_1z_2 - y_2z_1, z_1x_2 - z_2x_1, x_1y_2 - x_2y_1)\cdot\boldsymbol{c} \qquad ①$$

この式から

$$\boldsymbol{s} = (y_1z_2 - y_2z_1, z_1x_2 - z_2x_1, x_1y_2 - x_2y_1) \qquad ②$$

あざやかなアイデアです」

「最後の推論が頼りない」

「①から②へ移るところ……？　いけませんか」

「①式を $\boldsymbol{s}\cdot\boldsymbol{c} = \boldsymbol{s}'\cdot\mathbf{c}$ とすると，$(\boldsymbol{s}-\boldsymbol{s}')\cdot\boldsymbol{c} = 0$，これから $\boldsymbol{s}-\boldsymbol{s}' = \boldsymbol{0}$ を導く前に，“すべてのベクトル $\boldsymbol{c}$ について成り立つ” を補えば申し分ない」

×　　　×

「いま，ようやく成分が明かになったベクトル $\boldsymbol{s}$ は 2 つのベクトル $\boldsymbol{a}$，$\boldsymbol{b}$ に対応して 1 つ定まるベクトルで，$\boldsymbol{a}$，$\boldsymbol{b}$ の**外積**といい $\boldsymbol{a}\times\boldsymbol{b}$ で表すのです．

$\boldsymbol{a} = (x_1, y_1, z_1)$，　$\boldsymbol{b} = (x_2, y_2, z_2)$ のとき

$$\boldsymbol{s} = \boldsymbol{a}\times\boldsymbol{b} = (y_1z_2 - y_2z_1, z_1x_2 - z_2x_1, x_1y_2 - x_2y_1)$$

$$= \left(\begin{vmatrix} y_1 & z_1 \\ y_2 & z_2 \end{vmatrix}, \begin{vmatrix} z_1 & x_1 \\ z_2 & x_2 \end{vmatrix}, \begin{vmatrix} x_1 & y_1 \\ x_2 & y_2 \end{vmatrix} \right) \qquad ③$$

ここのベクトル $\boldsymbol{a}\times\boldsymbol{b}$ の重要な特徴は $(\boldsymbol{a}, \boldsymbol{b}, \boldsymbol{a}\times\boldsymbol{b})$ がつねに正系になることです」

「外積は空間の 2 つのベクトルに対応して 1 つのベクトルを定めるから……演算ですね．演算なら計算法則も重要でしょう」

「法則は外積の成分の式③から簡単に分る」

定理 37　外積には次の性質がある．

（i）$(\boldsymbol{a}, \boldsymbol{b}, \boldsymbol{a} \times \boldsymbol{b})$ は正系で，$D(\boldsymbol{a}, \boldsymbol{b}, \boldsymbol{c}) = (\boldsymbol{a} \times \boldsymbol{b}) \cdot \boldsymbol{c}$

（ii）$\boldsymbol{b} \times \boldsymbol{a} = -(\boldsymbol{a} \times \boldsymbol{b})$　　**（交代性）**

（iii）$\boldsymbol{a} \times (\boldsymbol{b} + \boldsymbol{c}) = \boldsymbol{a} \times \boldsymbol{b} + \boldsymbol{a} \times \boldsymbol{c}$

$(\boldsymbol{b} + \boldsymbol{c}) \times \boldsymbol{a} = \boldsymbol{b} \times \boldsymbol{a} + \boldsymbol{c} \times \boldsymbol{a}$

（iv）$(k\boldsymbol{a}) \times \boldsymbol{b} = \boldsymbol{a} \times (k\boldsymbol{b}) = k(\boldsymbol{a} \times \boldsymbol{b})$

（iii），（iv）：**（線型性）**

「証明はやさしいから，君の課題とし，応用へ……」

例 42　3 点 $\mathrm{A}(\boldsymbol{a})$，$\mathrm{B}(\boldsymbol{b})$，$\mathrm{C}(\boldsymbol{c})$ を頂点とする三角形の面積を S とすれば $S = \dfrac{1}{2}\|\boldsymbol{b} \times \boldsymbol{c} + \boldsymbol{c} \times \boldsymbol{a} + \boldsymbol{a} \times \boldsymbol{b}\|$ が成り立つことを示せ．

解　$\overrightarrow{\mathrm{AB}} = \boldsymbol{b} - \boldsymbol{a}$，$\overrightarrow{\mathrm{AC}} = \boldsymbol{c} - \boldsymbol{a}$

$$\begin{aligned}\therefore \overrightarrow{\mathrm{AB}} \times \overrightarrow{\mathrm{AC}} &= (\boldsymbol{b} - \boldsymbol{a}) \times (\boldsymbol{c} - \boldsymbol{a}) \\ &= \boldsymbol{b} \times \boldsymbol{c} - \boldsymbol{b} \times \boldsymbol{a} - \boldsymbol{a} \times \boldsymbol{c} + \boldsymbol{a} \times \boldsymbol{a}\end{aligned}$$

$\boldsymbol{a} \times \boldsymbol{a} = 0$，$-\boldsymbol{b} \times \boldsymbol{a} = \boldsymbol{a} \times \boldsymbol{b}$，$-\boldsymbol{a} \times \boldsymbol{c} = \boldsymbol{c} \times \boldsymbol{a}$ であるから

$$\overrightarrow{\mathrm{AB}} \times \overrightarrow{\mathrm{AC}} = \boldsymbol{b} \times \boldsymbol{c} + \boldsymbol{c} \times \boldsymbol{a} + \boldsymbol{a} \times \boldsymbol{b}$$

このベクトルの大きさの $\dfrac{1}{2}$ が S であるから

$$S = \frac{1}{2}\|\boldsymbol{b} \times \boldsymbol{c} + \boldsymbol{c} \times \boldsymbol{a} + \boldsymbol{a} \times \boldsymbol{b}\|$$

例 43　3 点 $\mathrm{A}(a, 0, 0)$，$\mathrm{B}(0, b, 0)$，$\mathrm{C}(0, 0, c)$ を頂点とする三角形の面積を求めよ．

解　上の例の公式によるか，外積 $\overrightarrow{\mathrm{AB}} \times \overrightarrow{\mathrm{AC}}$ によってストレート

に求めればよい.

$$\overrightarrow{\mathrm{AB}} = (-a, b, 0) \quad \overrightarrow{\mathrm{AC}} = (-a, 0, c)$$

$$\overrightarrow{\mathrm{AB}} \times \overrightarrow{\mathrm{AC}} = \left(\begin{vmatrix} b & 0 \\ 0 & c \end{vmatrix}, \begin{vmatrix} 0 & -a \\ c & -a \end{vmatrix}, \begin{vmatrix} -a & b \\ -a & 0 \end{vmatrix} \right) = (bc, ca, ab)$$

$$S = \frac{1}{2}\|\overrightarrow{\mathrm{AB}} \times \overrightarrow{\mathrm{AC}}\| = \frac{1}{2}\sqrt{b^2c^2 + c^2a^2 + a^2b^2}$$

例 44 次の等式を証明せよ.

$$(\boldsymbol{a} \times \boldsymbol{b}) \times \boldsymbol{c} = (\boldsymbol{a} \cdot \boldsymbol{c})\boldsymbol{b} - (\boldsymbol{b} \cdot \boldsymbol{c})\boldsymbol{a} \qquad \textbf{（ラグランジュの等式）}$$

解 $\boldsymbol{a} = (x_1, y_1, z_1)$, $\boldsymbol{b} = (x_2, y_2, z_2)$, $\boldsymbol{c} = (x_3, y_3, z_3)$ とおくと

$$\begin{aligned} \text{右辺} &= (x_1x_3 + y_1y_3 + z_1z_3)(x_2, y_2, z_2) \\ &\qquad - (x_2x_3 + y_2y_3 + z_2z_3)(x_1, y_1, z_1) \end{aligned} \qquad ①$$

このベクトルの第 1 成分は

$$\begin{aligned} &(x_1x_3 + y_1y_3 + z_1z_3)\,x_2 - (x_2x_3 + y_2y_3 + z_2z_3)\,x_1 \\ &\qquad = (z_1x_2 - z_2x_1)\,z_3 - (x_1y_2 - x_2y_1)\,y_3 \end{aligned}$$

$\boldsymbol{a} \times \boldsymbol{b} = (\mathrm{P}, \mathrm{Q}, \mathrm{R})$ とおくと，①の第 1 成分は $\mathrm{Q}z_3 - \mathrm{R}y_3$，この式で x，y，z および P，Q，R をサイクリックにいれかえて第 2 成分と第 3 成分が得られる．よって

$$\begin{aligned} \text{右辺} &= (\mathrm{Q}z_3 - \mathrm{R}y_3, \mathrm{R}x_3 - \mathrm{P}z_3, \mathrm{P}y_3 - \mathrm{Q}x_3) \\ &= (\mathrm{P}, \mathrm{Q}, \mathrm{R}) \times (x_3, y_3, z_3) \\ &= (\boldsymbol{a} \times \boldsymbol{b}) \times \boldsymbol{c} \end{aligned}$$

練習問題—6

47 四面体ABCDにおいて，$\mathrm{AB} \perp \mathrm{CD}$，$\mathrm{AC} \perp \mathrm{BD}$ ならば $\mathrm{AD} \perp \mathrm{BC}$ であることを証明せよ．

48 $\mathrm{OA} = a$, $\mathrm{OB} = b$, $\mathrm{OC} = c$, $\angle\mathrm{BOC} = \alpha$, $\angle\mathrm{COA} = \beta$, $\angle\mathrm{AOB} = \gamma$ であるとき四面体 $\mathrm{O-ABC}$ の体積を V とすると

$$V = \frac{1}{6}abc\sqrt{1 - \cos^2\alpha - \cos^2\beta - \cos^2\gamma + 2\cos\alpha\cos\beta\cos\gamma}$$

であることを示せ．

49 $\boldsymbol{a} + \boldsymbol{b} + \boldsymbol{c} = \boldsymbol{0}$ のとき，次の等式を証明せよ．

$$\boldsymbol{a} \times \boldsymbol{b} = \boldsymbol{b} \times \boldsymbol{c} = \boldsymbol{c} \times \boldsymbol{a}$$

50 次の等式を証明せよ．

（1）$(\boldsymbol{a} \times \boldsymbol{b}) \times \boldsymbol{c} + (\boldsymbol{b} \times \boldsymbol{c}) \times \boldsymbol{a} + (\boldsymbol{c} \times \boldsymbol{a}) \times \boldsymbol{b} = 0$

（2）$D(\boldsymbol{b} \times \boldsymbol{c}, \boldsymbol{c} \times \boldsymbol{a}, \boldsymbol{a} \times \boldsymbol{b}) = D(\boldsymbol{a}, \boldsymbol{b}, \boldsymbol{c})^2$

（3）$(\boldsymbol{a} \times \boldsymbol{b}) \cdot \boldsymbol{c} = (\boldsymbol{b} \times \boldsymbol{c}) \cdot \boldsymbol{a} = (\boldsymbol{c} \times \boldsymbol{a}) \cdot \boldsymbol{b}$

51 a，b，c が共面でないとき，次の等式を証明せよ．

$$\boldsymbol{x} = \frac{1}{D(\boldsymbol{a}, \boldsymbol{b}, \boldsymbol{c})}\{D(\boldsymbol{x}, \boldsymbol{b}, \boldsymbol{c})\boldsymbol{a} + D(\boldsymbol{x}, \boldsymbol{c}, \boldsymbol{a})\boldsymbol{b} + D(\boldsymbol{x}, \boldsymbol{a}, \boldsymbol{b})\boldsymbol{c}\}$$

52 線型写像 $f(\boldsymbol{x}) = A\boldsymbol{x}$（Aは3次行列，$\boldsymbol{x}$ は3次の列ベクトル）に対して

$$D\left(f\left(\boldsymbol{x}_1\right), f\left(\boldsymbol{x}_2\right), f\left(\boldsymbol{x}_3\right)\right) = |A| D\left(\boldsymbol{x}_1, \boldsymbol{x}_2, \boldsymbol{x}_3\right)$$

が成り立つことを示せ．

53 A が 3 次行列で，$\boldsymbol{x}_1$，$\boldsymbol{x}_2$ が 3 次の列ベクトルのとき

$$(A\boldsymbol{x}_1) \times (A\boldsymbol{x}_2) = {}^tA^{(c)}(\boldsymbol{x}_1 \times \boldsymbol{x}_2)$$

が成り立つことを示せ．ただし $A^{(c)}$ は A の余因子行列である．

§7. 直線と平面の方程式

1　直線の方程式

「直線の方程式は，空間になっても変りませんね．1点 $A(\boldsymbol{x}_1)$ を通って，ベクトル $\boldsymbol{a}$ に平行な直線の方程式は

$$\boldsymbol{x} = \boldsymbol{x}_1 + t\boldsymbol{a} \quad (\boldsymbol{a} \neq \boldsymbol{0})$$

です．しかし，$\boldsymbol{x} = (x, y, z)$，$\boldsymbol{x}_1 = (x_1, y_1, z_1)$，$\boldsymbol{a} = (a, b, c)$ とおいて成分に分解すると

$$\begin{cases} x = x_1 + at \\ y = y_1 + bt \qquad (a, b, c) \neq (0, 0, 0) \\ z = z_1 + ct \end{cases}$$

となって，平面のときよりも方程式が1つ多い」

「分数の形で表すことも，平面の場合と変らない．移項して

$$x - x_1 = at, y - y_1 = bt, z - z_1 = ct \qquad ①$$

これらの式を……分数の形をかりて

$$\frac{x - x_1}{a} = \frac{y - y_1}{b} = \frac{z - z_1}{c} \qquad ②$$

とかく．したがって“分母 $= 0$ ならば分子 $= 0$ となる”も前と同じ」

「どうも，そこが親しめない」

「要するに“②で迷ったら①に戻る”のです．①でみれば $a = 0$ のとき $x - x_1 = 0$，$b = 0$ のとき $y - y_1 = 0$，……疑問の余地がないでしょう」

「分りました.」

「では，xy 平面に平行な直線の方程式をかいてごらん」

「xy 平面に平行なら……方向ベクトルは……z 成分が 0 だから $(a, b, 0)$ とおいて

$$\frac{x - x_1}{a} = \frac{y - y_1}{b} = \frac{z - z_1}{0}$$

分母＝0 ならば分子＝0 だから

$$\begin{cases} \dfrac{x-x_1}{a}=\dfrac{y-y_1}{b} \\ z-z_1=0 \end{cases}$$

へんなものになった」

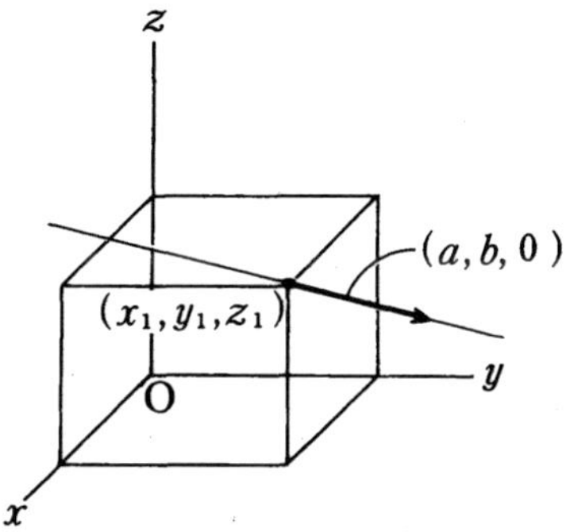

「分数の形のほうが分りやすいでしょう．形が整っていて．そこが，この式のねらいですよ．もっと特殊化して，z 軸に平行な直線の方程式を……」

「z 軸に平行なベクトルは $(0,0,c)$ だから

$$\frac{x-x_1}{0}=\frac{y-y_1}{0}=\frac{z-z_1}{c}$$

分母＝0 ならば分子＝0 によると

$$x-x_1=0, y-y_1=0$$

あれ，へんなものが残った．

$$\frac{z-z_1}{c}$$

この式はどうなるのですか」

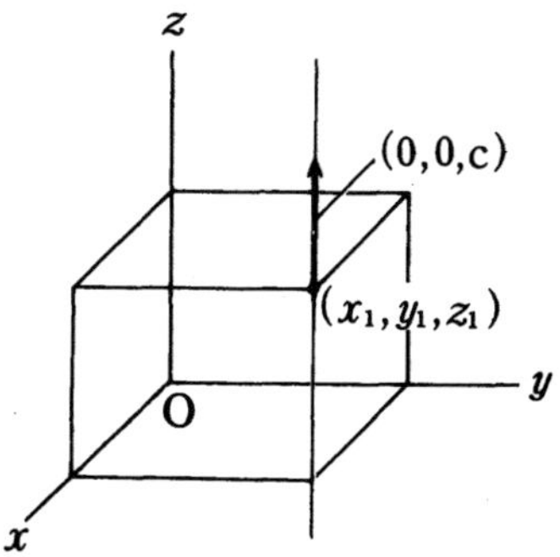

「数学というのはね，こういう変り種のものは，やさしいようで，かえって難しいものなのだ．$\dfrac{z-z_1}{c}$ はガールフレンドに見はなされた男みたいなもので，1人ぼっちだ」

「可能性があっていいですね．好きな女性を自由に選ぶ……」

「楽天主義が気にいったよ．$\dfrac{z-z_1}{c}$ はまさしくそれだ．相手がいないから等式にならないが，その代り，どんな実数値をとってもよい」

「したがって，z は任意？」

「任意なら，ほっておけばよい」

「z よ，お前は自由に振るまえ……というわけで，方程式は

$$\begin{cases} x-x_1=0 \\ y-y_1=0 \end{cases}$$

で十分！　しかし……パラメータ t を用いて表すと

$$\begin{cases} x=x_1 \\ y=y_1 \\ z=z_1+ct \end{cases}$$

z が姿を現すが……」

「可能性の顕現化……美女をつれて再登場と思えばよい」

「こういう特殊な直線はパラメータ型のほうが分りよいですね．形のくずれが少くて……」

「どっちがよいかは，使い道によること．短絡的な結論をつつしみたいよ」

例 45　1 点 $(7,-5,6)$ を通り，次の 2 直線に直交する直線の方程式を求めよ．

$$\frac{x-1}{2}=\frac{y-5}{3}=\frac{z}{-4},\quad \frac{x+4}{3}=\frac{y+1}{2}=\frac{z-8}{1}$$

解法のリサーチ

「簡単です．求める直線の方向ベクトルを $\boldsymbol{a}=(\boldsymbol{a},\boldsymbol{b},\boldsymbol{c})$ とすると，このベクトルは $\boldsymbol{b}=(2,3,-4)$，$\boldsymbol{c}=(3,2,1)$ に直交するのだから

$$2a+3b-4c=0,\quad 3a+2b+c=0$$

これを解いて……」

「誤りではないが，宝の持ちぐされ．なんのための外積かといいたいね」

「しまった．外積 $\boldsymbol{b}\times\boldsymbol{c}$ は $\boldsymbol{b}$，$\boldsymbol{c}$ に直交するベクトルであった．

$$\boldsymbol{b}\times\boldsymbol{c}=\left(\begin{vmatrix}3 & -4\\ 2 & 1\end{vmatrix},\begin{vmatrix}-4 & 2\\ 1 & 3\end{vmatrix},\begin{vmatrix}2 & 3\\ 3 & 2\end{vmatrix}\right)=(11,-14,-5)$$

$$\frac{x-7}{11}=\frac{y+5}{-14}=\frac{z-6}{-5}$$

これが求める方程式……」

× ×

「方向ベクトルは，単位ベクトルを選べば，応用には都合のよいことが多い．それを $\boldsymbol{n}=(l,m,n)$ で表すことにしたい」

「大きさが1だから？」

「それだけではないですね．$\boldsymbol{n}$ と基本ベクトル $\boldsymbol{i}$，$\boldsymbol{j}$，$\boldsymbol{k}$ との交角をそれぞれ α，β，γ としてみると，これと単純明快な関係がある．分りませんか」

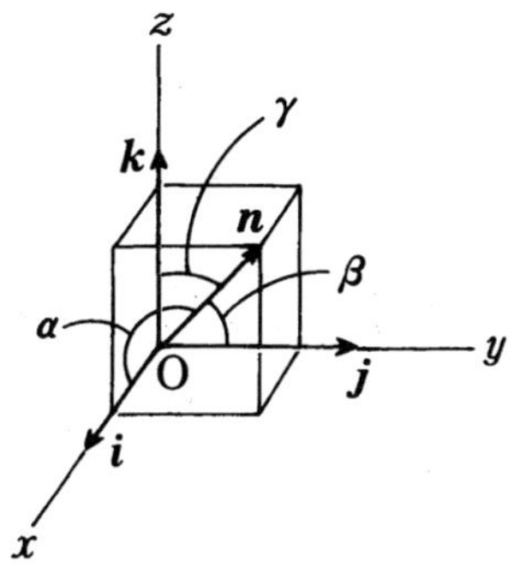

「角との関係なら内積

$$\boldsymbol{n}=(l,m,n) \text{ と } \boldsymbol{i}=(1,0,0)$$

の内積は $\boldsymbol{n}\cdot\boldsymbol{i}=l$……一方 $\boldsymbol{n}\cdot\boldsymbol{i}=\|\boldsymbol{n}\|\|\boldsymbol{i}\|\cos\alpha=\cos\alpha$

おや，$l=\cos\alpha$……同様にして $m=\cos\beta$，$n=\cos\gamma$，たしかに単純明快な関係……」

「そこで，新語の登場……α，β，γ を $\boldsymbol{n}$ の**方向角**，$\cos\alpha$，$\cos\beta$，$\cos\gamma$ を $\boldsymbol{n}$ の**方向余弦**ということになった」

定理 38 単位ベクトル $\boldsymbol{n}=(l,m,n)$ が座標空間の基本ベクトル $\boldsymbol{i}=(1,0,0)$，$\boldsymbol{j}=(0,1,0)$，$\boldsymbol{k}=(0,0,1)$ となす角をそれぞれ α，β，γ

とすれば

$$l = \cos\alpha,\ m = \cos\beta,\ n = \cos\gamma$$

例 46　基本ベクトル $\boldsymbol{i}$, $\boldsymbol{j}$ と 60° の角をなす単位ベクトル $\boldsymbol{n}$ と基本ベクトル $\boldsymbol{k}$ とのなす角を求めよ.

解　$\boldsymbol{n} = (l, m, n)$ とおき，これが $\boldsymbol{k}$ となす角を γ とすると

$$l = \cos 60^\circ = \frac{1}{2}, \quad m = \cos 60^\circ = \frac{1}{2}, \quad n = \cos\gamma$$

$\|\boldsymbol{n}\|^2 = l^2 + m^2 + n^2 = 1$ に代入すると

$$\frac{1}{4} + \frac{1}{4} + \cos^2\gamma = 1 \quad \therefore \quad \cos\gamma = \pm\frac{1}{\sqrt{2}} \quad \gamma = 45^\circ, 135^\circ$$

2　平面の方程式

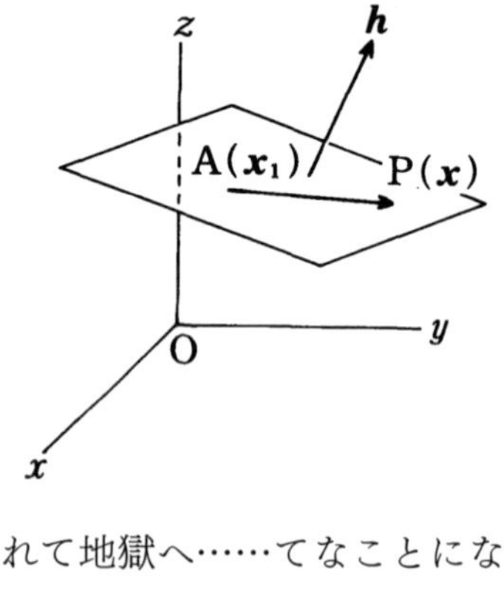

「直線の方程式には内積型というのもあった．1点 $\mathrm{A}(\boldsymbol{x}_1)$ を通り，ベクトル $\boldsymbol{h}$ に垂直な直線の方程式は

$$\boldsymbol{h} \cdot (\boldsymbol{x} - \boldsymbol{x}_1) = 0$$

ですね．平面上のベクトルの場合と同じことですから」

「残念でした．類推は魔女……姿にほれ込んでいると，ホーキに乗せられて地獄へ……てなことにならんとも限らないですよ」

「しまった．Aを通り $\boldsymbol{h}$ に直交するベクトルは1つの平面を作る．僕の求めたのは平面の方程式……」

「ヒョウタンからコマというやつで，予想しない収穫……．その式から $\boldsymbol{h}\cdot\boldsymbol{x}-\boldsymbol{h}\boldsymbol{x}_1=0$，ここで $-\boldsymbol{h}\cdot\boldsymbol{x}_1$ は実数だから d とおくと

$$\boldsymbol{h}\cdot\boldsymbol{x}+d=0 \quad (\boldsymbol{h}\neq\boldsymbol{0})$$

となって簡単で，$\boldsymbol{h}$ をこの平面の**法線ベクトル**というのだ」

「逆に，この形の方程式の表す図形は必ず平面……」

「うー．そこの推論は，直線の場合の推論と全く同じことだから君の予想は的中」

「成分で表してみたい．$\boldsymbol{h}=(a,b,c)$，$\boldsymbol{x}=(x,y,z)$ とおくと

$$ax+by+cz+d=0,\ (a,b,c)\neq(0,0,0)$$

平面上の直線の方程式 $ax+by+c=0$ に，z の項を追加しただけなのに，平面の方程式になるとは……？」

「平面上の直線というのはね，カメやワニみたいなもので，両棲生物……直線であると同時に平面の性格も持っているとみるべきでしょうね」

「2 重人格者とは気味がわるい」

「マンガの主人公と思えば愛嬌者だ」

例 47　1 点 $(1,1,1)$ を通り，2 つのベクトル $\boldsymbol{a}=(2,-1,-3)$，$\boldsymbol{b}=(-1,3,2)$ に平行な平面の方程式を求めよ．

解　の平面の法線ベクトルを $\boldsymbol{h}=(\boldsymbol{a},\boldsymbol{b},\boldsymbol{c})$ とおくと，$\boldsymbol{h}$ は $\boldsymbol{a}$，$\boldsymbol{b}$ に直交するから，$\boldsymbol{a}$，$\boldsymbol{b}$ の外積を $\boldsymbol{h}$ に選べばよい．

$$\boldsymbol{h}=\boldsymbol{a}\times\boldsymbol{b}=\left(\begin{vmatrix}-1 & -3\\ 3 & 2\end{vmatrix},\begin{vmatrix}-3 & 2\\ 2 & -1\end{vmatrix},\begin{vmatrix}2 & -1\\ -1 & 3\end{vmatrix}\right)=(7,-1,5)$$

$\boldsymbol{x}_1=(1,1,1)$ とおくと $\boldsymbol{x}-\boldsymbol{x}_1=(x-1,y-1,z-1)$

これらを $\boldsymbol{h}\cdot(\boldsymbol{x}-\boldsymbol{x}_1)=0$ に代入して

$$7(x-1)+(-1)(y-1)+5(z-1)=0$$
$$7x-y+5z=11$$

例 48　3点 $\mathrm{A}(a,b,0)$，$\mathrm{B}(0,b,c)$，$\mathrm{C}(\boldsymbol{a},0,c)$ を通る平面の方程式を求めよ．ただし $abc\neq 0$ とする．

解法のリサーチ

「いろいろの解き方の考えられる問題ですよ」

$\overrightarrow{\mathrm{AB}}=(-a,0,c)$，$\overrightarrow{\mathrm{AC}}=(0,-b,c)$ に平行で，1点 $\mathrm{A}(a,b,0)$ を通るとみれば，前の例とそっくり同じ．

$$\overrightarrow{\mathrm{AB}}\times\overrightarrow{\mathrm{AC}}=\left(\begin{vmatrix}0 & c\\ -b & c\end{vmatrix},\begin{vmatrix}c & -a\\ c & 0\end{vmatrix},\begin{vmatrix}-a & 0\\ 0 & -b\end{vmatrix}\right)=(bc,ca,ab)$$

これを法線ベクトルに選んで

$$bc(x-a)+ca(y-b)+ab(z-0)=0$$
$$bcx+cay+abz=2abc$$

これが求める方程式」

「両辺を abc で割って答としたい気もするが，まあ，よかろう」

「求める方程式を $px+qy+rz=s$ とおいて，係数を決定する方法も考えられる．

$$\begin{cases}ap+bp\qquad=s\\ \qquad bp+cr=s\\ ap\qquad+cr=s\end{cases}$$

これを p，q，r について解いてもよい」

「まだ，ありますよ，3つのベクトルの共面条件を有向体積で表す手……$\boldsymbol{a}$，$\boldsymbol{b}$，$\boldsymbol{c}$ が共面の条件は $D(\boldsymbol{a},\boldsymbol{b},\boldsymbol{c})=0$」

「そんな手もあるとは，つゆ知らず．$\boldsymbol{a}=\overrightarrow{\mathrm{AB}}=(-a,0,c)$，$\boldsymbol{b}=\overrightarrow{\mathrm{AC}}=(0,-b,c)$，もう1つのベクトルは……？」

「平面上の任意の点を$\mathrm{P}(x,y,z)$として$\overrightarrow{\mathrm{AP}}=(x-a,y-b,z)$」

「役者が3人そろった．幕をあければ

$$D(\overrightarrow{\mathrm{AP}},\overrightarrow{\mathrm{AB}},\overrightarrow{\mathrm{AC}})=\begin{vmatrix} x-a, & y-b, & z \\ -a & 0 & c \\ 0 & -b & c \end{vmatrix}=0$$

あとは展開するだけ」

×　　　　　×

「平面の方程式にはパラメータ型もある．1点$\mathrm{A}(\boldsymbol{x}_1)$と2つの共線でないベクトル$\boldsymbol{a}_1$，$\boldsymbol{a}_2$が与えられたでしょう．Aから2つの矢線

$$\overrightarrow{\mathrm{AB}}=\boldsymbol{a}_1,\ \overrightarrow{\mathrm{AC}}=\boldsymbol{a}_2$$

を作れば，3点A，B，Cを通る1つの平面πが定まる．π上の任意任意の点を$\mathrm{P}(x)$とすると

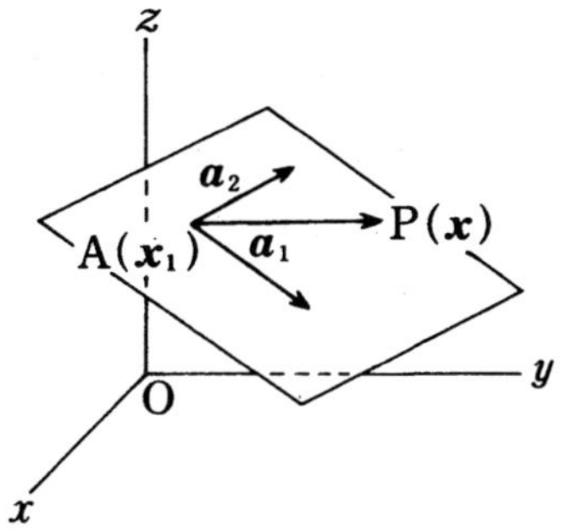

$$\overrightarrow{\mathrm{AP}}=\boldsymbol{x}-\boldsymbol{x}_1$$

ここで，3つの矢線は共面あることを用いればよい」

「その条件は前にやった．

$$\overrightarrow{\mathrm{AP}}=t_1\overrightarrow{\mathrm{AB}}+t_2\overrightarrow{\mathrm{AC}}$$

をみたす実数t_1，t_2がある．この式から　$\boldsymbol{x}-\boldsymbol{x}_1=t_1\boldsymbol{a}+t_2\boldsymbol{b}$

$$\boldsymbol{x}=\boldsymbol{x}_1+t_1\boldsymbol{a}_1+t_2\boldsymbol{a}_2\quad(\boldsymbol{a}_1,\ \boldsymbol{a}_2\text{は共線でない})$$

パラメータが2つ……直線のときは1つであったが」

「ついでに，成分に分解しておこう．成分を

$$\boldsymbol{x}=(x,y,z),\ \boldsymbol{a}_1=(a_1,b_1,c_1)\ ,\ \boldsymbol{a}_2=(a_2,b_2,c_2)$$

などとおくと

$$\begin{cases} x=x_1+t_1a_1+t_2a_2 \\ y=y_1+t_1b_1+t_2b_2 \\ z=z_1+t_1c_1+t_2c_2 \end{cases}$$

これが求めるもの」

例 49　次の 2 つの平面の交わりの直線の方程式を求めよ．

$$x-y+4z=-10,\ x+2y-2z=17$$

解法のリサーチ

「要するに，この 2 つの方程式を同時にみたす x，y，z を求めればよい」

「じゃ，x，y，z のうち，どれか 2 つについて解けばよいよ．たとえば x，y について解いて

$$x=17-2z,\ y=27+2z$$

なんとなく，未完成な感じですが」

「直線の方程式らしく直さなくては……」

「$z=t$ とおけば

$$x=17-2t,\ y=27+2t,\ z=0+t$$

となってパラメータ型になった」

「さらに t を消去して分数型へ

$$\frac{x-17}{-2}=\frac{y-27}{2}=\frac{z-0}{1}$$

どれを答にするかは好みの問題……」

例 50　鏡の平面の方程式が $\boldsymbol{a}\cdot\boldsymbol{x}=0$ のとき，ベクトル $\boldsymbol{n}$ の向きで進んが光は，どんな向きに反射するか．

解　光が鏡に当る点はどこでもよいから原点 O としておく．矢線 $\overrightarrow{\mathrm{OA}}=\boldsymbol{a}$，$\overrightarrow{\mathrm{NO}}=\boldsymbol{n}$ とし，点 N の OA に関する対称点を M とすれば $\overrightarrow{\mathrm{OM}}$ は光の反射の向きを示す．MN と OA の交点を H とし

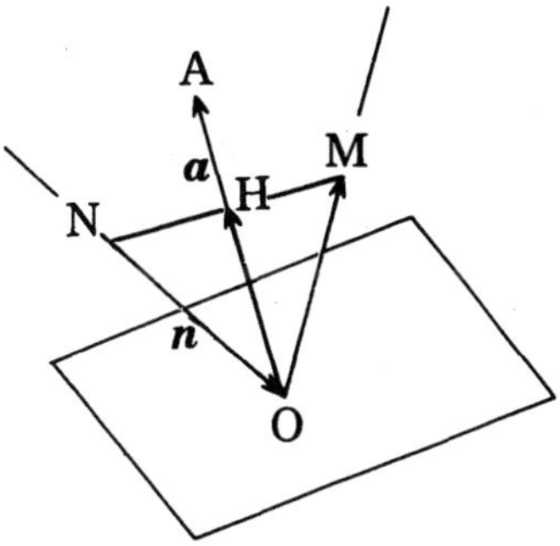

$$\overrightarrow{\mathrm{OH}}=k\boldsymbol{a}$$

とおくと

$$\overrightarrow{\mathrm{HN}}=\boldsymbol{n}+k\boldsymbol{a}$$

$\overrightarrow{\mathrm{HN}}\perp\overrightarrow{\mathrm{OA}}$ から

$$(\boldsymbol{n}+k\boldsymbol{a})\cdot\boldsymbol{a}=0$$

$$\boldsymbol{n}\cdot\boldsymbol{a}+k\|\boldsymbol{a}\|^2=0 \quad \therefore \quad k=-\frac{(\boldsymbol{n}\cdot\boldsymbol{a})}{\|\boldsymbol{a}\|^2}$$

H は MN の中点であるから　$2\overrightarrow{\mathrm{OH}}=\overrightarrow{\mathrm{OM}}+\overrightarrow{\mathrm{ON}}$

$$\therefore \quad \overrightarrow{\mathrm{OM}}=\overrightarrow{\mathrm{NO}}+2\overrightarrow{\mathrm{OH}}=\boldsymbol{n}-2\frac{(\boldsymbol{n}\cdot\boldsymbol{a})}{\|\boldsymbol{a}\|^2}\boldsymbol{a}$$

3　平面と点の距離

「直線と点との距離を求めるときは，直線の方程式としてヘッセの標準形が都合よかった．平面と点との距離を求めるときも，同様であろうと予想するのが自然」

「平面にもヘッセの標準形があるのですか」

「方程式の内積型をくらべてごらん．式の形がそっくり同じ．その上，求め方だって，君が区別できなかったほど似ていた．結論を挙げるに止めたい」

定理 39　原点 O から平面 π に下した垂線の足を H，法線ベクトルを $\boldsymbol{n}(\|\boldsymbol{n}\|=1)$，$\overrightarrow{\mathrm{OH}}=p\boldsymbol{n}$ とおくと，π の方程式は

$$\boldsymbol{n}\cdot\boldsymbol{x}-p=0 \qquad \textbf{（ヘッセの方程式）}$$

例 51　3 点 A$(2,0,0)$，B$(0,1,0)$，C$(0,0,1)$ を通る平面 π のヘッセの標準形を求めよ．

解　π の方程式を $px+qy+rz=s$ とおく．π は，B，C を通ることから

$$2p=s,\ q=s,\ r=s$$
$$\therefore\quad p=\frac{s}{2},\ q=s,\ r=s$$

よって π の方程式は

$$\frac{x}{2}+y+z=1$$
$$\therefore\quad x+2y+2z-2=0$$

法線ベクトルは $(1,2,2)$ であるが，これを単位ベクトルにかえればよい．それには $\pm\sqrt{1^2+2^2+2^2}=\pm3$ でわって

$$\frac{1}{3}x+\frac{2}{3}y+\frac{2}{3}z-\frac{2}{3}=0\text{または}-\frac{1}{3}x-\frac{2}{3}y-\frac{2}{3}z+\frac{2}{3}=0$$

$$\times \qquad\qquad\qquad\qquad \times$$

「どちらも正解ですか」

「いまのところ，そうせざるを得ない」

「標準形が2つあるなんて…．直線のときは1つであったが」

「直線のときも，直線に方向を付けてなければ2つであった．方向を付けたとき1になるのですよ」

「思い出した．直線の方向ベクトルが $\boldsymbol{a}$ のときは $(\boldsymbol{a},\boldsymbol{h})$ が正系となるように法線ベクトル $\boldsymbol{h}$ を選ぶと定めたから $\boldsymbol{h}$ は1つ……したがってヘッセの標準形も1つ．ここでアナロジーを働かせれば，平面に向きをつけて法線ベクトルを1つに，したがってヘッセの標準形も1つになるようにできそうですが」

「見上げたアイデア」

「ほめられたところで，平面に向きを付けるのは至難……」

「直線は $\boldsymbol{0}$ と異なる1つのベクトル $\boldsymbol{a}$ で向きがついた．平面は共線でない2つのベクトルの組 $(\boldsymbol{a},\boldsymbol{b})$ で向きをつけることができる」

「$(\boldsymbol{a},\boldsymbol{b})$ はベクトルの順序も考慮？」

「もちろん．$(\boldsymbol{a},\boldsymbol{b})$ と $(\boldsymbol{b},\boldsymbol{a})$ とは異なる向きとみる」

「先が見えて来た．平面上の直線では $(\boldsymbol{a},\boldsymbol{h})$ が正系になるように法線ベクトル $\boldsymbol{h}$ を選んだ．これから推測すると，空間の平面では $(\boldsymbol{a},\boldsymbol{b},\boldsymbol{h})$ が正系となるように法線ベクトル $\boldsymbol{h}$ を選ぶことになりませんか」

「ズバリだ，その選び方をすれば，法線ベクトルは1つ定まる．

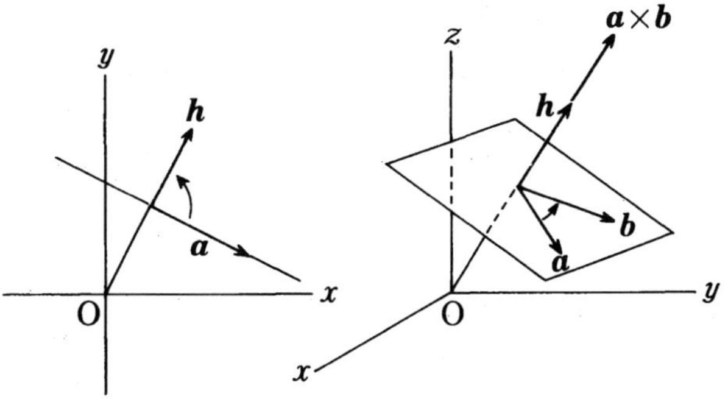

しかも，外積とうまく結びつく．分かるかね」

「外積では……思い出した……$(\boldsymbol{a}, \boldsymbol{b}, \boldsymbol{a} \times \boldsymbol{b})$ は正系であった」

「しかも $\boldsymbol{a} \times \boldsymbol{b}$ は $\boldsymbol{a}$，$\boldsymbol{b}$ に直交しますよ」

「なるほど，これはうまい．平面の向きが $(\boldsymbol{a}, \boldsymbol{b})$ で定められているときは，法線ベクトルの向きを $\boldsymbol{a} \times \boldsymbol{b}$ の向きにとればよい」

「平面の向きは，方程式でみると，パラメータ型

$$\boldsymbol{x} = \boldsymbol{x}_1 + t_1\boldsymbol{a}_1 + t_2\boldsymbol{a}_2$$

では，ふつう $(\boldsymbol{a}_1, \boldsymbol{a}_2)$ によって定まる」

「方程式が内積型 $\boldsymbol{h} \cdot \boldsymbol{x} + \boldsymbol{d} = 0$ のときは？」

「その場合は法線ベクトル $\boldsymbol{h}$ が分っているのだから $(\boldsymbol{a}, \boldsymbol{b}, \boldsymbol{h})$ が正系となるように2つのベクトル $\boldsymbol{a}$，$\boldsymbol{b}$ を選ぶことになる」

例 52　右の平面の法線ベクトル $\boldsymbol{n}(\|\boldsymbol{n}\| = 1)$ を求めよ．

$$\begin{cases} x = 8 - t_1 - 2t_2 \\ y = 5 - 2t_1 - 3t_2 \\ z = -2 + 3t_1 + 4t_1 \end{cases}$$

解　$\boldsymbol{a}_1 = (-1, -2, 3)$，$\boldsymbol{a}_2 = (-2, -3, 4)$

とおくと，この平面の向きは $(\boldsymbol{a}_1, \boldsymbol{a}_2)$ で，その法線ベクトルの1つは

$$\boldsymbol{h} = \boldsymbol{a}_1 \times \boldsymbol{a}_2 = \left(\begin{vmatrix} -2 & 3 \\ -3 & 4 \end{vmatrix}, \begin{vmatrix} 3 & -1 \\ 4 & -2 \end{vmatrix}, \begin{vmatrix} -1 & -2 \\ -2 & -3 \end{vmatrix} \right)$$

$$= (1, -2, -1)$$

$\boldsymbol{n}$ はこれと同じ向きの単位ベクトルであるから

$$\boldsymbol{n} = \frac{\boldsymbol{h}}{\|\boldsymbol{h}\|} = \frac{1}{\sqrt{6}}(1, -2, -1) = \left(\frac{1}{\sqrt{6}}, -\frac{2}{\sqrt{6}}, -\frac{1}{\sqrt{6}} \right)$$

×　　　　　　　　×

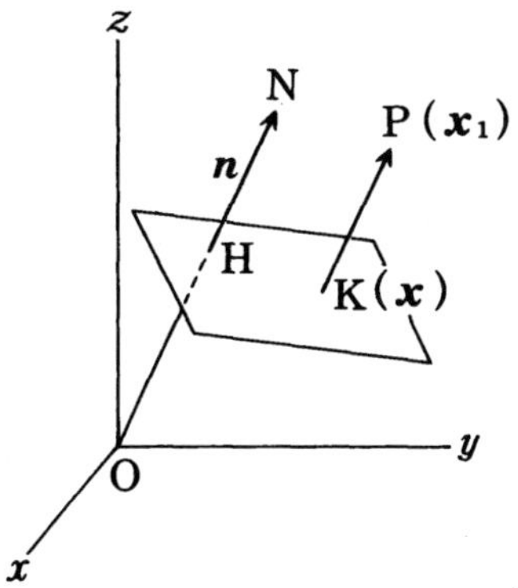

「準備が整ったから平面と点との距離を求めてみたい．平面πのヘッセの標準形を

$$\boldsymbol{n}\cdot\boldsymbol{x}-p=0 \quad (\|\boldsymbol{n}\|=1)$$

としておく．空間の任意の点P($\boldsymbol{x}_1$)からπに下した垂線の足をK($\boldsymbol{x}$)とすると$\overline{\mathrm{KP}}=\boldsymbol{x}_1-\boldsymbol{x}$は$\boldsymbol{n}$に平行であるから

$$\boldsymbol{n}\cdot(\boldsymbol{x}_1-\boldsymbol{x})=\pm\|\boldsymbol{n}\|\cdot\mathrm{KP}$$

$$\boldsymbol{n}\cdot\boldsymbol{x}_1-\boldsymbol{n}\cdot\boldsymbol{x}=\pm\mathrm{KP}$$

点Pは平面π上にあるから$\boldsymbol{n}\cdot\boldsymbol{x}=p$，これを上の式に代入して

$$\boldsymbol{n}\cdot\boldsymbol{x}_1-p=\pm\mathrm{KP}$$

ここで，複号の選び方を吟味しなければならない」

「それは簡単です．内積の定義から

Pがπに関しNと同側にあるとき	$\mathrm{KP}=\boldsymbol{n}\cdot\boldsymbol{x}_1-\boldsymbol{p}$
Pがπに関しNと反対側にあるとき	$-\mathrm{KP}=\boldsymbol{n}\cdot\boldsymbol{x}_1-\boldsymbol{p}$
Pがπ上にあるとき	$\mathrm{KP}=0$

最後の場合は$\boldsymbol{n}\cdot\boldsymbol{x}_1-p=0$だから$\mathrm{KP}=\boldsymbol{n}\cdot\boldsymbol{x}_1-p$ともかける」

「君の結果をみておれば，平面πと点Pとの距離にも符号をつけたくなるでしょう．式の右辺が，その距離をつねに表すように……」

「同感です．Pがπに関しNと同側ならば正，反対側ならば負と定めれば目的に合いますね」

「それを平面 π と点 P との**有向距離**ということにし $d(\pi, \mathrm{P})$ で表すことにしよう．そうすれば，つねに

$$d(\pi, \mathrm{P}) = \boldsymbol{n} \cdot \boldsymbol{x}_1 - p$$

が成り立つ」

定理 40　平面 $\pi : \boldsymbol{n} \cdot \boldsymbol{x} - p = 0$ と点 $\mathrm{P}\,(\boldsymbol{x}_1)$ との有向距離を $d(\pi, \mathrm{P})$ とすれば，つねに次の等式が成り立つ．

$$d(\pi, \mathrm{P}) = \boldsymbol{n} \cdot \boldsymbol{x}_1 - p$$

「この式は，平面上の直線と点の有向距離の場合と全く同じ」
「ベクトルのおもしろさはそこですね」

例 53　次の平面と点 $(-3, 4, 5)$ との有向距離を求めよ．

$$2x + y - 2z = 18$$

解　両辺を $\sqrt{2^2 + 1^2 + (-2)^2} = 3$ で割ってヘッセの標準形に直すと

$$\frac{2x + y - 2z}{3} - 6 = 0$$

よって求める有向距離は

$$d(\pi, \mathrm{P}) = \frac{2 \times (-3) + 4 - 2 \times 5}{3} - 6 = -10$$

例 54　3 点 $\mathrm{A}(\boldsymbol{a})$，$\mathrm{B}(\boldsymbol{b})$，$\mathrm{C}(\boldsymbol{c})$ を通る平面 π と原点 O との距離を求めよ．

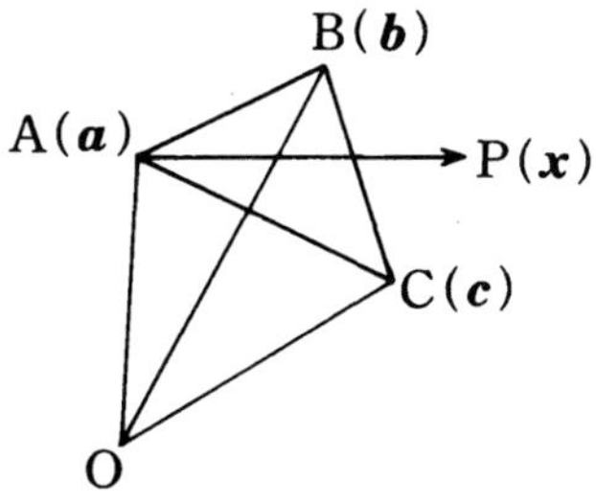

解　$\overrightarrow{\mathrm{AC}}=\boldsymbol{c}-\boldsymbol{a}$，$\overrightarrow{\mathrm{BC}}=\boldsymbol{c}-\boldsymbol{b}$ 法線ベクトルはこの2つのベクトルに直交するから，法線ベクトルとして外積

$$\boldsymbol{h}=(\boldsymbol{c}-\boldsymbol{a})\times(\boldsymbol{c}-\boldsymbol{b})$$

を選ぶと，π の方程式は

$$\boldsymbol{h}\cdot(\boldsymbol{x}-\boldsymbol{a})=0$$

$$\boldsymbol{h}\cdot\boldsymbol{x}-\boldsymbol{h}\cdot\boldsymbol{a}=0$$

これをヘッセの標準形に直すため，両辺を $\|\boldsymbol{h}\|$ で割る．

$$\frac{\boldsymbol{h}\cdot\boldsymbol{x}-\boldsymbol{h}\cdot\boldsymbol{a}}{\|\boldsymbol{h}\|}=0$$

よって π と原点との距離を d とおくと

$$d=\frac{|\boldsymbol{h}\cdot\boldsymbol{a}|}{\|\boldsymbol{h}\|},\quad \{\boldsymbol{h}=(\boldsymbol{c}-\boldsymbol{a})\times(\boldsymbol{c}-\boldsymbol{b})\}$$

×　　　　　　　　　×

「アンバランスな答でありませんか．問題は $\boldsymbol{a}$，$\boldsymbol{b}$，$\boldsymbol{c}$ について平等であるというのに……」

「おそらく，変形すれば，$\boldsymbol{a}$，$\boldsymbol{b}$，$\boldsymbol{c}$ の対称式になるのでしょう．最初に $\boldsymbol{h}$ を簡単にしてみては……」

「$\boldsymbol{h}$ をね．

$$\begin{aligned}\boldsymbol{h}&=\boldsymbol{c}\times\boldsymbol{c}-\boldsymbol{c}\times\boldsymbol{b}-\boldsymbol{a}\times\boldsymbol{c}+\boldsymbol{a}\times\boldsymbol{b}\\&=\boldsymbol{b}\times\boldsymbol{c}+\boldsymbol{c}\times\boldsymbol{a}+\boldsymbol{a}\times\boldsymbol{b}\end{aligned}$$

たしかに，対称式になった．しかし，$\boldsymbol{h}\cdot\boldsymbol{a}$ は自信がない」

「いや，分らんよ．やってみようか．上の式を用いると

$$\begin{aligned}\boldsymbol{h}\cdot\boldsymbol{a}&=(\boldsymbol{b}\times\boldsymbol{c}+\boldsymbol{c}\times\boldsymbol{a}+\boldsymbol{a}\times\boldsymbol{b})\cdot\boldsymbol{a}\\&=(\boldsymbol{b}\times\boldsymbol{c})\cdot\boldsymbol{a}+(\boldsymbol{c}\times\boldsymbol{a})\cdot\boldsymbol{a}+(\boldsymbol{a}\times\boldsymbol{b})\cdot\boldsymbol{a}\end{aligned}$$

$\boldsymbol{c} \times \boldsymbol{a}$ と $\boldsymbol{a}$，$\boldsymbol{a} \times \boldsymbol{b}$ と $\boldsymbol{a}$ は直交するから第 2 項と第 3 項は消えて

$$\boldsymbol{h} \cdot \boldsymbol{a} = (\boldsymbol{b} \times \boldsymbol{c}) \cdot \boldsymbol{a}$$

見覚えのある式でしょう．有向体積 $D(\boldsymbol{a}, \boldsymbol{b}, \boldsymbol{c})$ そのもの

$$\boldsymbol{h} \cdot \boldsymbol{a} = D(\boldsymbol{a}, \boldsymbol{b}, \boldsymbol{c})$$

期待通りで，π と原点との距離は

$$d = \frac{|D(\boldsymbol{a}, \boldsymbol{b}, \boldsymbol{c})|}{\|\boldsymbol{b} \times \boldsymbol{c} + \boldsymbol{c} \times \boldsymbol{a} + \boldsymbol{a} \times \boldsymbol{b}\|}$$

見事な式にかわった」

次の公式と例 42 を用いて，一気に解決するのは君の課題としよう．

$$(\text{三角錐 O} - \text{ABC の体積}) = \frac{1}{3}\triangle\text{ABC} \times d$$

練習問題—7

54 次の 2 直線が一平面上にあるための条件を求めよ．

$$\boldsymbol{x} = \boldsymbol{x}_1 + t_1\boldsymbol{a}_1,\ \boldsymbol{x} = \boldsymbol{x}_2 + t_2\boldsymbol{a}_2$$

ただし $\boldsymbol{a}_1$，$\boldsymbol{a}_2$ は共線でないとする．

55 次の平面 π と直線 g の交点の座標を求めよ．

$$\pi : x - 3y + 2z = 4 \quad g : \frac{x-4}{5} = \frac{y+2}{3} = \frac{z-1}{-2}$$

一般に，平面 $\boldsymbol{h} \cdot \boldsymbol{x} + d = 0$ と直線 $\boldsymbol{x} = \boldsymbol{x}_1 + t\boldsymbol{a}$ との交点の座標を求めよ．

56 点 $\mathrm{A}(1, -1, 1)$ を通り，直線 $\dfrac{x-3}{4} = \dfrac{x+2}{3} = \dfrac{x+5}{6}$ を含む直線の方程式を求めよ．

一般に，点 A$(\boldsymbol{x}_2)$ を通り，直線 $\boldsymbol{x}=\boldsymbol{x}_1+t\boldsymbol{a}$ を含む平面の方程式を求めよ．

57　直線 $g: \dfrac{x+6}{2}=\dfrac{x-7}{-2}=\dfrac{x-3}{-1}$ の平面 $\pi: 2x-y+3z=10$ の上への正射影を求めよ．

一般に，直線 $g: \boldsymbol{x}=\boldsymbol{x}_1+t\boldsymbol{a}$ の平面 $\pi: \boldsymbol{h}\cdot\boldsymbol{x}=d$ の上への正射影を求めよ．

58　2 直線 $\boldsymbol{x}=\boldsymbol{x}_1+t_1\boldsymbol{a}_1$，$\boldsymbol{x}=\boldsymbol{x}_2+t_2\boldsymbol{a}_2$ の最短距離を d とすれば

$$d=\frac{|(\boldsymbol{a}_1\times\boldsymbol{a}_2)\cdot(\boldsymbol{x}_1-\boldsymbol{x}_2)|}{\|\boldsymbol{a}_1\times\boldsymbol{a}_2\|}$$

が成り立つことを示せ．

§8. 二次曲面

1　座標変換

「平面の場合の座標変換を参考にしながら，空間の場合の座標変換を考えてみたい」

「平行移動は簡単ですね．式が1つ増えるだけ」

定理 41　平行移動で原点Oを $O_0\,(x_0, y_0, z_0)$ へ移したとき，点Pのもとの座標を (x, y, z)，新しい座標軸に対する座標を (u, v, w) とすると

$$\begin{cases} x = u + x_0 \\ y = v + y_0 \\ z = w + z_0 \end{cases}$$

「回転は原点を動かさないものであっても，一般に難しい」

「平面の場合のように，回転の角にこだわったのでは，手も足も出ない感じだ」

「だとすると頼りになるのはベクトル以外にない」

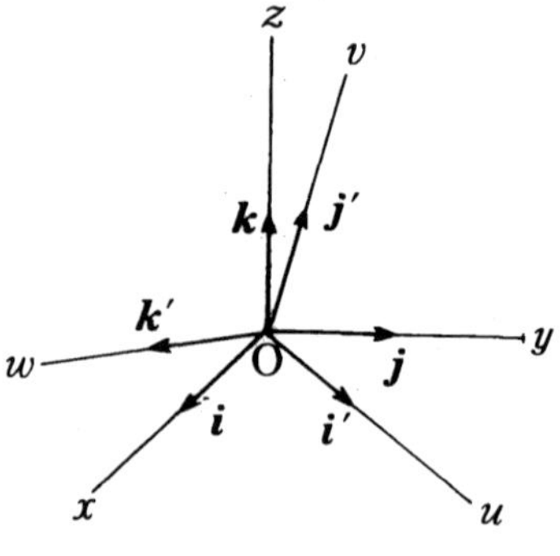

「基底……つまり基本ベクトルに目をつけよう．もとの座標軸の基本ベクトルを $\boldsymbol{i}$，$\boldsymbol{j}$，$\boldsymbol{k}$ として……これらがそれぞれ $\boldsymbol{i}'$，$\boldsymbol{j}'$，$\boldsymbol{k}'$ にうつったとし，もとの座標軸に対する成分を，次のように列ベクトルで表してみる」

$$\boldsymbol{i}' = \begin{pmatrix} l_1 \\ m_1 \\ n_1 \end{pmatrix} \quad \boldsymbol{j}' = \begin{pmatrix} l_2 \\ m_2 \\ n_2 \end{pmatrix} \quad \boldsymbol{k}' = \begin{pmatrix} l_3 \\ m_3 \\ n_3 \end{pmatrix} \qquad ①$$

「目標は座標変換の式を求めること……それには点Pのもとの座

標軸に対する座標を (x, y, z)，新しい座標軸に対する座標を (u, v, w) とおいて，前者を後者で表せばよい．頼りになるのはベクトルとすると

$$\overrightarrow{\mathrm{OP}} = x\boldsymbol{i} + y\boldsymbol{j} + z\boldsymbol{k} \qquad ②$$

$$\overrightarrow{\mathrm{OP}} = u\boldsymbol{i}' + v\boldsymbol{j}' + w\boldsymbol{k}' \qquad ③$$

を用いることになりそう」

「①を遊ばしておく手はない．これもベクトルで表し……」

「$\boldsymbol{i}' = l_1\boldsymbol{i} + m_1\boldsymbol{j} + n_1\boldsymbol{k}$，$j' =$ ……を③に代入するのですね

$$\overrightarrow{\mathrm{OP}} = u\,(l_1\boldsymbol{i} + m_1\boldsymbol{j} + n_1\boldsymbol{k}) + v\,(l_2\boldsymbol{i} + \cdots\cdots) + w\,(l_3\boldsymbol{i} + \cdots\cdots)$$」

「その式を $\boldsymbol{i}$，$\boldsymbol{j}$，$\boldsymbol{k}$ について整理したものは②に等しい」

「先が読めましたよ．

$$\begin{cases} x = l_1u + l_2v + l_3w \\ y = m_1u + m_2v + m_3w \\ z = n_1u + n_2v + n_3w \end{cases}$$

行列で表し，簡素化を計りたい」

定理 42　点 P の座標系 $(\mathrm{O} - \boldsymbol{ijk})$ に対する座標を (x, y, z)，新しい座標系 $(\mathrm{O} - \boldsymbol{i}'\boldsymbol{j}'\boldsymbol{k}')$ 対する座標を (u, v, w) とすると

$$\begin{pmatrix} x \\ y \\ z \end{pmatrix} = \begin{pmatrix} l_1 & l_2 & l_3 \\ m_1 & m_2 & m_3 \\ n_1 & n_2 & n_3 \end{pmatrix} \begin{pmatrix} u \\ v \\ w \end{pmatrix} \text{ ただし } \boldsymbol{i}' = \begin{pmatrix} l_1 \\ m_1 \\ n_1 \end{pmatrix},\ \boldsymbol{j}' = \begin{pmatrix} l_2 \\ m_2 \\ n_2 \end{pmatrix},\ \boldsymbol{k}' = \begin{pmatrix} l_3 \\ m_3 \\ n_3 \end{pmatrix}$$

「この座標変換の式を

$$\boldsymbol{x} = R\boldsymbol{u}$$

とおいて簡素化を計り，R の性質を探っておこう．R を列ベクトル $\boldsymbol{i}'$，$\boldsymbol{j}'$，$\boldsymbol{k}'$ で表せば？」

「やさしい．$R = (\boldsymbol{i}', \boldsymbol{j}', \boldsymbol{k}')$」

「その転置を ${}^tR$ として，${}^tRR$ を求めてみると」

$$
{}^tRR = \begin{pmatrix} {}^t\boldsymbol{i}' \\ {}^t\boldsymbol{j}' \\ {}^t\boldsymbol{k}' \end{pmatrix} (\boldsymbol{i}', \boldsymbol{j}', \boldsymbol{k}') = \begin{pmatrix} {}^t\boldsymbol{i}'\boldsymbol{i}' & {}^t\boldsymbol{i}'\boldsymbol{j}' & {}^t\boldsymbol{i}'\boldsymbol{k}' \\ {}^t\boldsymbol{j}'\boldsymbol{i}' & {}^t\boldsymbol{j}'\boldsymbol{j}' & {}^t\boldsymbol{j}'\boldsymbol{k}' \\ {}^t\boldsymbol{k}'\boldsymbol{i}' & {}^t\boldsymbol{k}'\boldsymbol{j}' & {}^t\boldsymbol{k}'\boldsymbol{k}' \end{pmatrix}
$$

「すごい式……」

「人は見かけによらないという……式もまた．$\boldsymbol{i}'$，$\boldsymbol{j}'$，$\boldsymbol{k}'$ は単位ベクトルで，しかも 2 つずつ直交するから」

$$
{}^t\boldsymbol{i}'\boldsymbol{i}' = \boldsymbol{i}' \cdot \boldsymbol{i}' = 1, \cdots\cdots
$$

$$
{}^t\boldsymbol{i}'\boldsymbol{j}' = \boldsymbol{i}' \cdot \boldsymbol{j}' = 0, \cdots\cdots
$$

「なるほど，これは意外 ${}^tRR = E$ ですね」

「${}^tRR = E$ をみたす R を**直交行列**という．両辺の行列式を作ると

$$
|{}^tRR| = |E|, \ |{}^tR| \cdot |R| = 1
$$

$|{}^tR| = |R|$ であることを考慮して $|R|^2 = 1 \quad |R| = \pm 1$」

定理 43　右の行列 R には，次の性質がある．すなわち直交行列である．

$$
R = \begin{pmatrix} l_1 & l_2 & l_3 \\ m_1 & m_2 & m_3 \\ n_1 & n_2 & n_3 \end{pmatrix}
$$

$$
{}^tRR = R\,{}^tR = E
$$

$$
|R| = |{}^tR| = \pm 1
$$

「$|R| = 1$ と $|R| = -1$ との違いは？」

「$|R|$ の中味をごらん．3 つのベクトルの組 $(\boldsymbol{i}', \boldsymbol{j}', \boldsymbol{k}')$ の作る平行六面体の有向体積ですよ」

「そうか．謎が解けました．$|R| = D(\boldsymbol{i}', \boldsymbol{j}', \boldsymbol{k}')$ だから

$$|R| = 1 \text{ ならば } (\boldsymbol{i}, \boldsymbol{j}', \boldsymbol{k}') \text{ は正系}$$
$$|R| = -1 \text{ ならば } (\boldsymbol{i}', \boldsymbol{j}', \boldsymbol{k}') \text{ は負系}$$

$(\boldsymbol{i}, \boldsymbol{j}, \boldsymbol{k})$ は正系だから，$|R| = -1$ は正系を負系にかえる変換」

「回転で正系が負系に変ることはない．平面に関する対称移動があると正系は負系に変る．そこで

$$|R| = 1 \text{ ならば回転だけ}$$
$$|R| = -1 \text{ ならば回転のほかに面対称移動が奇数回}$$

常識的結論に達しそう」

2　不変量と不変式

「x，y，z についての 2 次式の一般形は

$$\begin{aligned} &ax^2 + by^2 + cz^2 + 2fyz + 2gzx + 2hxy \\ &\qquad + 2px + 2qy + 2rz + d \end{aligned}$$

とおくことができる．このうち 2 次の同次式の部分は

$$ax^2 + by^2 + cz^2 + 2fyz + 2gzx + 2hxy$$

これらを行列で表すことからスタート」

「2 変数の場合を思い出しながら，上の式は

$$\underset{\substack{\uparrow \\ {}^t\boldsymbol{x}}}{{}^t\begin{pmatrix} x \\ y \\ z \end{pmatrix}} \underset{\substack{\uparrow \\ A}}{\begin{pmatrix} a & h & g \\ h & b & f \\ g & f & c \end{pmatrix}} \underset{\substack{\uparrow \\ \boldsymbol{x}}}{\begin{pmatrix} x \\ y \\ z \end{pmatrix}} = {}^t xAx \qquad ①$$

はじめの式は第 4 成分として 1 を補って

$$
{}^t\underset{{}^t\boldsymbol{y}}{\underset{\uparrow}{\begin{pmatrix}x\\y\\z\\1\end{pmatrix}}}\underset{B}{\underset{\uparrow}{\left(\begin{array}{ccc|c} a&h&g&p\\ h&b&f&q\\ g&f&c&r\\ \hline 0&0&0&d\end{array}\right)}}\underset{\boldsymbol{y}}{\underset{\uparrow}{\begin{pmatrix}x\\y\\z\\1\end{pmatrix}}} = {}^t\boldsymbol{y}B\boldsymbol{y} \qquad ②
$$

これらの式をみていると，行列の偉力を感じますね」

「目標は，これらの式に座標変換の式を代入したときの不変量を求めること．変換の式

$$\boldsymbol{x} = R\boldsymbol{u}$$

を①に代入したものは

$${}^t(R\boldsymbol{u})A(R\boldsymbol{u}) = {}^t\boldsymbol{u}\,({}^tRAR)\,\boldsymbol{u}$$

この式を ${}^t\boldsymbol{u}A'\boldsymbol{u}$ で表すと

$$A' = {}^tRAR$$

両辺の行列式を求めると

$$|A'| = |{}^tRAR| = |{}^tR|\cdot|A|\cdot|R| = |A|$$

$|A| = \delta$ とおくと，δ は**不変量**です」

「同様にして $|B'| = |B|$ となることは，2 変数のときから容易に予想できますね」

「$|B| = \Delta$ とおくと，Δ も不変量だ」

× ×

「一歩進めて不変式へ……これも 2 変数のときになろう．

$$|A' - \lambda E| = |{}^tRAR - \lambda E| = |{}^tRAR - \lambda {}^tRER|$$

$$= |{}^tR(A-\lambda E)R| = |{}^tR|\cdot|A-\lambda E|\cdot|R|$$
$$= |A-\lambda E|$$

$|A-\lambda E|$ は λ についての 3 次の整式……これが不変式であることが分った」

定理 44 ${}^t\boldsymbol{x}A\boldsymbol{x}$, ${}^t\boldsymbol{y}B\boldsymbol{y}$ にそれぞれ $\boldsymbol{x}=R\boldsymbol{u}$, $\boldsymbol{y}=S\boldsymbol{v}$ を代入した式を ${}^t\boldsymbol{u}A'\boldsymbol{u}$, ${}^t\boldsymbol{v}B'\boldsymbol{v}$ とおくと

（i）$|A'|=|A|$　　（ii）$|B'|=|B|$

（iii）$|A'-\lambda E|=|A-\lambda E|$

例 55　上の不変式（iii）から，次のことを証明せよ.

(1) $a+b+c$ は不変量である.

(2) $\begin{vmatrix} b & f \\ f & c \end{vmatrix}+\begin{vmatrix} a & g \\ g & c \end{vmatrix}+\begin{vmatrix} a & h \\ h & b \end{vmatrix}$ は不変量である.

解　$F(\lambda)=|A-\lambda E|$ とおくと

$$F(\lambda)=\left|\begin{pmatrix} a & h & g \\ h & b & f \\ g & f & c \end{pmatrix}-\lambda\begin{pmatrix} 1 & 0 & 0 \\ 0 & 1 & 0 \\ 0 & 0 & 1 \end{pmatrix}\right|$$

$$=\begin{vmatrix} a-\lambda & h & g \\ h & b-\lambda & f \\ g & f & c-\lambda \end{vmatrix}$$

$$=(a-\lambda)(b-\lambda)(c-\lambda)+2fgh$$
$$-(a-\lambda)f^2-(b-\lambda)g^2-(c-\lambda)h^2$$

この式を $-\lambda^3+L\lambda^2-M\lambda+N$ とおくと

$$L=a+b+c,$$

$$M = bc + ca + ab - f^2 - g^2 - h^2$$
$$= \begin{vmatrix} b & f \\ f & c \end{vmatrix} + \begin{vmatrix} a & g \\ g & c \end{vmatrix} + \begin{vmatrix} a & h \\ h & b \end{vmatrix}$$

$F(\lambda)$ は不変式であるから，その係数 L，M は不変量である．

例 56　${}^t\boldsymbol{x}A\boldsymbol{x} = ax^2 + by^2 + cg^2 + 2fyz + 2gzx + 2hxy$ に，座標変換の式 $\boldsymbol{x} = R\boldsymbol{u}$ を代入したものが

$${}^t\boldsymbol{u}A'\boldsymbol{u} = \alpha u^2 + \beta v^2 + \gamma w^2$$

になったとすると，方程式

$$|A - \lambda E| = 0$$

の 3 根は α，β，γ であることを証明せよ．

解　定理 44 によると $|A' - \lambda E| = |A - \lambda E|$

$$\therefore \begin{vmatrix} \alpha - \lambda & 0 & 0 \\ 0 & \beta - \lambda & 0 \\ 0 & 0 & \gamma - \lambda \end{vmatrix} = |A - \lambda E|$$

$$(\alpha - \lambda)(\beta - \lambda)(\gamma - \lambda) = |A - \lambda E|$$

よって 3 次方程式 $|A - \lambda E| = 0$ の 3 根は α，β，γ である．

3　有心二次曲面

「x，y，z についての二次方程式

$$ax^2 + by^2 + cz^2 + 2fyz + \cdots\cdots + d = 0$$

の表す図形は，一般には曲面なので，**二次曲面**というのです」

「二次曲面にはどんなものがあるかを知りたい」

「それには，座標変換を行って簡単な方程式にかえればよい」

「二次曲線で試みたことが役に立ちそうですね」

「とにかく，アナロージでゆこう．最初に行う座標変換は平行移動であった」

「やってみます．$x=u+x_0$，$y=v+y_0$，$z=w+z_0$ を代入したものは u，v，w についての二次方程式で，2次の項の係数は変らないから

$$au^2+bv^2+\cdots\cdots+2huv$$
$$+2(\quad)u+2(\quad)v+2(\quad)w+(\quad)=0$$

とおくことができる．1次の項を消したい．それには

$$\begin{cases} u\text{の係数}=ax_0+hy_0+gz_0+p=0 \\ v\text{の係数}=hx_0+by_0+fz_0+q=0 \\ w\text{の係数}=gx_0+fy_0+cz_0+r=0 \end{cases}$$

これをみたす x_0，y_0，z_0 があればよい．さて，これが解をもつ条件は……」

「ただ1組の解をもつ条件なら簡単……x_0，y_0，z_0 の係数の作る行列式 $\delta=|A|$ が0でないこと」

「じゃ，とにかく $\delta\neq 0$ の場合に挑戦しよう．上の連立方程式の解を平行移動の x_0，y_0，z_0 に選んだとすると，方程式は

$$au^2+bv^2+cw^2+2fvw+2gwu+2huv+d'=0 \qquad ①$$

となる．不明なのは d' だけだ」

「そいつは，不変量の知識に頼ればズバリ求まるよ」

「定数項を含む不変量といえば Δ だけ．

$$\Delta = \begin{vmatrix} a & h & g & 0 \\ h & b & f & 0 \\ g & f & c & 0 \\ 0 & 0 & 0 & d' \end{vmatrix} = d'|A| = d'\delta, \quad d' = \frac{\Delta}{\delta}$$

こんなに簡単とは，おそれいった．“行列式よ有難う”といいたい気持です」

×　　　　　×

「方程式①の特徴は 2 次の項と定数項だけであること．したがって u，v，w を $-u$，$-v$，$-w$ で置きかえても，方程式は全く変らない．ということは？」

「その表す図形……二次曲面が原点に関して対称であること」

「つまり，この二次曲面には対称の中心がある．そこで，これを**有心二次曲面**というのだ」

「対称の中心がなかったら**無心二次曲面**ですね」

「きくまでもないよ」

×　　　　　×

「さて，次の座標変換は……そう，回転ですね．原点を動かさない．回転 $\boldsymbol{u} = R\mathrm{X}$ を適当に選んで

$$\alpha X^2 + \beta Y^2 + \gamma Z^2 + d' = 0 \quad \left(d' = \frac{\Delta}{\delta}\right) \qquad ②$$

の形にかえる．この式の α，β，γ は……そうだ，前に学んだように，3 次方程式

$$|A - \lambda E| = 0 \qquad ③$$

の根であった．終着駅についた」

「②がどんな曲面になるかは Δ，δ，α，β，γ の符号によってきまる．$\Delta = 0$ の場合は後へ回し，最初に $\Delta \neq 0$ の場合を検討しよう」

$\Delta \neq 0$ のとき

「②の両辺を $-\dfrac{\Delta}{\delta}$ でわり，移項すると

$$\alpha' X_2 + \beta' Y^2 + \gamma' Z^2 = 1$$

の形になりますね．α'，β'，γ' の符号によっていろいろの場合が起る」

「α，β，γ は③の根であることから $\alpha\beta\gamma = |A| = \delta \neq 0 \cdots\cdots$，$\alpha$，$\beta$，$\gamma$ は 0 でないから α'，β'，γ' も 0 でない」

「$2 \times 2 \times 2 = 8$ で 8 通り」

「目をつけるのは二次曲面の種類だから，4 通りに分けたので十分です．

α'，β'，$\gamma' > 0$ のとき

$$\frac{X^2}{a^2} + \frac{Y^2}{b^2} + \frac{Z^2}{c^2} = 1$$

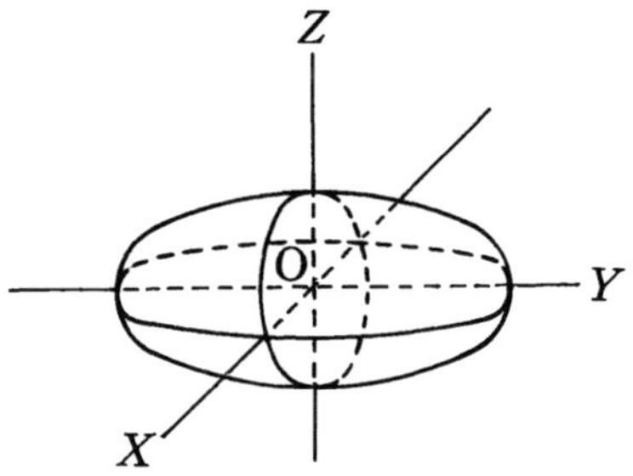

これはラグビーのボールのような形で，**楕円面**という．

α'，$\beta' > 0$ で $\gamma' < 0$ のとき

$$\frac{X^2}{a^2} + \frac{Y^2}{b^2} - \frac{Z^2}{c^2} = 1$$

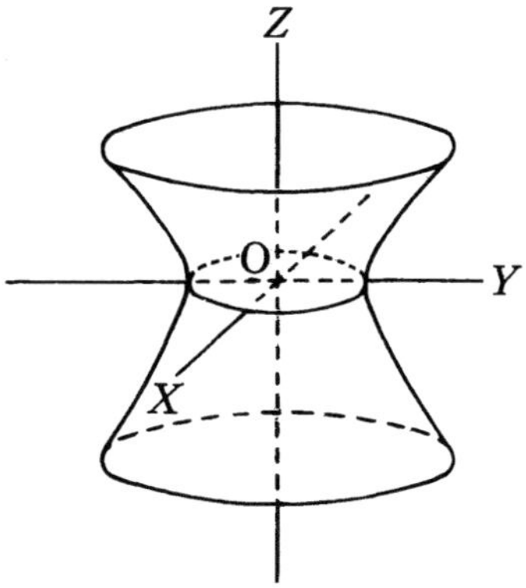

XY 平面に平行に切れば楕円で，YZ 平面または XZ 平面に平行に切れば双曲線，つつみのような形で，その名は**一葉双曲面**です．

$\beta' > 0$ で α'，$\gamma' < 0$ のとき

$$-\frac{X^2}{a^2} + \frac{Y^2}{b^2} - \frac{Z^2}{c^2} = 1$$

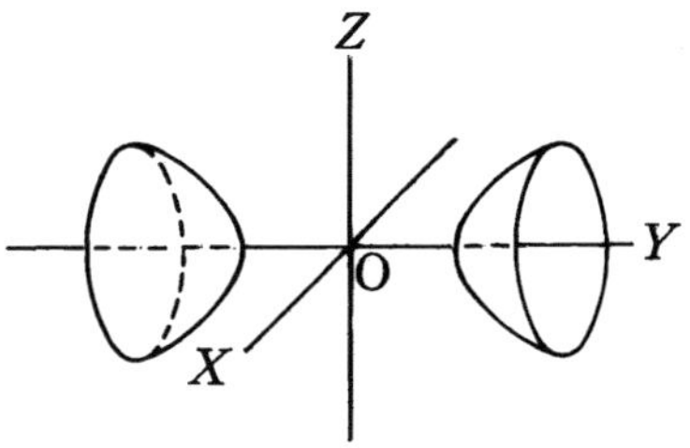

XY 平面または YZ 平面に平行に切れば双曲線．XZ 平面に平行な平面 $Y=k$ で切ったときは

$$\frac{Y^2}{a^2}+\frac{Z^2}{c^2}=\frac{k^2-b^2}{b^2}$$

$|k|>b$ ならば楕円，$|k|=b$ ならば 1 点，$|k|<b$ ならば切口がない．この曲面の名は**二葉双曲面**です．

α'，β'，$\gamma'<0$ のとき

説明するまでもなく，二次曲線は存在しない．もっとも，人によっては**虚楕円面**というようですが」

$\Delta=0$ のとき

「この場合には②の式は

$$\alpha X^2+\beta Y^2+\gamma Z^2=0$$

となって簡単です．

α，β，$\gamma>0$ のとき 1 点 $(0,0,0)$ だけ．

α，$\beta>0$ で $\gamma<0$ のとき

$$\frac{X^2}{a^2}+\frac{Y^2}{b^2}=\frac{Z^2}{c^2}$$

XY 平面に平行に切れば楕円で，Z 軸を含む平面 $Y=mX$ で切れば

$$\left(\frac{1}{a^2}+\frac{m^2}{b^2}\right)X^2=\frac{Z^2}{c^2}$$

となって，原点を通る 2 直線……この名は**二次円錐面**……楕円錐面といいたい感じ」

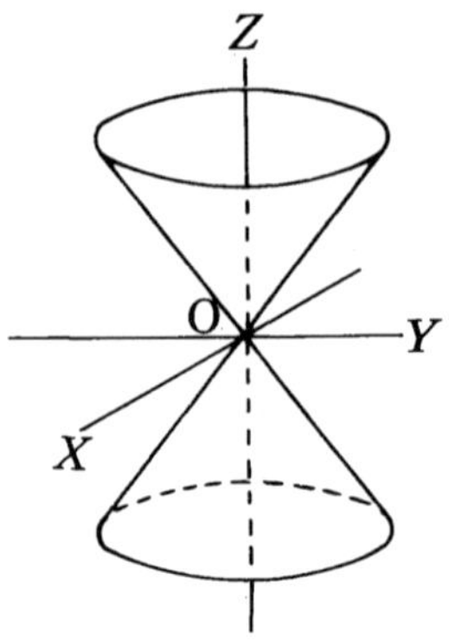

「$a=b$ のときは本物の円錐ですね」

「$\alpha>0$ で β，$\gamma<0$ のときは？」

「前の場合と，同じ曲面……向きは違うが」

「α，β，$\gamma < 0$ のときは？」

「最初の場合と同じです」

「結局……この場合は 2 通りしかない，これで $\delta \neq 0$ の場合は終った．曲面らしいものは 4 種であった」

「$\delta = 0$ の場合へすすみたい」

4 無心二次曲面

「$\delta = 0$ のときは二次曲面が無心の場合ですね」

「そら，また，同じ誤り．このときは連立方程式

$$\begin{cases} ax_0 + hy_0 + gz_0 + p = 0 \\ hx_0 + by_0 + fz_0 + q = 0 \\ gx_0 + fy_0 + cz_0 + r = 0 \end{cases}$$

は不能か不定……不定ならば無数の解がある」

「そうか，無数の解があるということは，中心が無数にあるということ」

「とにかく，このときは不能のこともあるのだから，最初に平行移動を行うのをあきらめ，回転に直行しようではないか」

「$\delta = |A| = 0$ のときは，方程式

$$|A - \lambda E| = 0$$

の定数項は 0 だから，3 根 α，β，γ のうち少くとも 1 つは 0 です」

「たとえば $\gamma = 0$ とすると，もとの方程式はどんな形に変るか」

「2 次の部分は $\alpha u^2 + \beta v^2$ で……1 次の部分は 1 次の部分へ，定数項は定数項へ変る……いや定数項は変らないから

$$\alpha u^2 + \beta v^2 + 2lu + 2mv + 2nw + d = 0 \qquad ①$$

平行移動で簡単にできそうです．

$\alpha \neq 0$, $\beta \neq 0$ のとき

$$\alpha\left(u+\frac{l}{\alpha}\right)^2+\beta\left(v+\frac{m}{\beta}\right)^2+2nw+(\quad)=0$$

平行移動 $u=X-\dfrac{l}{\alpha}$, $v=Y-\dfrac{m}{\beta}$ によって

$$\alpha X^2+\beta Y^2+2nw+d'=0 \qquad ②$$

n と d' の正体が明かでない」

「頼りになるのは不変量」

「Δ を用いてみます.

$$\Delta=\begin{vmatrix} \alpha & 0 & 0 & 0 \\ 0 & \beta & 0 & 0 \\ 0 & 0 & 0 & n \\ 0 & 0 & n & d' \end{vmatrix}=-n^2\alpha\beta$$

意外な結果……n が 0 かどうかは Δ が 0 かどうかで定まる」

$\Delta \neq 0$ のとき

「②は平行移動によって

$$\alpha X^2+\beta Y^2+2nZ=0$$

α, $\beta>0$ ならば

$$\frac{X^2}{a^2}+\frac{Y^2}{b^2}=2cZ \quad (c \neq 0)$$

と整理される. さてこの曲面は？」

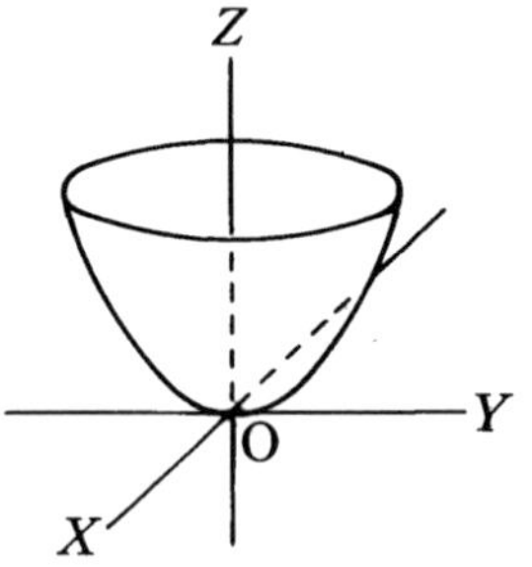

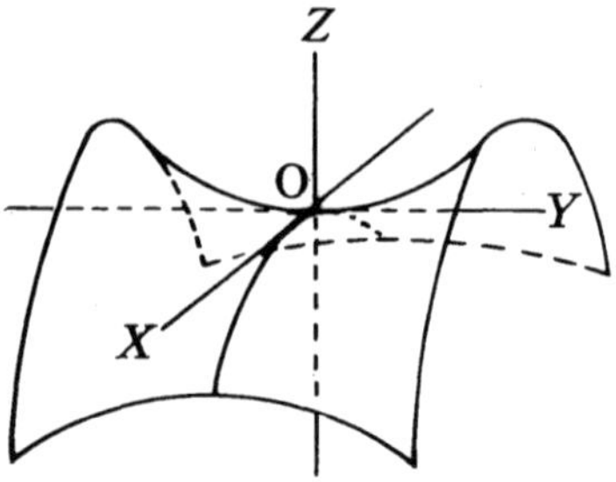

「XY 平面に平行な平面で切ると楕円で, Z 軸を含む平面で切ると放物線……それで**楕円放物面**というのです」

「$\alpha > 0$，$\beta < 0$ ならば

$$\frac{X^2}{a^2} - \frac{Y^2}{b^2} = 2cZ \quad (c \neq 0)$$

と整理される．この曲面は XY に平行に切れば双曲線で，Z 軸を含む平面で切れば放物線ですね」

「それで，**双曲放物面**というのだ」

「馬のクラのような形ですね」

「そう思えば曲面のイメージが浮ぶ」

$\Delta = 0$ のとき

「$\Delta = 0$ ならば $n = 0$ だから②は

$$\alpha X^2 + \beta Y^2 + d' = 0$$

$d' = 0$ ならば，つまらないものになるから省略する．$d' \neq 0$ ならば，両辺を $-d'$ で割って

$$\alpha' X^2 + \beta' Y^2 = 1$$

の形にかえられる．そこで，さらに

α'，$\beta' > 0$ のときは

$$\frac{X^2}{a^2} + \frac{Y^2}{b^2} = 1$$

Z は任意だから，**楕円柱面**です．

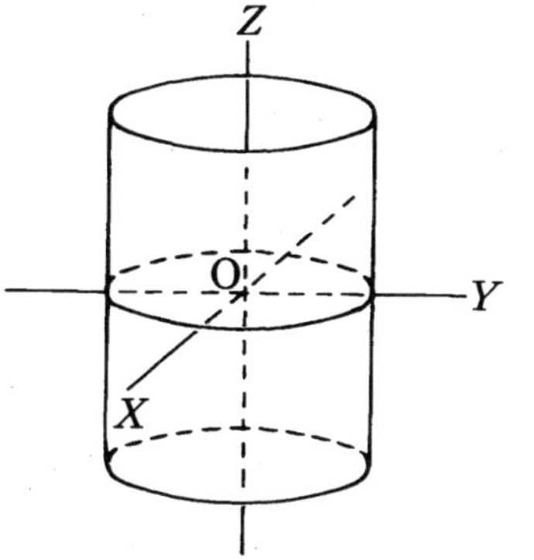

$\alpha' < 0$，$\beta' > 0$ のときは

$$-\frac{X^2}{a^2} + \frac{Y^2}{b^2} = 1$$

これも Z は任意だから**双曲柱面**．

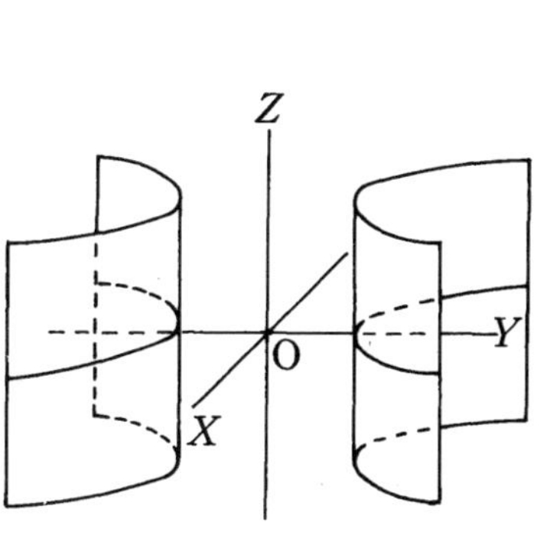

α'，$\beta' < 0$ のときは図形がない．

以上で $\alpha\neq 0$，$\beta\neq 0$ のときは終った．残りは $\alpha\neq 0$，$\beta=0$ のときだけ」

$\alpha\neq 0$，$\beta=0$ のとき

「①の式へもどって

$$\alpha\left(u+\frac{l}{\alpha}\right)^2+2mv+2nw+d'=0$$

平行移動 $u=X-\dfrac{l}{\alpha}$ によって

$$\alpha X^2+2mv+2nw+d'=0$$

m，n がともに 0 のときは，つまらない場合だから省略しよう．

$m\neq 0$，$n=0$ のとき

平行移動で

$$\alpha X^2+2mY=0$$

Z は任意であるから，この曲面は**放物柱面**です（右の図は X，Y をいれかえた場合）．$m=0$，$n\neq 0$ のときも同様．

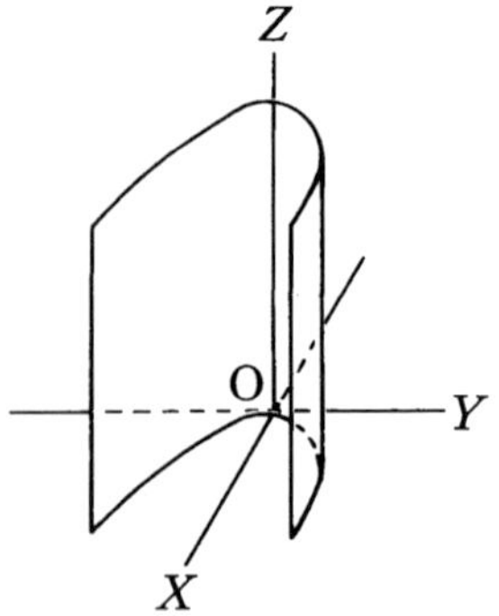

$m\neq 0$，$n\neq 0$ のときこれはちょっとやっかいそう」

「平行移動はききめありませんね」

「X 軸のまわりの回転

$$\begin{cases} v=Y\cos\theta-Z\sin\theta \\ w=Y\sin\theta+Z\cos\theta \end{cases}$$

を試みたら，どうなる？」

「代入してみます．

$$\alpha X^2+2(m\cos\theta+n\sin\theta)Y+2(-m\sin\theta+n\cos\theta)Z$$
$$+d'=0$$

Y, Z の係数の一方ならばゼロにできますね．たとえば

$$-m\sin\theta + n\cos\theta = 0, \quad \tan\theta = \frac{n}{m}$$

をみたす角 θ を選べば Z の係数は 0 になるから

$$\alpha X^2 + 2kY + d' = 0$$

おや，これも放物柱面です」

×　　　　　　　　　×

「二次曲面には，いろいろなものがあった．省略した場合も調べれば，交わる 2 平面，平行な 2 平面，2 重の一平面などがあるが，曲面というには物足りない」

「2 次曲面らしいものは 9 つですね」

「柱面，錐面というのは二次曲線が母体でね……これも二次曲面としては物足りないですよ」

「柱面は 3 つ，錐面は 1 つあったから，残りは 5 つ」

「その 5 つ……楕円面，一葉双曲面，二葉双曲面，楕円放物面，双曲放物面を**固有二次曲面**というのです．二次曲面が固有なものになる場合を大ざっぱに分類しておこう」

固有二次曲面 $\Delta \neq 0$
- $\delta \neq 0$（有心）
  - 楕円面
  - 一葉双曲面，二葉双曲面
- $\delta = 0$（無心）
  - 楕円放物面，双曲放物面

例 57　$x^2 + y^2 + z^2 + yz + zx + xy = 1$ はどんな曲面か．

解　2 倍して $2x^2 + 2y^2 + 2z^2 + 2yz + 2zx + 2xy - 2 = 0$

$$\Delta = -8,\ \delta = 4$$

$$|A-\lambda E| = \begin{vmatrix} 2-\lambda & 1 & 1 \\ 1 & 2-\lambda & 1 \\ 1 & 1 & 2-\lambda \end{vmatrix} = -(\lambda-1)^2(\lambda-4) = 0$$

$\lambda = 1$，1，4 であるから

$$x^2 + y^2 + 4z^2 = 2 \quad \text{楕円面}$$

練習問題—8

59 次の方程式はどんな二次曲面を表すか.

(1) $2yz + 2zx + 2xy = 1$

(2) $x^2 - y^2 = 4zx$

(3) $2x^2 + y^2 + 3z^2 - 4xy - 4zx + 2 = 0$

(4) $x^2 - 4y^2 + z^2 + 4yz - 2zx + 4xy - 4x - 2y - 2z - 1 = 0$

(5) $(x + y + z - 1)^2 = 3\left(x^2 + y^2 + z^2\right)$

60 方向が $(-1, -1, 2)$ の直線が xy 平面上の円 $x^2 + y^2 = 1$ と交わりながら運動するとき作る柱面の方程式を求めよ.

61 yz 平面上の曲線 $f(y, z) = 0$ を z 軸のまわりに回転させたときにできる回転面の方程式を求めよ.

62 点 $(1, 0, 0)$ を通り方向ベクトルが $(0, 1, m)$ の直線を，z 軸の回りに回転させたときにできる曲面の方程式を求めよ．また，これはどんな二次曲面か.

63 (1) 点 $C(1, 0, 0)$ を通る直線が, 平面 $z = 1$ 上の円 $(x-1)^2 + y^2 = 1$ と交わりながら動くとき作る円錐の方程式を求めよ.

(2) 上の円錐と yz 平面との交りはどんな曲線か.

(3) 座標軸を y 軸の回りに $\theta(0 < \theta < 90^\circ)$ だけ回転すれば，上の円錐の方程式はどのように変るか.

(4) (3) の円錐と新しい yz 平面との交りはどんな曲線か.

練習問題のと略解

1　(1) $14\boldsymbol{a}+14\boldsymbol{b}$　(2) $2\boldsymbol{a}-16\boldsymbol{b}$　(3) $\dfrac{1}{3}(\boldsymbol{a}+\boldsymbol{b}+\boldsymbol{c})$

2　$\overrightarrow{\mathrm{DE}}=\dfrac{1}{2}(\boldsymbol{b}-\boldsymbol{a})$, $\overrightarrow{\mathrm{AF}}=\dfrac{1}{3}(\boldsymbol{b}-\boldsymbol{a})$, $\overrightarrow{\mathrm{CF}}=\overrightarrow{\mathrm{CA}}+\overrightarrow{\mathrm{AF}}=\dfrac{2\boldsymbol{a}+\boldsymbol{b}}{3}$,
$\overrightarrow{\mathrm{DF}}=\overrightarrow{\mathrm{CF}}-\overrightarrow{\mathrm{CD}}=\dfrac{2\boldsymbol{a}+\boldsymbol{b}}{3}-\dfrac{\boldsymbol{a}}{2}=\dfrac{\boldsymbol{a}+2\boldsymbol{b}}{6}$

3　(1) 正しい．$k\boldsymbol{a}=\boldsymbol{0}$ の両辺に $\dfrac{1}{k}$ をかけて $\boldsymbol{a}=\boldsymbol{0}$
(2) 正しい．$k\boldsymbol{a}=\boldsymbol{0}$ から $|k|\cdot\|\boldsymbol{a}\|=0$,　$\boldsymbol{a}\neq\boldsymbol{0}$ から $\|\boldsymbol{a}\|\neq 0$
$\therefore\ |k|=0\quad \therefore k=0$

4　$\overrightarrow{\mathrm{AB}}=\overrightarrow{\mathrm{ED}}=\boldsymbol{a}$, $\overrightarrow{\mathrm{BC}}=\overrightarrow{\mathrm{FE}}=\boldsymbol{b}$ とおいて，$\overrightarrow{\mathrm{AD}}$ を2通りに表す．
$\overrightarrow{\mathrm{AD}}=\boldsymbol{a}+\boldsymbol{b}+\overrightarrow{\mathrm{CD}}$, $\overrightarrow{\mathrm{AD}}=\overrightarrow{\mathrm{AF}}+\boldsymbol{b}+\boldsymbol{a}$　$\therefore$　$\overrightarrow{\mathrm{CD}}=\overrightarrow{\mathrm{AF}}$

5　$(p-q+5)\boldsymbol{a}+(q-3)\boldsymbol{b}=\boldsymbol{0}$, $\boldsymbol{a}$, $\boldsymbol{b}$ は共線でないから $p-q+5=0$,
$q-3=0$　$\therefore p=-2, q=3$

6　$\boldsymbol{c}$ を消去すると $p\boldsymbol{a}+q\boldsymbol{b}+r(-\boldsymbol{a}-\boldsymbol{b})=\boldsymbol{0}$, $(p-r)\boldsymbol{a}+(q-r)\boldsymbol{b}=\boldsymbol{0}$,
$\boldsymbol{a}$, $\boldsymbol{b}$ は共線でないから $p-r=0$, $q-r=0$

7　(1) 正しくない．たとえば $\boldsymbol{a}=\boldsymbol{0}$ のとき $\boldsymbol{b}$, $\boldsymbol{c}$ は無関係
(2) $\boldsymbol{a}\neq\boldsymbol{0}$ のときは $\boldsymbol{b}=h\boldsymbol{a}$, $\boldsymbol{c}=k\boldsymbol{a}$．この2式から $\boldsymbol{a}$ を消去して $k\boldsymbol{b}=h\boldsymbol{c}$．もし $h=k=0$ ならば $\boldsymbol{b}=\boldsymbol{c}=\boldsymbol{0}$ となって $\boldsymbol{b}$, $\boldsymbol{c}$ は共線．$h\neq 0$ ならば $\boldsymbol{c}=\dfrac{k}{h}\boldsymbol{b}$, ここで $\boldsymbol{b}=\boldsymbol{0}$ ならば $\boldsymbol{c}=\boldsymbol{0}$ となって $\boldsymbol{b}$, $\boldsymbol{c}$ は共線．$\boldsymbol{b}\neq\boldsymbol{0}$ ならば定理4によって $\boldsymbol{b}$, $\boldsymbol{c}$ は共線．

8　$\mathrm{A}(\boldsymbol{a})$, $\mathrm{B}(\boldsymbol{b})$, $\mathrm{C}(\boldsymbol{c})$, $\mathrm{D}(\boldsymbol{d})$ とおくと $\mathrm{M}\left(\dfrac{2\boldsymbol{a}+\boldsymbol{b}}{3}\right)$, $\mathrm{N}\left(\dfrac{2\boldsymbol{d}+\boldsymbol{c}}{3}\right)$,

$$\overrightarrow{\mathrm{MN}}=\frac{2\boldsymbol{d}+\boldsymbol{c}}{3}-\frac{2\boldsymbol{a}+\boldsymbol{b}}{3}=\frac{2(\boldsymbol{d}-\boldsymbol{a})+(\boldsymbol{c}-\boldsymbol{b})}{3}=\frac{2\overrightarrow{\mathrm{AD}}+\overrightarrow{\mathrm{BC}}}{3}$$

9　A($\boldsymbol{a}$), B($\boldsymbol{b}$), C($\boldsymbol{c}$), D($\boldsymbol{d}$) とおき，PQ, RS, MN の中点を別に求めると，いずれも $\frac{1}{4}(\boldsymbol{a}+\boldsymbol{b}+\boldsymbol{c}+\boldsymbol{d})$ になる．

10　A($\boldsymbol{a}$), B($\boldsymbol{b}$), C($\boldsymbol{c}$), P($\boldsymbol{p}$), Q($\boldsymbol{q}$), R($\boldsymbol{r}$), G($\boldsymbol{g}$), G′($\boldsymbol{g}'$) とおくと $\boldsymbol{g}=\frac{1}{3}(\boldsymbol{a}+\boldsymbol{b}+\boldsymbol{c})$, $\boldsymbol{g}'=\frac{1}{3}(\boldsymbol{p}+\boldsymbol{q}+\boldsymbol{r})=\frac{1}{3}\left(\frac{n\boldsymbol{b}+m\boldsymbol{c}}{m+n}+\frac{n\boldsymbol{c}+m\boldsymbol{a}}{m+n}+\frac{n\boldsymbol{a}+m\boldsymbol{b}}{m+n}\right)=\frac{m+n}{3(m+n)}(\boldsymbol{a}+\boldsymbol{b}+\boldsymbol{c})=\boldsymbol{g}$

11　チェバの定理を用いる．AM, BQ, CP は1点で交わるから $\frac{\mathrm{BM}}{\mathrm{MC}}\cdot\frac{\mathrm{CQ}}{\mathrm{QA}}\cdot\frac{\mathrm{AP}}{\mathrm{PB}}=1$，仮定により PQ//BC であるから $\frac{\mathrm{AP}}{\mathrm{PB}}=\frac{\mathrm{AQ}}{\mathrm{QC}}$，これとはじめの式とから $\frac{\mathrm{BM}}{\mathrm{MC}}=1$　∴　BM＝MC

12　(1) P から BC, AC に平行線をひいて AC, BC との交点を Q, R とすると $\overrightarrow{\mathrm{CP}}=\overrightarrow{\mathrm{CQ}}+\overrightarrow{\mathrm{CR}}=p\overrightarrow{\mathrm{CA}}+q\overrightarrow{\mathrm{CB}}$

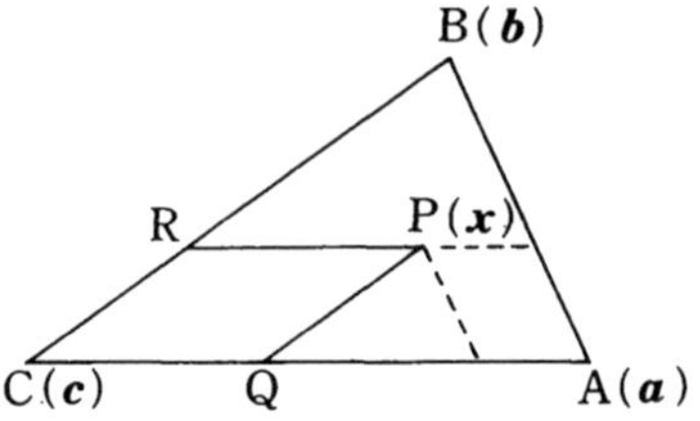

(2) 上のを $\boldsymbol{a}$, $\boldsymbol{b}$, $\boldsymbol{c}$, $\boldsymbol{x}$ で表す．$\boldsymbol{x}-\boldsymbol{c}=p(\boldsymbol{a}-\boldsymbol{c})+q(\boldsymbol{b}-\boldsymbol{c})$

∴　$\boldsymbol{x}=p\boldsymbol{a}+q\boldsymbol{b}+(1-p-q)\boldsymbol{c}$,

ここで $1-p-q=r$ とおくと $\boldsymbol{x}=p\boldsymbol{a}+q\boldsymbol{b}+r\boldsymbol{c}$, $p+q+r=1$

(3) P は ∠ACB および ∠CAB 内にある．∠ACB 内にあることから $p>0$, $q>0$．(2) の式はかきかえると $\boldsymbol{x}-\boldsymbol{a}=\boldsymbol{q}(\boldsymbol{b}-\boldsymbol{a})+\boldsymbol{r}(\boldsymbol{c}-\boldsymbol{a})$, $\overrightarrow{\mathrm{AP}}=q\overrightarrow{\mathrm{AB}}+r\overrightarrow{\mathrm{AC}}$ となる．P は ∠CAB 内にあることから $q>0$, $r>0$　∴p, q, $r>0$

(4) (2) の式をかきかえて $\boldsymbol{x}=p\boldsymbol{a}+(q+r)\frac{q\boldsymbol{b}+\boldsymbol{r}}{q+\boldsymbol{r}}$，ここで $\frac{q\boldsymbol{b}+r\boldsymbol{c}}{q+r}=d$ とおくと，点 D′($\boldsymbol{d}$) は BC を $r:q$ に分けるから辺 BC

上にある．また $\boldsymbol{x} = p\boldsymbol{a} + (q+r)\boldsymbol{d}$ において $p+q+r=1$ であるから，点 $\mathrm{P}(\boldsymbol{x})$ は AD' を $q+r:p$ に分けるから，P は AD' 上にある．したがって D' は D と一致する．D が BC を分ける比 $r:q$. P が AD を分ける比 $q+r:p$

13　M を原点にとって $\mathrm{A}(\boldsymbol{a})$，$\mathrm{B}(\boldsymbol{b})$ とおくと $\mathrm{C}(-\boldsymbol{b})$，$\overrightarrow{\mathrm{BA}} = \boldsymbol{a}-\boldsymbol{b}$, $\overrightarrow{\mathrm{CA}}= \boldsymbol{a}+\boldsymbol{b}$ となるから $\mathrm{AB}^2+\mathrm{AC}^2 = (\boldsymbol{a}-\boldsymbol{b})\cdot(\boldsymbol{a}-\boldsymbol{b})+(\boldsymbol{a}+\boldsymbol{b})\cdot(\boldsymbol{a}+\boldsymbol{b}) =2(\boldsymbol{a}\cdot\boldsymbol{a})+2(\boldsymbol{b}\cdot\boldsymbol{b}) = 2\mathrm{AM}^2+2\mathrm{BM}^2$

14　(1) $\boldsymbol{a}+\boldsymbol{b}+\boldsymbol{c} = \overrightarrow{\mathrm{BC}}+\overrightarrow{\mathrm{CA}}+\overrightarrow{\mathrm{AB}} = \overrightarrow{\mathrm{BB}} = \boldsymbol{0}$

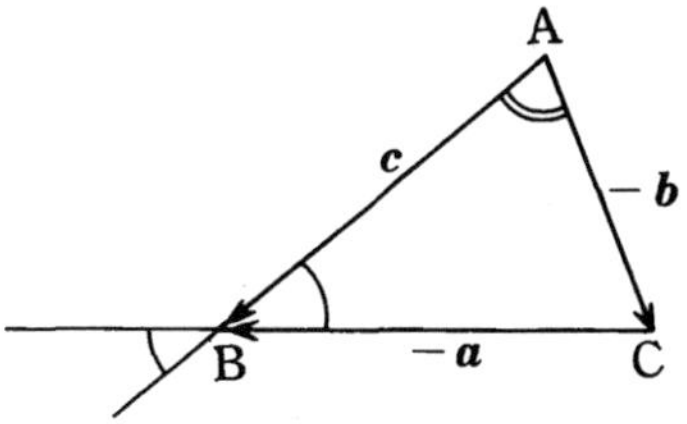

(2) $\boldsymbol{c}\cdot\boldsymbol{c}=\boldsymbol{c}(-\boldsymbol{a}-\boldsymbol{b})=\boldsymbol{c}\cdot(-\boldsymbol{a})+\boldsymbol{c}\cdot(-\boldsymbol{b})$，$\|\boldsymbol{c}\|^2 = \|\boldsymbol{c}\|\times\|-\boldsymbol{a}\|\cos B + \|\boldsymbol{c}\|\times\|-\boldsymbol{b}\|\cos A$, $c^2 = ca\cos B + cb\cos A$，両辺を c でわる．

15　M を原点にとり $\mathrm{A}(\boldsymbol{a})$，$\mathrm{B}(\boldsymbol{b})$ とおくと $\mathrm{C}(-\boldsymbol{b})$，$\overrightarrow{\mathrm{BA}} = \boldsymbol{a}-\boldsymbol{b}$, $\overrightarrow{\mathrm{CA}} = \boldsymbol{a}+\boldsymbol{b}$　∴　$\overrightarrow{\mathrm{BA}}\cdot\overrightarrow{\mathrm{CA}} = (\boldsymbol{a}-\boldsymbol{b})\cdot(\boldsymbol{a}+\boldsymbol{b})$
$= \boldsymbol{a}\cdot\boldsymbol{a}-\boldsymbol{b}\cdot\boldsymbol{b} = \mathrm{AM}^2-\mathrm{BM}^2 = 0$　∴　$\overrightarrow{\mathrm{BA}^2}\perp\overrightarrow{\mathrm{CA}}$

16　$D(\overrightarrow{\mathrm{CA}},\ \overrightarrow{\mathrm{CB}}) = D(\boldsymbol{a}-\boldsymbol{c},\ \boldsymbol{b}-\boldsymbol{c}) = D(\boldsymbol{a},\ \boldsymbol{b})-D(\boldsymbol{a},\ \boldsymbol{c})-D(\boldsymbol{c},\ \boldsymbol{b})+D(\boldsymbol{c},\ \boldsymbol{c}) = D(\boldsymbol{b},\ \boldsymbol{c})+D(\boldsymbol{c},\ \boldsymbol{a})+D(\boldsymbol{a},\ \boldsymbol{b})$，$S = \dfrac{1}{2}\left|D(\overrightarrow{\mathrm{CA}},\ \overrightarrow{\mathrm{CB}})\right|$

17　(1)　$\boldsymbol{a}+\boldsymbol{b}+\boldsymbol{c} = \boldsymbol{0}$ であるから $\boldsymbol{c} = -\boldsymbol{a}-\boldsymbol{b}$　∴　$D(b,c) = D(\boldsymbol{b},-\boldsymbol{a}-\boldsymbol{b}) = D(\boldsymbol{b},\ -\boldsymbol{a})+D(\boldsymbol{b},\ -\boldsymbol{b}) = -D(\boldsymbol{b},\ \boldsymbol{a}) = D(\boldsymbol{a},\ \boldsymbol{b})$
同様にして $D(\boldsymbol{c},\ \boldsymbol{a}) = D(\boldsymbol{a},\ \boldsymbol{b})$

(2)　$bc\sin(180^\circ - A) = ca\sin(180^\circ - B) = ab\sin(180^\circ - C)$ ∴$bc\sin A = ca\sin B = ab\sin C$，各項を abc で割ってから逆数をとる．

18 $D(\boldsymbol{b},\ \boldsymbol{a}) = \|\boldsymbol{a}\| \cdot \|\boldsymbol{b}\| \sin\theta = \sin(\alpha-\beta)$, $D(\boldsymbol{b},\ \boldsymbol{a}) = \cos\beta\sin\alpha - \sin\beta\cos\alpha$

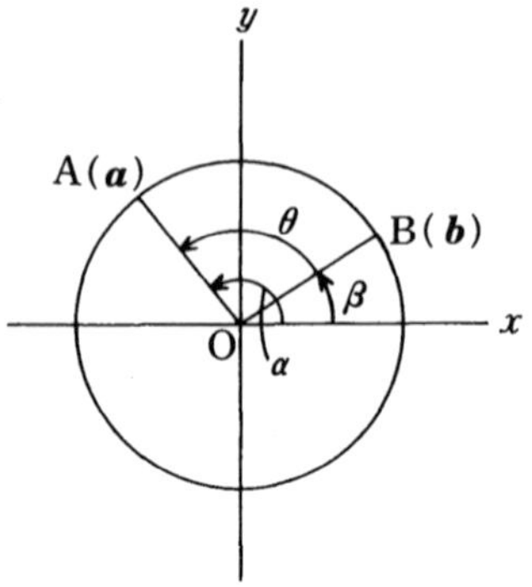

19 (1) $D(\boldsymbol{a},\ \boldsymbol{b}) = 0$

(2) $\overrightarrow{\mathrm{AP}} = n\boldsymbol{b}+m\boldsymbol{c}$ と $\overrightarrow{\mathrm{AQ}} = \boldsymbol{a}$ は共線であるから $D(n\boldsymbol{b}+m\boldsymbol{c}, \boldsymbol{a}) = 0$, $\therefore\ nD(\boldsymbol{b},\ \boldsymbol{a}) + mD(\boldsymbol{c},\ \boldsymbol{a}) = 0$, $nD(\boldsymbol{b},\ \boldsymbol{a}) = mD(\boldsymbol{a},\ \boldsymbol{c})$

20 (1) $\boldsymbol{a}\cdot\boldsymbol{x} = \|\boldsymbol{a}\| \times \|\boldsymbol{x}\| \cos\theta = \boldsymbol{0}$, この式は $\|\boldsymbol{x}\| \neq 0$, $\cos\theta \neq 0$ をみたす $\boldsymbol{x}$ に対しても成り立つから $\|\boldsymbol{a}\| = 0$ $\therefore \boldsymbol{a} = \boldsymbol{0}$

(2) $(\boldsymbol{a}-\boldsymbol{b})\cdot\boldsymbol{x} = \boldsymbol{0}$ とかきかえて (1) を用いる.

(3) $\boldsymbol{x} = 0$ とおいて $c = 0$ $\therefore$ $\boldsymbol{a}\cdot\boldsymbol{x} = 0$, (1) によって $\boldsymbol{a} = \boldsymbol{0}$

21 $\overrightarrow{\mathrm{AC}} = \boldsymbol{a}+\boldsymbol{b}$, $\mathrm{AD} = \mathrm{AB} = a$, $\mathrm{AC} = b$ とおくと $\overrightarrow{\mathrm{AD}}\cdot\overrightarrow{\mathrm{AC}} = ab\cos\alpha$, また $\overrightarrow{\mathrm{AB}}\cdot\overrightarrow{\mathrm{AC}} = ab\cos\beta$, 一方 $\overrightarrow{\mathrm{AD}}\cdot\overrightarrow{\mathrm{AC}} = \boldsymbol{a}\cdot(\boldsymbol{a}+\boldsymbol{b}) = \boldsymbol{a}\cdot(\boldsymbol{a}+\boldsymbol{b}) = \boldsymbol{a}\cdot\boldsymbol{a}+\boldsymbol{a}\cdot\boldsymbol{b}$, $\overrightarrow{\mathrm{AB}}\cdot\overrightarrow{\mathrm{AC}} = \boldsymbol{b}\cdot(\boldsymbol{a}+\boldsymbol{b}) = \boldsymbol{a}\cdot\boldsymbol{b}+\boldsymbol{b}\cdot\boldsymbol{b}$ $\therefore$ $\cos\alpha = \cos\beta$ $\therefore$ $\alpha = \beta$

22 (1) $\overrightarrow{\mathrm{BC}} = \boldsymbol{x}$, $\overrightarrow{\mathrm{CA}} = \boldsymbol{y}$, $\overrightarrow{\mathrm{AB}} = \boldsymbol{z}$ とおくと, $\boldsymbol{x}+\boldsymbol{y}+\boldsymbol{z} = \boldsymbol{0}$, $D(\overrightarrow{\mathrm{AB}},\ \overrightarrow{\mathrm{BC}}) = D(\boldsymbol{z},\ \boldsymbol{x}) = D(-\boldsymbol{x}-\boldsymbol{y},\ \boldsymbol{x}) = D(-\boldsymbol{y},\ \boldsymbol{x}) = D(\boldsymbol{x},\ \boldsymbol{y}) = D(\overrightarrow{\mathrm{BC}},\ \overrightarrow{\mathrm{CA}})$ 他も同様.

(2) $2S(\mathrm{A},\ \mathrm{B},\ \mathrm{C}) = D(\overrightarrow{\mathrm{AB}},\ \overrightarrow{\mathrm{BC}}) = D(\boldsymbol{z},\ \boldsymbol{x})$, $2S(\mathrm{B},\ \mathrm{C},\ \mathrm{A}) = D(\overrightarrow{\mathrm{BC}},\ \overrightarrow{\mathrm{CA}}) = D(\boldsymbol{x},\ \boldsymbol{y})$, $2S(\mathrm{C},\ \mathrm{A},\ \mathrm{B}) = D(\overrightarrow{\mathrm{CA}},\ \overrightarrow{\mathrm{AB}}) = D(\boldsymbol{y},\ \boldsymbol{z})$, $2S(\mathrm{A},\ \mathrm{C},\ \mathrm{B}) = D(\overrightarrow{\mathrm{AC}},\ \overrightarrow{\mathrm{CB}}) = D(-\boldsymbol{y},\ -\boldsymbol{x}) = D(\boldsymbol{y},\ \boldsymbol{x}) = -D(\boldsymbol{x},\ \boldsymbol{y}) = -D(\boldsymbol{z},\ \boldsymbol{x}) = -2S(\mathrm{A},\ \mathrm{B}, \mathrm{C})$

(3) $2S(\mathrm{A},\mathrm{B},\mathrm{C}) = D(\boldsymbol{z},\boldsymbol{x}) = D(\boldsymbol{b}-\boldsymbol{a},\ \boldsymbol{c}-\boldsymbol{b}) = D(\boldsymbol{b},\ \boldsymbol{c}) - D(\boldsymbol{b},\ \boldsymbol{b}) - D(\boldsymbol{a},\ \boldsymbol{c}) + D(\boldsymbol{a},\ \boldsymbol{b}) = D(\boldsymbol{b},\ \boldsymbol{c}) + D(\boldsymbol{c},\ \boldsymbol{a}) + D(\boldsymbol{a},\ \boldsymbol{b})$

(4) $P(\boldsymbol{x})$ とおくと $2S(\mathrm{P},\ \mathrm{A},\ \mathrm{B}) = D(\boldsymbol{x},\ \boldsymbol{a}) + D(\boldsymbol{a},\ \boldsymbol{b}) + D(\boldsymbol{b},\ \boldsymbol{x})$,
$2S(\mathrm{P},\ \mathrm{B},\ \mathrm{C}) = D(\boldsymbol{x},\ \boldsymbol{b}) + D(\boldsymbol{b},\ \boldsymbol{c}) + D(\boldsymbol{c},\ \boldsymbol{x})$
$2S(\mathrm{P},\ \mathrm{C},\ \mathrm{A}) = D(\boldsymbol{x},\ \boldsymbol{c}) + D(\boldsymbol{c},\ \boldsymbol{a}) + D(\boldsymbol{a},\ \boldsymbol{x})$
これらの 3 式を加えると右辺は $D(\boldsymbol{b},\ \boldsymbol{c}) + D(\boldsymbol{c},\ \boldsymbol{a}) + D(\boldsymbol{a},\ \boldsymbol{b})$，これは $2S(\mathrm{A},\ \mathrm{B},\ \mathrm{C})$ に等しい．

23　$\mathrm{AP} \perp g$ のとき AP は最小になる．$\overrightarrow{\mathrm{AP}} = (2t+4,\ t-13)$, g の方向ベクトルは $\boldsymbol{a} = (2,\ 1)$　$\overrightarrow{\mathrm{AP}}\cdot\boldsymbol{a} = (2t+4)\times 2 + (t-13)\times 1 = 5t-5 = 0$
$\therefore\ \ t = 1$　$\therefore$　P の座標は $(3,\ -4)$，$\mathrm{AP} = 6\sqrt{5}$

24　$\mathrm{P}(\boldsymbol{x}_1 + t\boldsymbol{n})$ とおくと $\mathrm{AP}^2 = (\boldsymbol{x}_1 - \boldsymbol{x}_0 + t\boldsymbol{n}) \cdot (\boldsymbol{x}_1 - \boldsymbol{x}_0 + t\boldsymbol{n}) = t^2 + 2(\boldsymbol{x}_1 - \boldsymbol{x}_0)\cdot\boldsymbol{n}t + \|\boldsymbol{x}_1 - \boldsymbol{x}_0\|^2 = \{t + (\boldsymbol{x}_1 - \boldsymbol{x}_0)\cdot\boldsymbol{n}\}^2 + \|\boldsymbol{x}_1 - \boldsymbol{x}_0\|^2 - \{(\boldsymbol{x}_1 - \boldsymbol{x}_0)\cdot\boldsymbol{n}\}^2$，$t = -(\boldsymbol{x}_1 - \boldsymbol{x}_0)\cdot\boldsymbol{n}$ のとき AP は最小になる．
AP の最小値 $= \sqrt{\|\boldsymbol{x}_1 - \boldsymbol{x}_0\|^2 - \{(\boldsymbol{x}_1 - \boldsymbol{x}_0)\cdot\boldsymbol{n}\}^2}$,
そのときの P の座標は $\boldsymbol{x}_1 - \{(\boldsymbol{x}_1 - \boldsymbol{x}_0)\cdot\boldsymbol{n}\}\boldsymbol{n}$

25　(1) 法線ベクトルを $\boldsymbol{a}_1 = (a_1,\ b_1)$，$\boldsymbol{a}_2 = (a_2,\ b_2)$ とおくと $\boldsymbol{a}_1$, $\boldsymbol{a}_2$ は共線であればよいから $D(\boldsymbol{a}_1,\ \boldsymbol{a}_2) = a_1b_2 - a_2b_1 = 0$
(2) $\boldsymbol{a}_1 \perp \boldsymbol{a}_2$ であればよいから $\boldsymbol{a}\cdot\boldsymbol{a}_2 = a_1a_2 + b_1b_2 = 0$

26　直線上の点を $\mathrm{P}(x,\ y)$ とおくと $\overrightarrow{\mathrm{A_2P}} = (x - x_2,\ y - y_2)$, $\overrightarrow{\mathrm{A_2A_1}} = (x_1 - x_2,\ y_1 - y_2)$，この 2 つのベクトルが共線である条件は

$$D\left(\overrightarrow{\mathrm{A_2P}}, \overrightarrow{\mathrm{A_2A_1}}\right) = \begin{vmatrix} x - x_2 & y - y_2 \\ x_1 - x_2 & y_1 - y_2 \end{vmatrix} = \begin{vmatrix} x - x_2 & y - y_2 & 1 \\ x_1 - x_2 & y - y_2 & 1 \\ 0 & 0 & 1 \end{vmatrix} = 0$$

第 3 列の x_2 倍を第 1 列に，第 3 列の y_2 倍を第 2 列に加えよ．

27 法線ベクトル $\boldsymbol{a}_1 = (a_1,\ b_1)$，$\boldsymbol{a}_2 = (a_2,\ b_2)$ のなす角は θ であるから $\cos\theta = \dfrac{\boldsymbol{a}_1 \cdot \boldsymbol{a}_2}{\|\boldsymbol{a}_1\| \cdot \|\boldsymbol{a}_2\|} = \dfrac{a_1 a_2 + b_1 b_2}{\sqrt{{a_1}^2 + {b_1}^2}\sqrt{{a_2}^2 + {b_2}^2}}$

28 ヘッセの標準形に直して $\dfrac{ax + by + c}{\sqrt{a^2 + b^2}} = 0$，$\dfrac{|c|}{\sqrt{a^2 + b^2}}$

29 $\boldsymbol{a}_1 = (a_1,\ b_1)$，$\boldsymbol{a}_2 = (a_2, b_2)$ とおく．2 直線が交わるときは，その交点 P の座標に対して $f_1 = 0$，$f_2 = 0$ $\therefore$ $\lambda_1 f_1 + \lambda_2 f_2 = 0$ となるから，直線 $\lambda_1 f_1 + \lambda_2 f_2 = 0$ は P を通る．2 直線が平行なときは $\boldsymbol{a}_2 = k\boldsymbol{a}_1$ をみたす k がある．このとき，$\lambda_1 f_1 + \lambda_2 f_2 = 0$ の法線ベクトルを $\boldsymbol{a}$ とおくと $\boldsymbol{a} = \lambda_1 a_1 + \lambda_2 \boldsymbol{a}_2 = (\lambda_1 + k\lambda_2)\,\boldsymbol{a}_1$ となって $\boldsymbol{a}_1$ と共線．したがって，もとの直線に平行な直線である．

30 (1) $(\boldsymbol{c} - \boldsymbol{b}) \cdot (\boldsymbol{x} - \boldsymbol{a}) = 0$ $\therefore$ $(\boldsymbol{c} - \boldsymbol{b}) \cdot \boldsymbol{x} - \boldsymbol{c} \cdot \boldsymbol{a} + \boldsymbol{a} \cdot \boldsymbol{b} = 0$

(2) $\boldsymbol{a}$，$\boldsymbol{b}$，$\boldsymbol{c}$ をサイクリックにいれかえて，他の垂線の方程式を導く．3 式を加えて導いた等式は任意の $\boldsymbol{x}$ に対して成り立つ．

31 (1) P($\boldsymbol{x}$) とおくと $\overrightarrow{\mathrm{AP}} = \boldsymbol{x} - \boldsymbol{a}$ と $\overrightarrow{\mathrm{AL}} = \left(\dfrac{\boldsymbol{b} + \boldsymbol{c}}{2} - \boldsymbol{a}\right)$ は共線であるから $D(\overrightarrow{\mathrm{AL}},\ \overrightarrow{\mathrm{AP}}) = D\left(\dfrac{\boldsymbol{b} + \boldsymbol{c}}{2} - \boldsymbol{a},\ \boldsymbol{x} - \boldsymbol{a}\right) = 0$，これを分解してから 2 倍せよ．

(2) $\boldsymbol{a}$，$\boldsymbol{b}$，$\boldsymbol{c}$ をサイクリックにいれかえて BM，CN の方程式を作ると，3 つの方程式の和は任意の $\boldsymbol{x}$ に対して成り立つ．

32 3 直線 BC，CA，AB を g_1，g_2，g_3 とおく．

(1) ∠A またはその対頂角内の点を P とすると $d(g_1, \mathrm{P})$ と $d(g_3, \mathrm{P})$ は同符号であるから $d(g_2, \mathrm{P}) = d(g_3, \mathrm{P})$，

$\therefore\quad \boldsymbol{n}_2 \cdot \boldsymbol{x} - p_2 = \boldsymbol{n}_3 \boldsymbol{x} - p_3$

$(\boldsymbol{n}_2 - \boldsymbol{n}_3)\,\boldsymbol{x} - p_2 + p_3 = 0$

(2) $d(g_2, \mathrm{P})$, $d(g_3, \mathrm{P})$ は異符号であるから $d(g_2, \mathrm{P}) = -d(g_3, \mathrm{P})$ $\therefore$ $(\boldsymbol{n}_2 + \boldsymbol{n}_3)\boldsymbol{x} - p_2 - p_3 = 0$

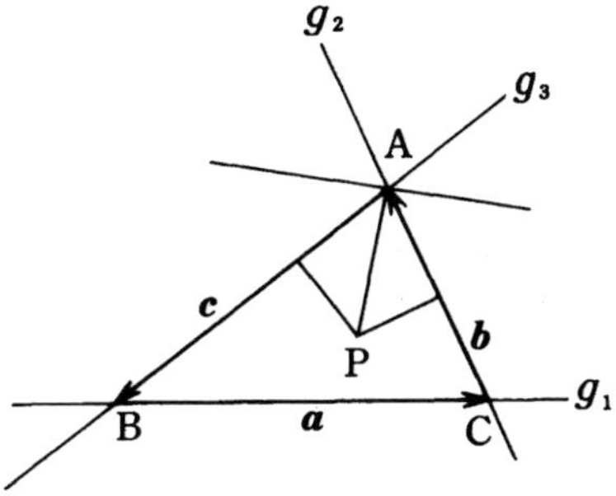

(3) $(\boldsymbol{n}_2 - \boldsymbol{n}_3)\boldsymbol{x} - p_2 + p_3 = 0$, $(\boldsymbol{n}_3 - \boldsymbol{n}_1)\boldsymbol{x} - p_3 + p_1 = 0$, $(\boldsymbol{n}_1 - -\boldsymbol{n}_2)\boldsymbol{x} - p_1 + p_2 = 0$, これらの和は，任意の $\boldsymbol{x}$ に対して成り立つ.

(4) $(\boldsymbol{n}_2 - \boldsymbol{n}_3)\boldsymbol{x} - p_2 + p_3 = 0$, $(\boldsymbol{n}_3 + \boldsymbol{n}_1)\boldsymbol{x} - p_3 - p_1 = 0$, $(\boldsymbol{n}_1 + \boldsymbol{n}_2)\boldsymbol{x} - p_1 - p_2 = 0$,（第 1 式）+（第 2 式）−（第 3 式）は任意の $\boldsymbol{x}$ に対して成り立つ.

33 (1) 円上の任意の点を $\mathrm{P}(\boldsymbol{x})$ とすると $\overrightarrow{\mathrm{AP}} = \boldsymbol{x} - \boldsymbol{a}$ と $\overrightarrow{\mathrm{BP}} = \boldsymbol{x} - \boldsymbol{b}$ とは直交するから $(\boldsymbol{x} - \boldsymbol{a}) \cdot (\boldsymbol{x} - \boldsymbol{b}) = 0$

(2) $\boldsymbol{x} - \boldsymbol{a} = (x - x_1, y - y_1)$, $\boldsymbol{x} - \boldsymbol{b} = (x - x_2, y - y_2)$, これらの内積は 0 だから $(x - x_1)(x - x_2) + (y - y_1)(y - y_2) = 0$

34 (1) $\mathrm{AP} : \mathrm{BP} = m : n$ から $n\mathrm{AP}^2 - m\mathrm{BP}^2 = 0$, これをベクトルで表すと $n^2(\boldsymbol{x} - \boldsymbol{a}) \cdot (\boldsymbol{x} - \boldsymbol{a}) - m^2(\boldsymbol{x} - \boldsymbol{b}) \cdot (\boldsymbol{x} - \boldsymbol{b}) = 0$, 公式 $(\boldsymbol{p} + \boldsymbol{q}) \cdot (\boldsymbol{p} - \boldsymbol{q}) = \boldsymbol{p} \cdot \boldsymbol{p} - \boldsymbol{q} \cdot \boldsymbol{q}$ を逆に用いて因数分解すると $\{n(\boldsymbol{x} - \boldsymbol{a}) + m(\boldsymbol{x} - \boldsymbol{b})\} \cdot \{n(\boldsymbol{x} - \boldsymbol{a}) - m(\boldsymbol{x} - \boldsymbol{b})\} = 0$, かきかえて $\left(\boldsymbol{x} - \dfrac{n\boldsymbol{a} + m\boldsymbol{b}}{n + m}\right) \cdot \left(\boldsymbol{x} - \dfrac{n\boldsymbol{a} - m\boldsymbol{b}}{n - m}\right) = 0$, 前問によって，これは円の方程式である.

(2) $(\boldsymbol{x} - \boldsymbol{c}) \cdot (\boldsymbol{x} - \boldsymbol{d}) = 0$, $\overrightarrow{\mathrm{CP}} \cdot \overrightarrow{\mathrm{DP}} = 0$, $\overrightarrow{\mathrm{CP}} \perp \overrightarrow{\mathrm{DP}}$

35 $(\boldsymbol{x} - \boldsymbol{a}) \cdot (\boldsymbol{x} - \boldsymbol{a}) + (\boldsymbol{x} - \boldsymbol{b}) \cdot (\boldsymbol{x} - \boldsymbol{b}) + (\boldsymbol{x} - \boldsymbol{c}) \cdot (\boldsymbol{x} - \boldsymbol{c}) = k^2$, かきかえると $\left(\boldsymbol{x} - \dfrac{\boldsymbol{a} + \boldsymbol{b} + \boldsymbol{c}}{3}\right) \cdot \left(\boldsymbol{x} - \dfrac{\boldsymbol{a} + \boldsymbol{b} + \boldsymbol{c}}{3}\right) = \dfrac{k^2}{3} - \dfrac{1}{9}(a^2 + b^2 + c^2)$, ただし，$\mathrm{BC} = a$, $\mathrm{CA} = b$, $\mathrm{AB} = c$ とする.

$3k^2 > a^2+b^2+c^2$ のときは円，$3k^2 = a^2+b^2+c^2$ のときは 1 点，$3k^2 < a^2+b^2+c^2$ のときは軌跡がない．

36 (1) $(x-\alpha)^2+(y-\beta)^2 = r^2$, $x^2+y^2-2\alpha x-2\beta y+\alpha^2+\beta^2-r^2=0$
(2) $a=b$, $h=0$ かつ $g^2+f^2-ac>0$

37 求める円の方程式を $x^2+y^2+ax+by+c=0$ とおいて a, b, c を決定する．$2-a+b+c=0$, $4+2a+c=0$, $18+3a+3b+c=0$ を解く．
$x^2+y^2-2x-4y=0$

38 $\lambda_1 f_1+\lambda_2 f_2=0$ は高々 2 次の方程式である．$f_1=0$, $f_2=0$ の交点の座標に対して $\lambda_1 f_1+\lambda_2 f_2=0$ となるから，2 曲線の交点をすべて通る．

39 (1) $(1,0)$, $(3,4)$ (2) $f_1-f_2=0$ から $2x-y-2=0$
(3) $mf_1+nf_2=0$ に $x=5$, $y=2$ を代入して $m:n$ を定めると $5:4$, $3x^2+3y^2-16x-10y+13=0$

40 (1) $f(\boldsymbol{x}_1+t\boldsymbol{n})=t^2+2t(\boldsymbol{x}_1+\boldsymbol{a})\cdot\boldsymbol{n}+f(\boldsymbol{x}_1)=0$，この 2 根が t_1, t_2 であるから $t_1t_2=f(\boldsymbol{x}_1)$
(2) $f_1(\boldsymbol{x})-f_2(\boldsymbol{x})=0$
(3) 3 つの根軸の方程式は $f_2(\boldsymbol{x})-f_3(\boldsymbol{x})=0$, $f_3(\boldsymbol{x})-f_1(\boldsymbol{x})=0$, $f_1(\boldsymbol{x})-f_2(\boldsymbol{x})=0$，これらの右辺の和は，すべての $\boldsymbol{x}$ に対して 0 になる．

41 (1) $\delta=-4<0$, $\Delta=-4\neq 0$，双曲線
(2) $x+y-2=0$, $x-3y+2=0$ を解いて $(1,1)$
(3) 中心を通るから $x=1+lt$, $y=1+mt\,(l^2+m^2=1)$ とお

いて双曲線の式に代入すると $(l^2+2lm-3m^2)\,t^2+1=0$，交点がないことから $l^2+2lm-3m^2=0$　$\therefore$　$l=-3m$，$l=m$ これを $m(x-1)-l(y-1)=0$ に代入する．$x+3y-4=0$，$x-y=0$

(4) 漸近線のなす角の二等分線である．$x+3y-4=\pm\sqrt{5}(x-y)$

42　$y=f(x)$ とおくと $(ax+b)y=px^2+qx+r$，$px^2-axy+qx-by+r=0$，$\delta=p\cdot 0-\left(\dfrac{a}{2}\right)^2=-\dfrac{a^2}{4}<0$，$\Delta=\dfrac{1}{4}(abq-pb^2-ra^2)$，$\Delta\neq 0$ のとき双曲線．$\Delta=0$ のとき 1 直線

43　$A(r_1\cos\theta, r_1\sin\theta)$ とおくと $B(-r_2\sin\theta,\ r_2\cos\theta)$，これらの座標を与えられた方程式に代入して $\dfrac{1}{{r_1}^2}=a\cos^2\theta+2\cos\theta\sin\theta+b\sin^2\theta$，$\dfrac{1}{r_2^2}=a\sin^2\theta-2\sin\theta\cos\theta+b\cos^2\theta$，$\therefore$　$\dfrac{1}{r_1^2}+\dfrac{1}{{r_2}^2}=a+b$，$\triangle\mathrm{OAB}=\dfrac{\mathrm{OA}\times\mathrm{OB}}{2}=\dfrac{1}{2}\mathrm{OH}\sqrt{\mathrm{OA}^2+\mathrm{OB}^2}$ から $\dfrac{1}{\mathrm{OH}^2}=\dfrac{1}{\mathrm{OA}^2}+\dfrac{1}{\mathrm{OB}^2}=a+b$，$\mathrm{OH}=\dfrac{1}{\sqrt{a+b}}$（一定）

44　2 直線 $f_1=0$，$f_2=0$ と $f_3=0$，$f_4=0$ 交点を通る二次曲線または直線.

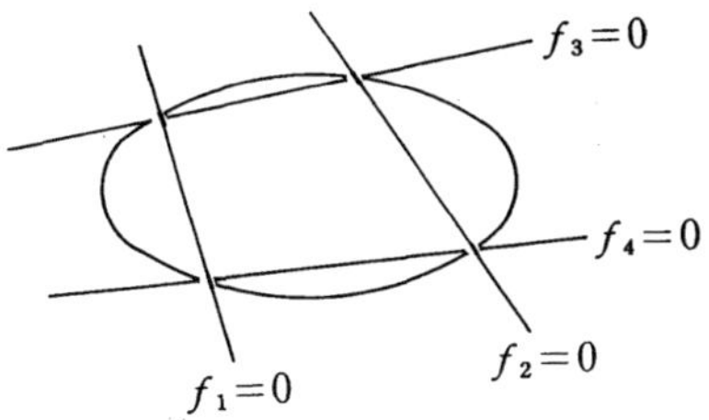

45　(1) $\dfrac{|y-mx|}{\sqrt{1+m^2}}\cdot\dfrac{|y+mx|}{\sqrt{1+m^2}}=1$ から $y^2-m^2x^2=\pm(1+m^2)$，2 直線 $y=\pm mx$ を漸近線とする双曲線.

(2) $\dfrac{|y-mx|^2}{1+m^2}+\dfrac{|y+mx|^2}{1+m^2}=1$ から $2y^2+2m^2x^2=1+m^2$，楕円.

(3) $\dfrac{|y-mx|^2}{1+m^2}-\dfrac{|y+mx|^2}{1+m^2}=\pm 1$ から $xy=\pm\dfrac{1+m^2}{4m}$，直角双曲線.

46 点 $(x_1,\ y_1)$ を通る直線を $x = x_1 + lt,\ \ y = y_1 + mt$ とおき，与えられた方程式に代入した式を $At^2 + 2Bt + C = 0$ とおくと $C = f(x_1, y_1) = 0$，接するためには，もう 1 つの根も 0 であればよいことから

$B = (ax_1 + hy_1)l + (hx_1 + by_1)m = 0$，これに $l = \dfrac{x - x_1}{t}$，$m = \dfrac{y - y_1}{t}$ を代入してから $f(x_1, y_1) = 0$ を用いる．

47 A を原点にとり B($\boldsymbol{b}$)，C($\boldsymbol{c}$)，D($\boldsymbol{d}$) とおく $\overrightarrow{\mathrm{AB}} \perp \overrightarrow{\mathrm{CD}}$，$\overrightarrow{\mathrm{AC}} \perp \overrightarrow{\mathrm{BD}}$ から $\boldsymbol{b}\cdot(\boldsymbol{d}-\boldsymbol{c}) = \boldsymbol{b}\cdot\boldsymbol{d} - \boldsymbol{b}\cdot\boldsymbol{c} = 0$，$\boldsymbol{c}\cdot(\boldsymbol{d}-\boldsymbol{b}) = \boldsymbol{c}\cdot\boldsymbol{d} - \boldsymbol{c}\cdot\boldsymbol{b} = 0$，2 式の差をとって $\boldsymbol{b}\cdot\boldsymbol{d} - \boldsymbol{c}\cdot\boldsymbol{d} = 0$，$\boldsymbol{d}\cdot(\boldsymbol{c}-\boldsymbol{b}) = 0$ $\quad\therefore\quad \overrightarrow{\mathrm{AD}} \perp \overrightarrow{\mathrm{BC}}$

48 $\overrightarrow{\mathrm{OA}} = \boldsymbol{a}$，$\overrightarrow{\mathrm{OB}} = \boldsymbol{b}$，$\overrightarrow{\mathrm{OC}} = \boldsymbol{c}$ とおくと，例 41 から

$$V^2 = \frac{1}{36}\begin{vmatrix} \boldsymbol{a}\cdot\boldsymbol{a} & \boldsymbol{a}\cdot\boldsymbol{b} & \boldsymbol{a}\cdot\boldsymbol{c} \\ \boldsymbol{b}\cdot\boldsymbol{a} & \boldsymbol{b}\cdot\boldsymbol{b} & \boldsymbol{b}\cdot\boldsymbol{c} \\ \boldsymbol{c}\cdot\boldsymbol{a} & \boldsymbol{c}\cdot\boldsymbol{b} & \boldsymbol{c}\cdot\boldsymbol{c} \end{vmatrix} = \frac{1}{36}\begin{vmatrix} a^2 & ab\cos\gamma & ac\cos\beta \\ ab\cos\gamma & b^2 & bc\cos\alpha \\ ca\cos\beta & bc\cos\alpha & c^2 \end{vmatrix}$$

$$= \frac{a^2b^2c^2}{36}(1 - \cos^2\alpha - \cos^2\beta - \cos^2\gamma + 2\cos\alpha\cos\beta\cos\gamma)$$

49 $\boldsymbol{a}\times\boldsymbol{b} - \boldsymbol{b}\times\boldsymbol{c} = \boldsymbol{a}\times\boldsymbol{b} + \boldsymbol{c}\times\boldsymbol{b} = (\boldsymbol{a}+\boldsymbol{c})\times\boldsymbol{b} = (-\boldsymbol{b})\times\boldsymbol{b} = \boldsymbol{0}$，

$\therefore\quad \boldsymbol{a}\times\boldsymbol{b} = \boldsymbol{b}\times\boldsymbol{c}$，同様にして $\boldsymbol{b}\times\boldsymbol{c} = \boldsymbol{c}\times\boldsymbol{a}$

50 (1) ラグランジュの等式を用いると

左辺 $= \{(\boldsymbol{c}\cdot\boldsymbol{a})\boldsymbol{b} - (\boldsymbol{b}\cdot\boldsymbol{c})\boldsymbol{a}\} + \{(\boldsymbol{a}\cdot\boldsymbol{b})\boldsymbol{c} - (\boldsymbol{c}\cdot\boldsymbol{a})\boldsymbol{b}\} + \{(\boldsymbol{b}\cdot\boldsymbol{c})\boldsymbol{a} - (\boldsymbol{a}\cdot\boldsymbol{b})\boldsymbol{c}\} = \boldsymbol{0}$

(2)
$$A = \begin{pmatrix} \boldsymbol{a} \\ \boldsymbol{b} \\ \boldsymbol{c} \end{pmatrix} = \begin{pmatrix} x_1 & y_1 & z_1 \\ x_2 & y_2 & z_1 \\ x_3 & y_3 & z_3 \end{pmatrix}$$

$x_1,\ y_1,\ z_1$ の余因子を $X_1,\ Y_1,\ Z_1$

$x_2,\ y_2,\ z_2$ の余因子を $X_2,\ Y_2,\ Z_2$

$x_3,\ y_3,\ z_3$ の余因子を $X_3,\ Y_3,\ Z_3$

$\boldsymbol{b}\times\boldsymbol{c} = (X_1,\ Y_1,\ Z_1)$，$\boldsymbol{c}\times\boldsymbol{a} = (X_2, Y_2, Z_2)$，$\boldsymbol{a}\times\boldsymbol{b} = (X_3, Y_3, Z_3)$

となるから

$$D(\boldsymbol{b}\times\boldsymbol{c},\ \boldsymbol{c}\times\boldsymbol{a},\ \boldsymbol{a}\times\boldsymbol{b}) = \begin{vmatrix} X_1 & X_2 & X_3 \\ Y_1 & Y_2 & Y_3 \\ Z_1 & Z_2 & Z_3 \end{vmatrix} = |A^{(c)}| = |A|^2 = D(\boldsymbol{a},\boldsymbol{b},\boldsymbol{c})^2$$

(3) $(\boldsymbol{a}\times\boldsymbol{b})\cdot\boldsymbol{c} = D(\boldsymbol{a},\ \boldsymbol{b},\boldsymbol{c}) = -D(\boldsymbol{b},\ \boldsymbol{a},\ \boldsymbol{c}) = D(\boldsymbol{b},\ \boldsymbol{c},\ \boldsymbol{a}) = (\boldsymbol{b}\times\mathrm{c})\cdot\boldsymbol{a}$, 他も同様.

51　$\boldsymbol{a}$, $\boldsymbol{b}$, $\boldsymbol{c}$ は共面でないから $\boldsymbol{x} = p\boldsymbol{a}+q\boldsymbol{b}+r\boldsymbol{c}$ をみたす実数 p, q, r がある. $D(\boldsymbol{x},\ \boldsymbol{b},\ \boldsymbol{c}) = D(p\boldsymbol{a}+q\boldsymbol{b}+\boldsymbol{r},\ \boldsymbol{b},\ \boldsymbol{c}) = pD(\boldsymbol{a},\ \boldsymbol{b},\ \boldsymbol{c})$, この式から p を求める. 同様にして q, r を求め, それらを $\boldsymbol{x} = p\boldsymbol{a}+q\boldsymbol{b}+r\boldsymbol{c}$ に代入する.

52　左辺 $= D(A\boldsymbol{x}_1,\ A\boldsymbol{x}_2,\ A\boldsymbol{x}_3) = |(A\boldsymbol{x}_1,\ A\boldsymbol{x}_2,\ A\boldsymbol{x}_3)| = |A(\boldsymbol{x}_1,\ \boldsymbol{x}_2,\ \boldsymbol{x}_3)| = |A|\,|(\boldsymbol{x}_1,\ \boldsymbol{x}_2,\ \boldsymbol{x}_3)| = |A|D(\boldsymbol{x}_1,\ \boldsymbol{x}_2,\ \boldsymbol{x}_3) =$ 右辺

53
$A = \begin{pmatrix} a_1 & b_1 & c_1 \\ a_2 & b_2 & c_2 \\ a_3 & b_3 & c_3 \end{pmatrix}$, $\boldsymbol{x}_1 = \begin{pmatrix} x_1 \\ y_1 \\ z_1 \end{pmatrix}$, $\boldsymbol{x}_2 = \begin{pmatrix} x_2 \\ y_2 \\ z_2 \end{pmatrix}$ とおくと

$$A\boldsymbol{x}_1 = \begin{pmatrix} a_1x_1+b_1y_1+c_1z_1 \\ a_2x_1+b_2y_1+c_2z_1 \\ a_3x_1+b_3y_1+c_3z_1 \end{pmatrix},\quad A\boldsymbol{x}_2 = \begin{pmatrix} a_1x_2+b_1y_2+c_1z_2 \\ a_2x_2+b_2y_2+c_2z_2 \\ a_3x_2+b_3y_2+c_3z_2 \end{pmatrix}$$

$(A\boldsymbol{x}_1)\times(A\boldsymbol{x}_2) = {}^t(P,\ Q,\ R)$　$\boldsymbol{x}_1\times\boldsymbol{x}_2 = {}^t(X,\ Y,\ Z)$

さらに A の a_i, b_i, c_i の余因子を A_i, B_i, C_i とおくと

$$P = \begin{vmatrix} a_2x_1+b_2y_1+c_2z_1 & a_2x_2+b_2y_2+c_2z_2 \\ a_3x_1+b_3y_1+c_3z_1 & a_3x_2+b_3y_2+c_3z_2 \end{vmatrix}$$

$$= \left|\begin{pmatrix} a_2 & b_2 & c_2 \\ a_3 & b_3 & c_3 \end{pmatrix}\begin{pmatrix} x_1 & x_2 \\ y_1 & y_2 \\ z_1 & z_2 \end{pmatrix}\right| = A_1X+B_1Y+C_1Z$$

Q，R も同様の式になるから

$$(A\boldsymbol{x}_1)\times(A\boldsymbol{x}_2)=\begin{pmatrix}A_1X+B_1Y+C_1Z\\A_2X+B_2Y+C_2Z\\A_3X+B_3Y+C_3Z\end{pmatrix}=\begin{pmatrix}A_1&B_1&C_1\\A_2&B_2&C_2\\A_3&B_3&C_3\end{pmatrix}\begin{pmatrix}X\\Y\\Z\end{pmatrix}$$

$$={}^tA^{(c)}(\boldsymbol{x}_1\times\boldsymbol{x}_2)$$

54　交点が存在する条件は $\boldsymbol{x}_1+t_1\boldsymbol{a}_1=\boldsymbol{x}_2+t_2\boldsymbol{a}_2$，すなわち $\boldsymbol{x}_1-\boldsymbol{x}_2=(-t_1)\,\boldsymbol{a}_1+t_2\boldsymbol{a}_2$ をみたす t_1，t_2 があること．すなわち $\boldsymbol{x}_1-\boldsymbol{x}_2$ が $\boldsymbol{a}_1$，$\boldsymbol{a}_2$ の定める平面上にあること．この共面条件を有向体積で表すと $D(\boldsymbol{a}_1,\ \boldsymbol{a}_2,\ \boldsymbol{x}_1-\boldsymbol{x}_2)=(\boldsymbol{a}_1\times\boldsymbol{a}_2)\cdot(\boldsymbol{x}_1-\boldsymbol{x}_2)=0$

55　g の式は $x=4+5t$，$y=-2+3t$，$z=1-2t$，これらを π の式に代入して t を求めると $t=1$，交点 $(9,1,-1)$

一般に交点の座標は $\boldsymbol{x}_1-\dfrac{\boldsymbol{h}\cdot\boldsymbol{x}_1+d}{\boldsymbol{h}\cdot\boldsymbol{a}}\boldsymbol{a}$

56　$\boldsymbol{x}_1=(3,\ -2,\ -5)$，$\boldsymbol{x}_2=(1,\ -1,\ 1)$，$\boldsymbol{a}=(4,\ 3,\ 6)$ とおくと点 $A(\boldsymbol{x}_1)$ を通り，$\boldsymbol{x}_1-\boldsymbol{x}_2=(2,\ -1,\ -6)$ と $\boldsymbol{a}$ を含む平面を求めることになる．

$\boldsymbol{a}\times(\boldsymbol{x}_1-\boldsymbol{x}_2)=(-12,\ 36,\ -10)$　求める方程式は

$-12x+36y-10z=(-12)\cdot3+36\cdot(-2)+(-10)\cdot(-5)$

$6x-18y+5z=29$

一般には $\boldsymbol{x}-\boldsymbol{x}_1$，$\boldsymbol{x}_1-\boldsymbol{x}_2$，$\boldsymbol{a}$ が共面であればよいから

$((\boldsymbol{x}_1-\boldsymbol{x}_2)\times\boldsymbol{a})\cdot(\boldsymbol{x}-\boldsymbol{x}_1)=0$

57　g を含み π に直交する平面 π' を求め，π と π' との交線を求めればよい．$\boldsymbol{a}=(2,\ -2,\ -1)$，$\boldsymbol{h}=(2,\ -1,\ 3)$ とおくと $\boldsymbol{a}\times\boldsymbol{h}=(-7,-8,2)$ よって π' の方程式は $-7x-8y+2z=(-7)\cdot(-6)+(-8)\cdot7+2\cdot3$，$7x+8y-2z=8$，$\pi$ と π' の式を x，

y について解いて $x=\dfrac{88}{23}-\dfrac{22}{23}t,\ y=-\dfrac{54}{23}+\dfrac{25}{23}t,\ z=t$

一般には π' の方程式は $D(\boldsymbol{a},\ \boldsymbol{h},\ \boldsymbol{x}-\boldsymbol{x}_1)=(\boldsymbol{a}\times\boldsymbol{h})\cdot(\boldsymbol{x}-\boldsymbol{x}_1)=0$ これと π との交線を求めればよい．交線の方向ベクトルは $(\boldsymbol{a}\times\boldsymbol{h})\times\boldsymbol{h}$ であるから，交線上の 1 点を求め，それを $\boldsymbol{x}_0$ とすると，交線の方程式は $\boldsymbol{x}=\boldsymbol{x}_0+t\{(\boldsymbol{a}\times\boldsymbol{h})\times\boldsymbol{h}\}$

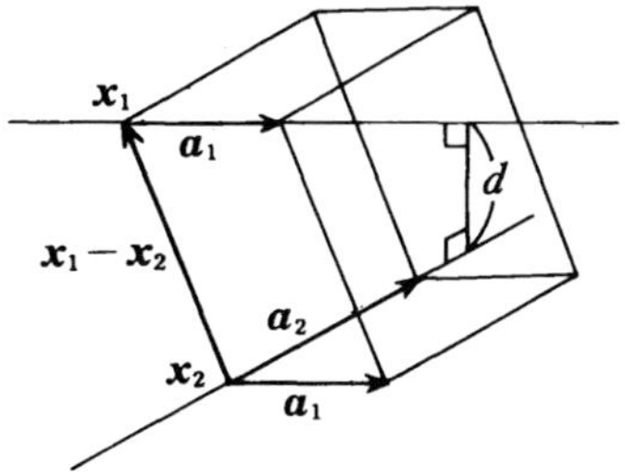

58　d は 2 直線の共通垂線の長さである．$\boldsymbol{a}_1$，$\boldsymbol{a}_2$，$\boldsymbol{x}_1-\boldsymbol{x}_2$ の作る平行六面体で，$\boldsymbol{a}_1$，$\boldsymbol{a}_2$ の作る平行四辺形を底面とみたときの高さが d である．

$$\therefore\quad \|\boldsymbol{a}_1\times\boldsymbol{a}_2\|\,d=|(\boldsymbol{a}_1\times\boldsymbol{a}_2)\cdot(\boldsymbol{x}_1-\boldsymbol{x}_2)|$$

これを d について解けばよい．

59　(1) $\Delta=-2,\ \delta=2,\ \Delta/\delta=-1,\ |A-\lambda E|=0$ を解いて $\lambda=-1,\ -1,\ 2$ 標準形は $2z^2-x^2-y^2=1$，二葉双曲面

(2) $\Delta=0,\ \delta=4,\ |A-\lambda E|=0$ の根は $-1,\ \dfrac{1\pm\sqrt{17}}{2}$，標準形は $x^2+\dfrac{\sqrt{17}-1}{2}y^2=\dfrac{\sqrt{17}+1}{2}z^2$，二次円錐

(3) $\Delta=-20,\ \delta=-10,\ |A-\lambda E|=0$ の根は $2,\ 5,\ -1$ 標準形は $z^2-2x^2-5y^2=2$，二葉双曲面

(4) $\Delta=80,\ \delta=-16,\ |A-\lambda E|=0$ の根は $2,\ -2(1\pm\sqrt{3})$，標準形は $2x^2+2(\sqrt{3}-1)y^2-2(\sqrt{3}+1)z^2=5$，一葉双曲面

(5) $2x^2+2y^2+2z^2-2yz-2zx-2xy+2x+2y+2z-1=0$，$\Delta=-27,\ \delta=0,\ |A-\lambda E|=0$ の根は $3,\ 3,\ 0$ もとの方程式は回転によって $3x^2+3y^2+2lx+2my+2nz-1=0$ となる．平行移動によって $3X^2+3Y^2+2nZ=0(n\neq 0)$，楕円放物面

60 円上の点を $(x_1, y_1, 0)$ とすると，直線の方程式は $\dfrac{x-x_1}{-1}=\dfrac{y-y_1}{-1}=\dfrac{z}{2}$ ∴ $x_1=x+\dfrac{z}{2}$, $y_1=y+\dfrac{z}{2}$，これらを ${x_1}^2+{y_1}^2=1$ に代入し整理する．$2x^2+2y^2+z^2+2yz+2zx-2=0$

61 求める曲面上の点を $\mathrm{P}(x_1, y_1, z_1)$ とする．この点を通り，xy 平面に平行な平面が z 軸，曲線 $f(y, z)=0$ と交わる点をそれぞれ A，Q として $\mathrm{Q}(0, y_2, z_1)$ とおくと $\mathrm{AQ}^2=\mathrm{AP}^2$ から ${x_1}^2+{y_1}^2={y_2}^2$，一方 $f(y_2, z_1)=0$，2 式から y_2 を消去して $f\left(\pm\sqrt{x_1^2+y_1^2}, z_1\right)=0$，$x_1$，$y_1$，$z_1$ を x，y，z にかえて $f\left(\pm\sqrt{x^2+y^2}, z\right)=0$

62 直線の方程式は $x=1$，$y=mz$ である．曲面上の任意の点を $\mathrm{P}(x_1, y_1, z_1)$ とし，P を通り xy 平面に平行な平面が z 軸，および先の直線と交わる点を A，Q とする．$\mathrm{Q}(1, y_2, z_1)$ とおくと $\mathrm{AP}^2={x_1}^2+{y_1}^2$，$\mathrm{AQ}^2=1+{y_2}^2$ $\therefore {x_1}^2+{y_1}^2=1+{y_2}^2$，これと $y_2=mz_1$ とから y_2 を消去し，x_1，y_1，z_1 を x，y，z にかえると $x^2+y^2-m^2z^2=1$，一葉双曲面.

63 (1) 円上の点を $(x_1, y_1, 1)$ とすると，この点と点 $(1, 0, 0)$ を通る直線の方程式は $\dfrac{x-1}{x_1-1}=\dfrac{y}{y_1}=\dfrac{z}{1}$，これと $(x_1-1)^2+y_1^2=1$ とから x_1，y_1 を消去すればよい．$(x-1)^2+y^1=z^2$

(2) $x=0$ とおくと $1+y^2=z^2$，直角双曲線

(3) $x=X\cos\theta-Z\sin\theta$，$y=Y$，$z=X\sin\theta+Z\cos\theta$ を $z^2-x^2-y^2+2x=1$ に代入して

$(X\sin\theta+Z\cos\theta)^2-(X\cos\theta-Z\sin\theta)^2-Y^2+2(X\cos\theta-Z\sin\theta)=1$

(4) $X=0$ とおくと $Z^2\cos 2\theta-Y^2-2Z\sin\theta=1$，$0<\theta<45^\circ$ のときは双曲線，$\theta=45^\circ$ のときは放物線，$45^\circ<\theta<90^\circ$ のときは楕円.

著者紹介：

石谷　茂（いしたに・しげる）

大阪大学理学部数学科卒

主　書　初めて学ぶトポロジー
大学入試　新作数学問題 100 選
∀と∃に泣く
$\varepsilon-\delta$ に泣く
Max と Min に泣く
Dim と Rank に泣く
2 次行列のすべて
入門入門群論
エレガントな入試問題解法集　上・下
数学の本質をさぐる 1　集合・関係・写像・代数系演算・位相・測度
数学の本質をさぐる 2　新しい解析幾何・複素数とガウス平面
数学の本質をさぐる 3　関数の代数的処理・古典整数論
初学者へのひらめき実例数学
高みからのぞく大学入試数学　現代数学の序開　上・下

（以上 現代数学社）

現数 Select　No.13　平面と空間の幾何ベクトル

2024 年 10 月 21 日　　初版第 1 刷発行

著　者　　石谷　茂
発行者　　富田　淳
発行所　　株式会社　現代数学社
〒 606-8425 京都市左京区鹿ヶ谷西寺ノ前町 1
TEL 075 (751) 0727　FAX 075 (744) 0906
https://www.gensu.co.jp/
装　幀　　中西真一（株式会社 CANVAS）
印刷・製本　　亜細亜印刷株式会社

ISBN 978-4-7687-0646-6　　Printed in Japan

● 落丁・乱丁は送料小社負担でお取替え致します.